中国近世生物学机构与人物丛书

江苏省中国科学院植物研究所
南京中山植物园早期史

胡宗刚 著

上海交通大學出版社
SHANGHAI JIAO TONG UNIVERSITY PRESS

内容提要

江苏省·中国科学院植物研究所又名南京中山植物园，其前身有二：一为1929年创建之总理陵园纪念植物园，一为1929年设立之中央研究院自然历史博物馆。

总理陵园纪念植物园系由陵园园林组主持成立，抗日战争期间，该园停办，胜利后恢复重建，1949年后陷入停顿。1954年中国科学院接管，与中国科学院植物研究所华东工作站合并，成立南京中山植物园。

中央研究院自然历史博物馆于1934年改组为中央研究院动植物研究所，1944年动植物研究所分为动物和植物两个研究所，1950年中国科学院接管，将其中高等植物研究室改组为中科院植物分类所华东工作站。

本书分别记述此两机构自创建之后各自发展历史，直至1954年合并为止。主要依据档案史料，作客观真实之记述，将一些鲜为人知之历史重现于读者面前。

图书在版编目（CIP）数据

江苏省中国科学院植物研究所·南京中山植物园早期史/胡宗刚著.

—上海：上海交通大学出版社，2017

ISBN 978-7-313-16755-2

Ⅰ.①江… Ⅱ.①胡… Ⅲ.①植物园—概况—南京 Ⅳ.①Q94-339

中国版本图书馆CIP数据核字(2017)第040614号

江苏省中国科学院植物研究所·南京中山植物园早期史

著　　者：胡宗刚

出版发行：上海交通大学出版社

地　　址：上海市番禺路951号

邮政编码：200030

电　　话：021-64071208

出 版 人：郑益慧

印　　制：上海春秋印刷厂

经　　销：全国新华书店

开　　本：787mm×960mm 1/16

印　　张：15.5

字　　数：244千字

版　　次：2017年4月第1版

印　　次：2017年4月第1次印刷

书　　号：ISBN 978-7-313-16755-2/Q

定　　价：98.00元

序

今日的江苏省·中国科学院植物研究所，又名南京中山植物园，是 1954 年由中国科学院植物研究所华东工作站接管 1929 年成立的前总理(孙中山)陵园纪念植物园而扩兴的综合性植物园。溯其渊源还有 1929 年成立的中央研究院自然历史博物馆，该馆系由 1922 年成立的中国科学社生物研究所催生而来；前总理陵园纪念植物园也早在 1926 年就开始筹备。本园的创建时期正是西方现代科学进入中国的起始阶段，去今已有八九十年之久，见证了我国现代科学发展的历史。

中央研究院为国民政府最高学术机构，于 1928 年在南京成立，第二年即创建自然历史博物馆，馆内设动物、植物两个部门，1934 年改组为动植物研究所，1949 年之前，曾经在该所工作过的植物学家有蕨类植物分类学家秦仁昌、萝藦科分类学家蒋英、真菌学家邓叔群、禾本科分类学家耿以礼、藻类分类学学家饶钦止、伞形科分类学家单人骅、植物育种学家李先闻、植物形态学家王伏雄、十字花科分类学家周太炎等。

1949 年，中华人民共和国成立，中国科学院接收了在上海的源于中国科学社和中央研究院相应部分的植物研究所，并按植物学分支学科分为三部分。随后，以罗宗洛为首的植物生理部分成为植物生理研究所，以裴鉴为首的高等植物分类研究部分，于 1950 年 10 月携带十五万余份植物标本和五千余册图书前往南京的成贤街，改组为中国科学院植物分类研究所华东工作站，裴鉴任主任。其时该站已经聚集了包括单人骅、周太炎、刘玉壶、刘昉勋、陈守良、左大勋、韦光周、岳俊三等一批科研骨干。

1926 年，孙中山先生葬事筹备委员会开始营造中山陵，其时，根据金陵大学树木学教授陈嵘的建议，在陵园内开辟植物园。这个建议体现了陈嵘教授的雄才大略和高瞻远瞩，成为中国植物园发展史上的里程碑。1929 年，奉安大典之后，葬事筹备委员会改名为总理陵园委员会，成立园林组，聘请林学家傅焕光为主任。亦即植物园的首任主任。在傅焕光主持下，植物园正式开始筹建，延请陈嵘及植物学家钱崇澍、秦仁昌进行选址、规划，由园艺学家章君瑜绘制成图。傅焕光先后聘请了园艺学家章君瑜、王太一，林学家林祜、唐迪先，还有青年科技人员叶培忠、沈隽、吴敬立、沈葆中等人。1931 年又派叶培忠赴英国皇家植物园爱丁堡植物园学习植物栽培与育种，两年后回国，植物园在其主持之下，每年派员分别到宜兴、黄山、天目山、庐山等各地采集了数以千计的野生植物种子和苗木，开创了我国大规模引种驯化栽培野生植物的先河。与此同时，还向国外著名的种苗公司购买各类种苗；又与英、美、法、德、印度、日本、澳大利亚、挪威、荷兰、瑞士等二十多国建立种苗交换关系。到 1937 年底，经过九年建设，建成多个展览区并开展多项研究。

1937 年 12 月侵华日寇攻占了南京，初具规模的植物园遭到践踏，即将完工的办公大楼也毁于一旦，荡然无存。抗日战争胜利后，成立国父陵园委员会，植物园得以复建，一度由裸子植物分类学家郑万钧为主任。1949 年建国后由人民政府接管，成立中山陵园管理处，然而植物园未得到应有重视，经费不足，且无专家学者为之效力。

1954 年，根据苏联专家，尼基特植物园主任科维尔加建议，由中国科学院植物研究所华东工作站接管植物园，在总理陵园纪念植物园的原址上，成立中国科学院南京中山植物园，并将华东工作站融入园中，由此开启所、园一体的体制。回忆这一历史性的转折，当年的趣情妙景犹历历在目：1952 年 10 月 18 日，中科院植物所，中国植物园的领军人物俞德浚教授，陪同科维尔加这位苏联植物园专家来宁访问考察华东农科所。专家问到："南京是中国的大城市，想必有植物园吧！"回答是："没有。"后来了解到"孙中山先生纪念植物园"的情况后才又回话："历史上曾有过一个。""那么请带我去看看那个地方好吗?"在专家执意要求下带他去看了植物园。出乎意料的是他边看边连声叫好，并说道："这地方太好了，简直好得我要搓手。"还说："像这样好的植物园，气候好，风景优美，离城市又近，还具有纪念革命伟人的意义，真是世界难找。"第二天在他要求下又再次前去观看，对植物园的地形、水系、土质等等作了仔细的察看，并在座谈会上对如何布局、如何有计划地培育各类苗木、以至对园中现有的农户迁至何处、如何吸收他们作为园工等都作了十分详细而具体的建议。建议中最主要的是以下两条：第一，建议恢复重建植物园，其功能不单纯是保存、科普和展览，更应该针对国民经济的需要，进行各种植物的科学研究；第二，像这样规模的植物园最好划归国家科学院，而不要放在城市的园林系统，否则发展会受到局限。建议很快转到了中科院南京办事处，又很快呈报到中国科学院以及国家内务部，并且很快就有了接管恢复重建植物园的决定。而这样一件大事，自然是由中科院下属单位植物分类研究所华东工作站来承担，最适合不过了。

不久，中科院特派吴征镒、俞德浚两位教授来南京指导和策划。1953 年冬天，以陈封怀教授为首的，包括王秋圃、熊耀国等有建园经验的生力军，从庐山植物园调来南京中山植物园建园工作，1954 年聘请了耿以礼、曾勉、郑万钧、徐国钧、黄兰荪、陈邦杰等著名教授为植物园的兼任研究员。

经过一年半的努力，经与南京市园林局及其下属中山陵园管理处反复交涉商谈，终于 1954 年 2 月 22 日得到中央人民政府内务部的正式批准，将原“总理陵园纪念植物园”划归于中国科学院，名称定为“中国科学院南京中山植物园”，完成了这个历史性的改革。裴鉴任主任，陈封怀任副主任。1955 年 3 月 15 日成立植物园设计委员会，特聘著名专家杨廷宝、周拾禄、郑万钧、仲崇信等为设计委员。随着科研成果的不断积累，1960 年发展成为中国科学院南京植物研究所，1970 年下放地方，划归江苏省政府领导，改名为江苏省植物研究所，历时二十三年之后，1993 年，当时被中科院南京兄弟研究所同仁誉之为“地方部队国家水平”的研究所，经省、院批准实行江苏省与中国科学院的双重领导，再次易名为江苏省 · 中国科学院植物研究所。鉴于南京中山植物园的名字在国际植物园界已不能更换，特决定同时沿用南京中山植物园名称，两者具有相同意义。

然而，对于所、园极其厚重的历史，一直未被系统发掘和整理出来，为有关人士所惋惜。今日所党、政领导有鉴于此，乃请致力于中国植物学历史研究的胡宗刚先生将早期历史撰写成书。作者完成初稿之后，征序于我们，拜读之后，获益匪浅，以为该书以档案材料为依据，真实可信。作为在所工作一辈子之老人，也很是欣慰。

佘孟兰于 1952 年完成解放军南下工作团任务后来工作站工作，其时机构规模还较小，是工作站第一个中共党员，第一个专职的行政干部；1954 年亲历并参与办理华东工作站对植物园的接管；1958 年后从事植物分类学研究，专攻伞形科，一直工作到 1995 年，整整 43 年，历经从华东工作站到中科院南京中山植物园各个历史转折和重要发展过程。1954 年佘孟兰奉命前往浙江农学院选录毕业生，贺善安就是此时与钱大复、姚育英、顾姻等一同被录用到所的新中国第一代大学毕业生。进入植物园后，1983 年起任所长、园主任，直至 1998

年退休,历时44年。而后,继续发挥“余热”至今,前后已有63年。我们非常乐观早期所史顺利出版并为之欢呼。

如今坐落于南京钟山风景区内的植物所(园),倚山面湖,傍依古城墙。园中植被茂盛,融山、水、城、林于一体,秀色天成,风光旖旎,既是一个奥妙无穷的植物王国,又是综合性现代化的研究机构。从植物园的选址看,在世界范围之内,也难有出其右者。南京中山植物园坚定不移的主旨是:在植物分类学基础研究上,着力于发掘和利用植物资源。1954年重建之后的首任主任裴鉴,一向被学界尊称为药用植物分类学家。在分类学家之前,冠以药用植物,如实反映了他扎根于基础研究又瞄准实际应用的科研主导思想。这正是指导实行所、园一体的“真经”所在。半个多世纪以来,所(园)致力于植物学基础和应用两方面的研究,着力于植物分类、引种、栽培、驯育、有效成分、环境功能和生物多样性的保育,研究成就已经享誉世界,祝愿植物所(园)取得更大成就。特为之序。

佘孟兰 贺善安

2017年2月2日

佘孟兰 1925年生,重庆市人。江苏省·中国科学院植物研究所研究员。

贺善安 1932年生,湖南长沙人。江苏省·中国科学院植物研究所研究员,名誉所长、园主任。中国生物多样性保护与绿色发展基金会专家委员会副主任。国际植物园协会理事,国际植物园协会主席(2001-2013)。

目　　录

总理陵园纪念植物园史略(1929—1954)

中央研究院植物学研究史实(1928—1950)

总理陵园纪念植物园史略
（1929—1954）

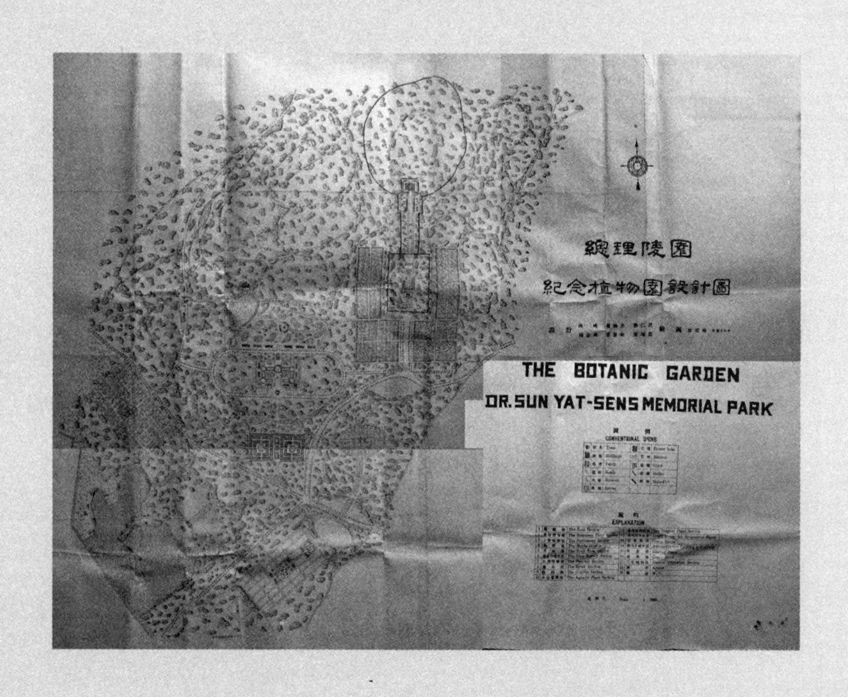

第一章

DIYIZHANG

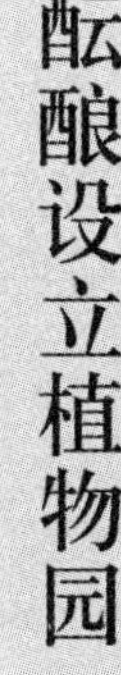

酝酿设立植物园

1925年3月12日，中国近代革命先行者孙中山先生在北京溘逝，治丧完毕之后，为实现中山先生之遗愿，亦为表达国人对其领导革命，推翻清王朝，结束千年帝制之崇敬，决定将孙中山遗体安葬于南京紫金山。关于安葬事宜，1925年4月4日，中国国民党中央执行委员会首先在北京成立“孙中山先生葬事筹备处”，推定张人杰、汪兆铭、林森、于右任、戴传贤、杨庶堪、邵力子、宋子文、孔祥熙、叶楚伧、林业明、陈去病十二人为委员。葬事筹备处于4月18日在上海正式成立，并推定杨铨为主任干事，负责具体事宜。两年之后，杨铨也被国民党中央委任命为葬事委员会委员。杨铨（1893—1933），字杏佛，以字行，江西清江人，同盟会会员，南社社员。1911年留学美国，入康奈尔大学习机械工程，毕业后入哈佛大学攻读工商管理、经济学和统计学。在美期间，曾与留美同学任鸿隽、秉志、胡明复等组织成立中国科学社，为该社早期主要成员。1918年回国，任教于南京高等师范学校。1922年与秉志、胡先骕一同创建中国科学社生物研究所。1924年任孙中山秘书，跟随左右。孙中山去世后，为中山陵园之建设而奔波，其后，陵园设立植物园亦得其推动。

随着孙中山葬事之展开，在杨杏佛领导之干事部下渐次设有四个部门：①陵墓工程处，专为监督、清理陵墓工程；②购地处，办理收购陵墓范围内土地；③测量工程处，测量陵墓地形及修建陵区公路；④中山陵园，专办陵区园林事业，植物园即其事业之一。

1926年1月中山陵建筑开始兴工，7月27日葬事筹备处委员会第四十一次会议在上海举行，参加者仅叶楚伧、林焕廷、杨杏佛三人，会议“通过陵园内设中山植物园计划”，但与会人员不及半数，尚不能形成最终决议。其时国民革命正在广州酝酿北伐，委员会大多成员均在广州，故会议决定“推楚伧先生

图1　陈嵘，摄于1951年（采自中国林学会编《陈嵘纪念集》）

至粤接洽”①，就设立植物园计划征求其他委员意见。

在中山陵园兴建之初，提议设立植物园，系金陵大学农科教授陈嵘向杨杏佛提出。杨杏佛曾有介绍“陈宗一，本园计划最初起草人”。陈嵘（1888—1971），字宗一，浙江安吉人，林学家、植物分类学家，1906年东渡日本留学，1913年毕业于北海道帝国大学林科。回国后在杭州创办浙江省甲种农业学校，曾于校中设立一小规模之树木园。此时，陈嵘刚自美国哈佛大学研究树木学，获科学硕士学位归来，任教于金陵大学。陈嵘起草植物园计划书，甚为重要，但尚未见到陈嵘提议之直接材料，不过他曾有创办树木园之经验，及其在哈佛大学留学时，该校所属阿诺德树木园定予其深刻感受，致有创办植物园之兴趣。此提议创办植物园被杨杏佛所采纳。与此同时，陈嵘还建议将孙中山逝世纪念日3月12日定为“植树节”，也被政府采纳，此前植树节为清明节。

叶楚伧赴广州，携有葬事筹备处致张静江、孙科信函。该函系杨杏佛执笔，对设立植物园的旨意，有所阐述，藉此可知当初是将整个陵园之园林事业，一并归入植物园之中。该函抄录如下：

静江、哲夫先生大鉴：

总理陵墓及祭堂工程虽已积极进行，告成有期。惟陵园全部计划尚无眉目，种树、建屋及经营附葬墓工均须先定，总理陵园全部计划始可进行。若任意为局部之布置，必至损及全部之庄严和谐。现经驻沪葬事委员第四十一次会议通过总理陵园内设立中山植物园计划，拟以植物园为全部结构之基础，造林莳花，既可增进陵园天然之美，专家、园丁复可同时担任护灵之责。而植物园之目的及职务仅在整理陵园之风景，与将来任何事业及建筑均无冲突，较之以兵士或学生去担任护灵，易被外界误会或

① 葬事筹备委员会第四十一次会议记录，《中山陵档案史料选编》，江苏古籍出版社，1986年，第96页。

内部纠纷者，似胜一筹。兹特推定叶楚伧先生携带此项植物园计划草案来粤面商，拟恳就近召集驻粤委员详细讨论，并希以讨论结果见示，俾便遵循为荷。

专此，敬颂

党祺

处谨启　七月三十[①]

函中所言计划书，今无处查考，未知确切内容。至于叶楚伧是如何与广州诸委员商定，也无从知晓。待1926年9月5日，杨杏佛亦往广州之后，由张静江主持，在其寓所召集驻粤委员邓泽如、叶楚伧、孙哲生、宋子文、陈果夫开会，即通过植物园计划。"暂定开办费四万元，经常费每月一千元，筹备员推林焕廷、陈宗一、杨杏佛"[②]。

植物园是集植物学、林学、园艺学于一体的科学研究机构，中山陵园之建立，为其时国家重要公益事业。中山陵园内有大量森林绿化、庭园布置等工作，设一植物园即可指导陵园工作，又可从事植物学研究。但是，其所言植物园计划并未言及研究内容；且葬事委员会通过设立植物园议案后，亦未立即付诸实施。究其原因：当时陵园主要工程是陵墓之建设，且时局不宁，工程时辍时续，无暇顾及植物园。大约至1926年底，杨杏佛起草一份"陵园应尽快决定的重要问题"之文件，首言道："植物园计划及范围须先决定，始可进行种树等事。植物园计划委员会拟以南京农林及植物专家三人及吕建筑师与筹备处代表一人组织之，由葬事委员会函聘，悉为名誉职。办公车马由筹备处支付。专家三人即为前拟聘为种树委员之过探先、陈宗一、陈焕镛。"[③]过探先、陈焕镛均为著名学者，且留学美国，为中国科学社成员。过探先时为金陵大学农科主任，陈焕镛时为东南大学植物及森林学教授。杨杏佛再次呼吁，仍未见诸实施。其原因系墓地范围此时仅不过百亩，且陵园界址尚未确定，故植物园建设

① 葬事筹备处为筹建植物园致张静江、孙科函，1926年7月30日，《中山陵档案史料选编》，江苏古籍出版社，1986年，第193页。

② 驻粤委员会议记录，《中山陵档案史料选编》，江苏古籍出版社，1986年，第98页。

③ 杨杏佛：总理陵园进行上应决定之重要问题，《中山陵档案史料选编》，江苏古籍出版社，1986年，第169页。

难以提上日程。

1927 年中国国民党领导北伐获得成功，是年春，国民政府定都南京。孙中山先生葬事筹备处亦自上海迁至南京，并增加蒋介石、伍朝枢、邓泽如、古应芬、吴铁城为委员，另聘夏光宇为主任干事。同时国民政府主席林森鉴于陵墓范围局于一隅，未足表扬孙中山之伟大精神，提议将紫金山全部作为建设中山陵园之用，以在陵园内建设图书馆、博物馆及植物园等。遂于 1928 年 1 月函请江苏省政府将江苏省立第一造林场紫金山林区移转管辖。至此，遂有广阔之山林地亩，建设植物园计划才有实现之可能。

陵园地亩确定之后，对图书馆、博物馆均未遑举办，独于植物园先为筹划。1928 年 2 月 7 日葬事筹委会就陵园界址及经费事宜致函国民政府，并言明陵园创办植物园计划和目的："拟于明孝陵前建设植物园，搜集中外植物种类种植，作科学上之研究。"[①]并将植物园事业费列入经费预算中。陵园接管江苏省第一造林场紫金山林区时，该林场主任为傅焕光，继而在 1928 年 3 月 2 日第五十七次筹委会决定，聘任傅焕光为中山陵园主任技师，章君瑜、唐迪先、王太一为技师，另有 6 名工作人员，此等人员即中山陵园成立之时之职员，担任陵区内之造林、育苗及布置和植物园建设。其后学者将 1928 年 2 月作为中山陵园成立之日期，其源在此。

傅焕光出任主任技师，实为中山陵园主任，总持一切事务。傅焕光（1891—1962），字志章，江苏太仓人。早年就学于上海南洋公学（交通大学前身），后毕业于菲律宾大学林科。傅焕光之求学经历，其于 1961 年作《自传》有云："我六岁入私塾，十三岁入新式小学，十八岁毕业于上海南洋公学附中，二十四岁毕业于中院转入大学专科选读。二十四岁选考入菲律宾大学森林技术管理科，二十六岁毕业，转农学院研习植物一年。……在南洋公学时代，校长唐文治提倡国学，又教导学习程朱之学，有引入形而上学的影响。在菲律宾大学

图 2　傅焕光（傅华提供）

① 葬事筹委会为陵园界址、经费事致国民政府函，1928 年 2 月 7 日，《中山陵档案史料选编》，江苏古籍出版社，1986 年，第 53 页。

林科注重实际锻炼，同去东吴大学的胡经甫、圣约翰大学的陆以礼，均不耐劳苦转学，我始终坚持到底，故黄炎培同志等到菲考察，见我坚持学习，予以好评。”[①]由此可知傅焕光不仅受到良好之国学教育，且又经过严格之科学训练，为其后成就事业奠定基础。

1918 年回国之后，傅焕光先后曾任江苏省立第一农业学校教员，东南大学农科总编辑，江苏省第一农业学校校长，江苏省第一造林场场长。其时之东南大学在中国近现代科学史上具有重要地位，一大批有留学欧美背景之学者云集该校，在教学之余，提倡研究。前言中国科学社生物研究所人员均为该校农科生物系教授，除秉志、胡先骕外，著名者尚有钱崇澍、陈焕镛、陈桢等。1922 年以后三年中，傅焕光任该校农科编辑，一定与生物系诸教授交集频繁，且其后亦有联系。1925 年东南大学发生易长风潮，生物系诸教授均为离开，傅焕光亦为去职。

1928 年总理陵园成立，傅焕光任陵园园林技师，园林组主任，并列席由国民政府要员组成的总理陵园管理委员会会议，对陵园建设贡献良多。关于傅焕光入总理陵园，1961 年《自传》有云：“当时余任江苏省立第一造林场场长，紫金山为该场场地一部分。紫金山划归总理陵园，余被邀请为陵园主任技师，规划布置陵园建设事宜。”[②]傅焕光写此《自传》之时，已是时过境迁，但所言与事实依然相吻合。此后，陵园事业发展与维持，与傅焕光有莫大之关系。

在葬事筹备委员会聘请傅焕光为陵园主任技师人选之同时，还通过陵园管理章程及计划大纲，并请国民政府自第三月起，如数拨给经费，陵园建设由此进入常态化。当孙中山奉安完毕，葬事筹备委员会主要使命已完成，为长期有效管理陵园，将葬事筹备委员会改为总理陵园管理委员会，直隶国民政府，其办公地点设于浮桥二号。1929 年 7 月 2 日陵园管理委员会召开第一次会议，确定总理陵园管理结构，并任命相应人员，主要有：夏光宇为总务处处长、傅焕光为园林组主任、刘梦锡为工程组主任。林祐光为园林组森林股主任，唐迪先为技师；王太一为园林组园艺股主任，章君瑜为技师。由图可知植物园在陵园中特殊地位，直接受园林组主任傅焕光领导，但其地位又在园艺股和森林

① 傅焕光：《自传》，1961 年，《傅焕光文集》，中国林业出版社，2010 年，第 592 页。
② 傅焕光：《自传》，1961 年，《傅焕光文集》，中国林业出版社，2010 年，第 592 页。

股之下，实为植物园尚在筹建之中，其人员未曾聘定。按其时总理陵园《总务处办事细则》第十三章园林建设之第九十六条规定“(陵园)园林内造林布景之设施，农田沟渠之整理，果蔬茶竹之经营，家畜鱼类之繁息，花草之培养，植物园之筹设，及其他树艺之研究推广，统由园林组主任商承总务处处长督率所属职员办理”。

总理陵园组织系统表

- 总理陵园管理委员会
  - 总理陵园管理委员会常务委员会
    - 警卫处
    - 总务处
      - 园林组
        - 园艺股
        - 森林股
          - 西北分区
          - 北分区
          - 陵墓分区
          - 东分区
          - 东北分区
        - **植物园**
      - 事务课
      - 文牍课
      - 会计课
      - 工程组

总理陵园事业繁多，傅焕光为之主持十年，成效卓著，享誉国内外。首先是其与政府要员周旋得宜，获得陵园管理委员会之信任。但是，傅焕光并未藉此而走上仕途，仍不失知识分子之本色，专心在陵园各项事业之上；其次，是其知人善用，选聘多名得力技术专家，将陵园各项事业予以实施，且见诸成效。其后，他这样总结：“工作十年，得章宁五、叶培忠、吴敬立、王太一诸先生的协助，布置陵园、绿化紫金山、建立了植物园、开辟了茶圃果圃、观赏苗圃、瓜菜圃

图 3 1950 年代，前总理陵园园林组专家合影。前排左起宋世杰、傅焕光、叶培忠；后排左起赵儒林、吴敬立。（傅华提供）

等，使陵园成为科学、生产、观赏和纪念的公园。”①如今中山陵园成为南京著名风景区，即为傅焕光等为之肇始，开创之勋，当永垂后世。

至于傅焕光其人，此引用跟随其时间最为长久之吴敬立于 1956 年所写《自传》，在交代其社会关系时，对傅焕光评论云：

> 他是反动国民党员，在旧社会一般贪污腐化气氛中，拿那个时期眼光看，还是一书生本色，公正廉洁的人，对员工爱护照顾，对事业认真负责。平时也很接近进步人士如黄炎培、陶行知，陵园委员会委员都是反动政府委员，因业务关系，也很接近。也正因为如此，在他从爱护青年出发，能有办法保释几位政治性进步青年。②

以 1949 年为界，此前之知识分子，在经过思想改造，交代历史问题后，历史话语多有变化。不少人为表现积极，虽不会落井下石，但也不会讲傅焕光多少好话。而吴敬立所言，虽也有拉开与傅焕光距离之嫌，但尚能尊重历史，已属难得。正因如此，可以断定所言之真实。由此进一步可以看出傅焕光除有

① 傅焕光：《自传》，1961 年，《傅焕光文集》，中国林业出版社，2010 年，第 592 页。

② 吴敬立《自传》，1959 年 8 月 26 日，南京市档案馆藏吴敬立档案。

办事才干，蒙得政府要员之信任，还能获得下属之爱戴，即能吸收优秀人才在陵园服务。本书不是傅焕光个人传记，仅简述至此，还是回到陵园历史之进程中来。

植物园只是陵园诸项事业中的一项，且因植物园与植物学研究密切关联，其时之中国植物学研究刚刚起步，故植物园尚属新生事物，如何引进？如何使之本土化？且看傅焕光对于设立植物园意义之阐述，其云：

> 世界各国现有植物园约三百四十余所，欧洲最多，大者数百英亩，小者数十英亩。英之皇家植物园，南洋荷属之别登兆植物园，美国之阿诺德树木园，其尤著者也。英国皇家植物园种有植物二万四千余种，别登兆植物园种有植物一万余种，阿诺德树木园有树木约六千种，其贡献于世者甚大！建设植物园之目的，大多在增进植物知识及研究各种植物利用之方法，如农艺森林工艺医药等科学之进步，与植物学互为消长，人生衣食住行随时随地皆仰植物为原料，棉麻米油、蔬果竹木等生产之多寡良窳，关系国计民生至大且切！桑，我国之原产地也，意法日本仿而效之，青出于蓝矣；茶，我国出口之大宗也，今印度锡兰等处遍地种植矣；数年前我国桐油远销至美，年值二千余万元，今美国创导种植，其产额将能自给，我川湘等省，又将大受损失矣；至若食粮则不足自给，木材则全赖美国、日本及南洋群岛之输入，农学之不振，经济不能独立，危乎殆哉！
>
> 孙总理提倡科学者也，提倡民生主义者也，其言曰“外国的长处在科学，我们要学外国，是要迎头赶上去，便可以减两百年的光阴，我们到了今日地位，如果还是睡觉，不去奋斗，不知道恢复国家地位，以后便要亡国灭种！”其言痛绝！夫科学之种类甚多，植物学为科学中极重要者，其性质虽偏重纯粹科学，但以研究植物学而推及于农学、俾增加生产改进民主，其效用至大；今为纪念总理，在其陵园之西南部，划地三千余亩，有山阜平地水泽之处，辟植物园一所。广采中国原有植物，并集世界各国名种，繁殖其中，以备学者之研究，都人士之游观，使总理之精神，如花木之欣欣向荣。①

---

①《总理陵园管理委员会报告》，1931 年 10 月。南京出版社，2008 年，第 459—460 页。

傅焕光对于植物园素有认识,否则不能作如是言。正因如此,其才能将杨杏佛、陈嵘之倡议予以落实。文中所言南洋荷属别登兆植物园,即今日马来西亚之茂物植物园,或者其在菲律宾留学时,曾往该园参观,故特为列举。傅焕光还曾游历香港植物园,有云:“然在中国境内除香港植物园外,求有巨数树木汇植一地,可供我人之研究者,尚未之闻也。”故创设植物园,乃是科学文化发展之需要,且符合孙中山关于中国发展科学论断,因而在总理陵园之中,以植物园纪念孙中山,允为恰当。

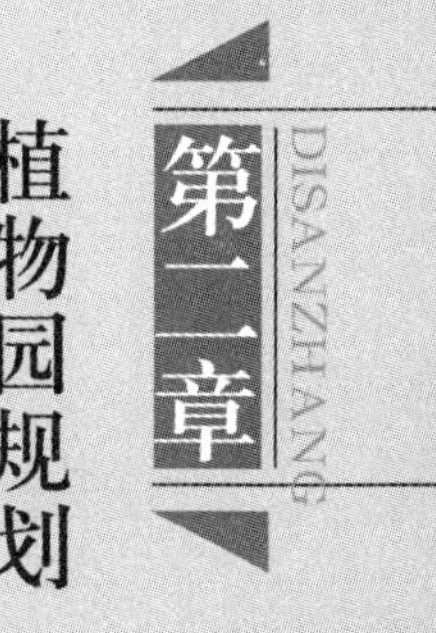

第二章 植物园规划

DISANZHANG

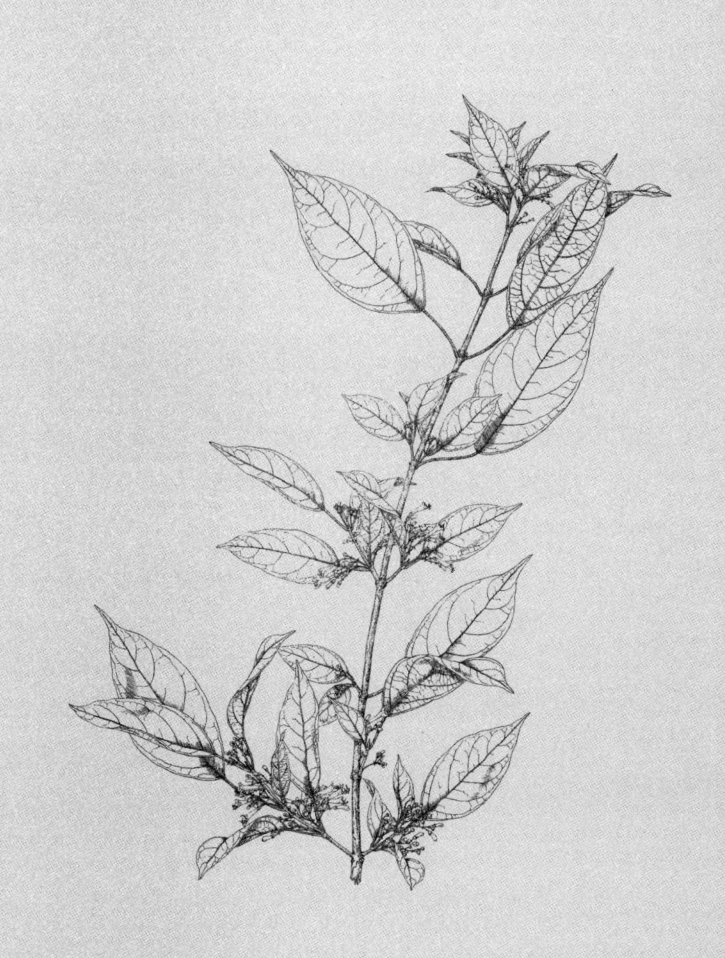

傅焕光主持总理陵园之园林事业之第二年，植物园建设才正式提到日程。年初傅焕光在先前杨杏佛与陈嵘商讨之上，再与陈嵘联系，并请其勘定园址。后又邀请中国科学社生物研究所之钱崇澍和中央研究院自然历史博物馆之秦仁昌实地勘察，予以规划，最后由总理陵园章君瑜绘制成图。

关于植物园之肇始，《总理陵园管理委员会报告》(1929—1933 年)有如下记载：

> 植物园筹备开始于民国十八年初，由傅焕光先生会商陈宗一先生，勘定明孝陵全部，东至吴王坟，西迄前湖一带地。其中有山坡、有平原、有沼泽，为生长植物最相宜之地。且地形四周高，而中平广，自成区域。由前湖东北望总理墓，风景殊为壮丽。东南抵城墙，交通便利，将来布置成就，可谓兼有公园性质之植物园也。

陈嵘门生陈植于 1933 年著《造园学概论》，于此植物园创建原委，几乎是抄袭以上所引《总理陵园管理委员会报告》，故不俱录。而陈嵘于 1952 年著《造林学特论》，则有所不同，其言：

> 孙中山逝世时，遗命以南京钟山为墓地，在 1926 年奠基后，有建立纪念植物园之议。
>
> 植物园之筹备，始于 1929 年，由中山陵园傅焕光氏会商作者，勘定明孝陵全部，东至吴王坟，西迄前湖一带之地。其中有山坡、平原、沼泽，宜为各种植物生长之地。将来布置成就，兼有公园效用。①

① 陈嵘：《造林学特论》，1952 年，自刊本，第 45 页。

图 4　1963 年 1 月，同门受业者（后排左起）郑万钧、邵均、秦仁昌、陈植、邓宗文在北京共祝陈嵘先生七十五岁（前排左）、钱崇澍先生八十岁（前排右）寿辰留影（采自中国林学会编《陈嵘纪念集》）

此两段文字，与《总理陵园管理委员会报告》，亦大致相同，且陈嵘亦有抄录之嫌；但陈嵘却将植物园筹建计划上推至 1926 年，而《陵园报告》也将其断定在 1929 年，对此前之努力不予记载。如此切断，有失公允。至于《陵园报告》和《造园学概论》何以省略，盖事出有因。此前主导陵园建设者为杨杏佛，于 1929 年任中央研究院总干事，虽然仍是总理陵园委员会委员，但其主要精力已放在中央研究院，而其本人受左倾影响越来越大，而与中国国民党则渐行渐远，以致在 1933 年 6 月被特务暗杀。《陵园报告》《造园学概论》在 1933 年出版，故于杨杏佛略而不谈；而《造林学特论》出版在 1952 年，中国共产党已赢得大陆，故而陈嵘将植物园之始，延伸到 1926 年。然而，对植物园创始时间，认定为 1929 年，已是历史断论。但对于此前之筹备，则言之者少，故有必要叙述，以求历史之完整。

陈嵘选择以明孝陵为中心，面积约三千余亩，为植物园址。该处地理环境可谓是整个陵园之中地形多样，土壤肥沃，水源充沛，适宜各类植物生长之区域。选择恰当之园址，可以想见是陈嵘踏勘陵园全境之后作出之选择，从中可以体会出其对植物园之认识。植物园三千多亩之地，除孝陵外，余皆向民家收购，每亩平均约 30 元，共计约 9 万元，又付地上房屋、树木等费，约计 1 万元。

图5 晚年章守玉(采自章守玉著《花卉学》一书)

土地征收完毕，首先修筑道路，其时由城内通达明孝陵之道路为崎岖小路，乃筑要道几条，由西而来者，一由中山门沿城墙，一条由太平门沿城墙，均抵达石象路口；由东而来者，经四方城沿石象路，经紫霞洞至明孝陵。共计十四里许，每里建筑费约2 500元，共计3.5万元。明孝陵位于植物园之东北部，植物园筹备处设于其间，为整洁壮观起见，将内外建筑重行修理，并平整园地，前后用费共计1.5万元。[①] 诸项开支合计15万元，为当时一笔巨大之资金。

不知何故，陈嵘仅为勘定园址，而将规划交由钱崇澍、秦仁昌、章君瑜予以完成。其时，钱崇澍在南京任中国科学社生物研究所植物部主任，其亦留学哈佛大学归来，中国植物分类学研究第一篇论文即其在留学期间1916年发表。回国之初，钱崇澍任教于江苏省第一甲种农业学校，与陈嵘共事，后任教于东南大学、北京农业大学、清华大学等。秦仁昌早年就读于江苏省第一甲种农业学校，为陈嵘、钱崇澍之门生，后又入金陵大学，得陈焕镛栽培。其时之秦仁昌，刚自广西大规模采集植物标本归来，任新成立之中央研究院自然历史博物馆植物部技师，在蕨类植物研究领域已崭露头角。章君瑜(1897—1985)，名守玉，此时以字行，江苏苏州人。1915年毕业于江苏省第二农业学校，1918年留学日本，在千叶高等园艺学校攻读园林绿化和花卉园艺专业。回归后任教于江苏省第二农业学校，厦门集美农业学校，1928年经王太一介绍来陵园任园林组技师。其在陵园服务近十年，许多园林设计出自其手，植物园则是最重要之作品。《总理陵园管理委员会报告》(1929—1933年)于植物园规划设计如是言：

勘地已定，又邀钱雨农、秦仁昌二先生详细视察并设计，承钱、秦二

① 《总理陵园纪念植物园过去工作现状及分年进行程序》，1932年12月，铅印本。

> 君，根据陵园实测地园及地形高下，划分植物分类区、树木区、松柏区、灌木区、水生及沼泽植物区等十一区并说明，旋经译成英文，以便与国外植物园交换种苗。
>
> 草图拟就后，由陵园技师章君瑜先生依据庭园设计原理，绘成计划图，各区设景布置，均利用天然地形，及道路、建筑、池塘、树木、竹林等，图中均标志明白，即可以之作实地布置之图案。①

在规划设计之时，植物园正式命名为“总理陵园纪念植物园”，其英文名为“The Botanical Garden Dr. Sun Yat-Sens Memorial Park”。植物园宗旨确定为：

> 1. 搜集及保存国产草木本植物。
> 2. 输入外国产有价值之植物种类。
> 3. 作植物分类、形态、解剖及生理、生态、繁殖之研究。
> 4. 供学校学生实地考察。
> 5. 引起一般民众对于自然美及植物学之兴趣，并明了植物伟大之效用，及对于人生之重要。
> 6. 为城市民众怡养性情之所。

从上所列内容，已具备现代植物园主要特征，可知规划设计者立意高远，兼及广博。植物园内搜集各类植物，培植于各种专类展览区，以供研究与观赏。根据植物园之意旨及所处地理环境，规划出13个专类展览区：蔷薇区、应用树木区、分类植物区、枫树区、果木区、蔷薇科花木区、牡丹芍药区、灌木区、松柏区、水生植物区、热带植物温室区、应用树木温室、花草温室。园区占地共164公顷。规划说明中对各展览区位置，展区面积及栽培植物种类予以一一阐述，可谓详尽。

规划设计图绘制完成，图中注明时间仅为1929年，未署月份，应在是年秋季。署名设计者为陈嵘、傅焕光、秦仁昌、钱崇澍、章君瑜、叶培忠六人。此六人

① 《总理陵园管理委员会报告》(1929—1933年)。

前五位已作介绍，此再介绍叶培忠。叶培忠(1899—1978)，江苏江阴人。1927 年毕业于金陵大学林科，师从陈嵘，毕业后曾留校任助教，后任广西柳州林场场长。旋受夫子陈嵘之招，返回南京加入总理陵园植物园之筹建。在 1929 年规划设计之中，8 月 15 日总理陵管委会常务委员会第五次会议，决定聘任陈嵘为园林组植物园筹备员，并委派叶培忠为植物园筹备助理员，分别送夫马费 60 元和月薪 100 元，以期植物园早日建成。[①] 陈嵘所得夫马费系津贴，叶培忠所得则是月薪，在诸多参与植物园筹建人员中，或为领导、或为兼职，惟叶培忠为专职。叶培忠此后一直供职于植物园，为重要成员，直至抗日战争爆发。

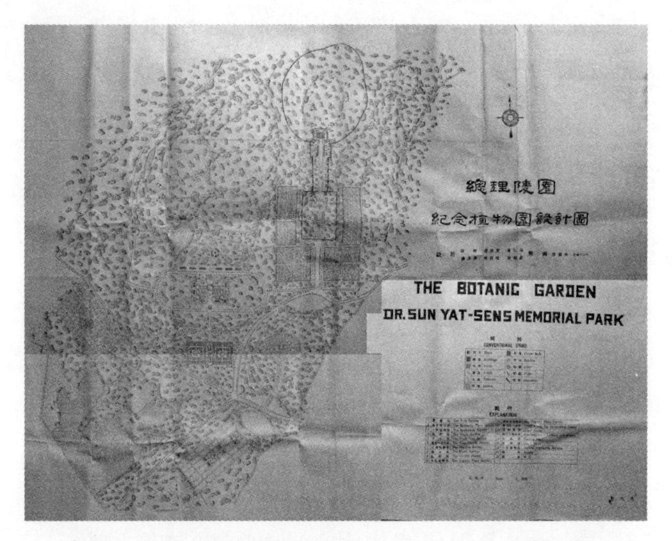

图 6　总理陵园纪念植物园设计图(南京市档案馆藏)

陵园植物园规划，主要由植物分类学家所设计，方案出来之后，并未再请专家予以审定。其时之中国，尚无植物园建设，亦无植物园专家，无处可请，遂以此为最终方案予以实施。但至 1938 年，蓝图尚未完全实现，遭遇战乱而作罢。待 1945 年战争结束，复员重建，根据当时境况，曾修改规划，但其权威性则一直未曾动摇。该方案在完成之初，傅焕光于 1930 年 4 月赴日本参加日本农学会特别扩大会议造园分会，在会上就总理陵园植物园规划作专题报告。

① 总理陵园管理委员会常务委员会第五次会议记录，《中山陵档案史料选编》，江苏古籍出版社，1986 年，第 625 页。

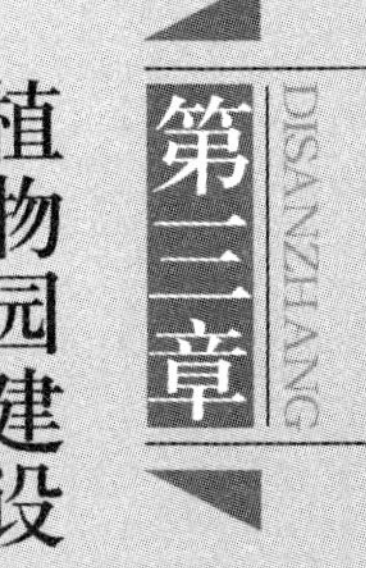

第三章 DISANZHANG

植物园建设

叶培忠来陵园筹备植物园时，筹备处设在明孝陵内，在其后，还聘用一些职位较低人员。人员增加，房舍也有增加，即有办公室一座，瓦房三间；职员宿舍一座，瓦房三间；园夫宿舍一座，草房五间，此即筹建时期之规模。

一、延聘与培养人才

傅焕光本人专业在林学，且有一定造诣。主持陵园园林事业一年之后，对陵园有切真之了解，乃开始延揽人才，而于造园、园艺、植物园等类人才最为迫切，在《上总理葬事筹备委员会书》中，有云：

> 陵园事业在我国为绝学，在各国为新创。中外名园，大多经一二奇才异能之士所规划。其成功皆适逢经济、人才与权力之时。会总理陵园适逢民国再造，亦应在庄园史上创一新纪元。改进古代华贵幽邃之弊，避免西洋绮丽华藻之习，盖当以经济及实用为原则也。然而古代庭园之精蕴，不可不研究，西洋布景之优点，不可不采取。故在陵园工作同时派员考察中外名园，以资借镜。改良果木品种，当派员至果产名区调查采集。植物园之经营，国内专家尚少，亦须派员赴欧美有名植物园研究考察。又实地工作人才，除沿用农林学校毕业生外，可酌量训练实习生，分布工作。盖以陵园为专门事业，须训练专门人才经营管理也。[①]

傅焕光延揽或培养人才计划其后得以实施。植物园在中国为一新兴之科学事业，虽聘有专家为筹备委员可为指导，但是，诸位委员中未有一位为植物

① 傅焕光：上总理葬事筹备委员会书，1929 年 6 月 16 日。《傅焕光文集》，中国林业出版社，2008 年，第 2 页。

园专家。其时，国内也鲜有这样专家，故而选派人员出国学习为唯一途径，叶培忠则为最佳人选。1930 年 5 月 28 日，总理陵园管理委员会第十七次会议，“园林组请派该组植物园筹备助理员叶培忠赴英实习案。”获得通过，但要求“回国后仍须在本会服务”。① 叶培忠秋季成行，拨付川资 1 000 元，并预支年薪 1 200 元。② 傅焕光之于叶培忠出国，曾言：“植物园系特殊工作，于发扬国家文化，大有关系，故于十九年秋，派技士叶培忠赴英国爱丁堡大学及皇家植物园实地研究，增进其知识能力，以增加回园后服务上之效力。”③派遣叶培忠出国还有一直接原因，“总理奉安时，国内外各处曾选名贵树苗，交该园栽培，内有若干种，因风土不宜，无法使之成活，该组（陵园园林组，引者注）有鉴于此，曾派叶培忠先生，至英国柯园（实为爱丁堡植物园，引者注）专门研究繁殖种苗方法。”④其后，叶培忠成为树木育种学专家，其源在此。

叶培忠出国后，园林组派唐迪先、章君瑜二人兼任植物园技师，此亦权宜之计，他们均是造园学出身，与植物园仍有一定距离。而植物园仅有技师林鉴英、助理员潘蔚沂二人管理，另有工头一名，长工二十名，短工临时雇佣。但林鉴英、潘蔚沂在陵园时间均不长久，其后知之者甚少，此据傅焕光之文而知其此时在植物园服务。

图 7　叶培忠（南京林业大学档案馆提供）

英国植物园事业甚为发达，皇家植物园邱园（Kew Garden）和爱丁堡皇家植物园（Royal Botanic Garden Edinburgh）均是闻名全球之植物园，而爱丁堡植物还曾多次派员来中国，采集引种植物，有不少种类在英国栽培获得成功，尤以云南高山花卉著称，如杜鹃花、报春花等。关于叶培忠

① 总理陵园管理委员会第十七次会议记录，《中山陵档案史料选编》，江苏古籍出版社，1986 年，第 550 页。

② 总理陵园管理委员会第二十次会议记录，《中山陵档案史料选编》，江苏古籍出版社，1986 年，第 556 页。

③ 傅焕光：总理陵园纪念植物园之建设，《农林新报》第九年卷四、五、六合期，1932 年 2 月。

④ 钱天鹤：中国农业研究工作之鸟瞰，《农业推广》，1935 年第 8 期。

何以选择爱丁堡皇家植物园,又是通过何种途径取得联系,今不得而知。关于其在英国情形,其后人叶和平有云:

> 初到伦敦,他在著名的英国皇家植物园邱园停留两周,参观了各种专业花园、温室、标本室和图书馆,首次领略了世界顶级植物园的风貌。参观学习结束后,叶培忠立即去爱丁堡皇家植物园研习。
>
> 爱丁堡皇家植物园很欢迎来自遥远东方古国的访问学者,并委派史蒂华特先生为叶培忠的指导教师。史蒂华特先生是爱丁堡皇家植物园的主管兼植物繁殖研究方面的负责人。根据史蒂华特先生的安排,他每日半天在温室或园地里与植物园里的技术人员一起工作和讨论问题,半天在图书馆里阅读各种参考资料。有时他也积极参加植物园青年技术人员的培训。他不仅在工作实践中扎扎实实地向英国人学到了栽培和繁殖各种植物的专门技术,而且他依靠在中学和大学时期打下的良好英文听说读写能力,充分利用了一切可以利用的时间和条件,刻苦努力自学,如饥似渴地阅读了大量相关的科技资料,作了许多笔记,还收集了一些对今后工作有用的信息资料,为将来和世界各地有关部门建立植物种子交换工作打下了基础,也为回国建设自己国家第一个植物园而尽量搜集需要的技术资料和种子等有用的活的植物标本。①

图8　叶培忠在英国邱园留影(叶和平提供)

1931年6月总理陵园于植物园开办费项下又划拨1 000元,继续资助叶培忠在英国学习,此明确记载于总理陵园管理委员会会议记录中,但邱海明所著叶培忠传记,认为叶培忠并未得到这笔款项,以致1932年初叶培忠准备回国,面临无川资之困境,最后还是叶培忠夫人蒋文德在其娘家亲戚中筹集,才得以回归。其云:

> 蒋文德在中国筹措叶培忠回国路费,并

① 叶和平著:《叶培忠》,中国林业出版社,2009年,第15页。

将筹措到的钱寄往英国是千真万确的，蒋文德生前曾多次向子女提及此事。但在民国时期的档案中，1931 年 6 月有人从植物园开办费项下继续资助叶培忠的名义领走了1 000元大洋。叶培忠当年人在英国，蒋文德人在江阴，他们的确不曾收到过这笔钱。在叶培忠的历次自传中，也只有出国前领过 1 000 元，而 1931 年这次是怎么回事，恐怕永远都是个迷了。①

叶培忠回国之时，傅焕光有函致陵园管委会，除报告叶培忠已回国外，还呈送爱丁堡植物园主任给予叶培忠之鉴定。函中言及叶培忠回国川资系其家人筹寄，恰可印证邱海明以上所述。

谨启者：本会民国十九年九月资遣职员叶君培忠赴英国皇家植物园实习，光时得各方报告，悉其工作勤敏，同时叶君时将该园种苗寄回。惟本会经费困难，未能按时接济，二十年秋虽得江苏留英半官费额，又因政局关系，官费分文未得，有冻饿异乡之势，乃由其家中，筹路费汇英，令其

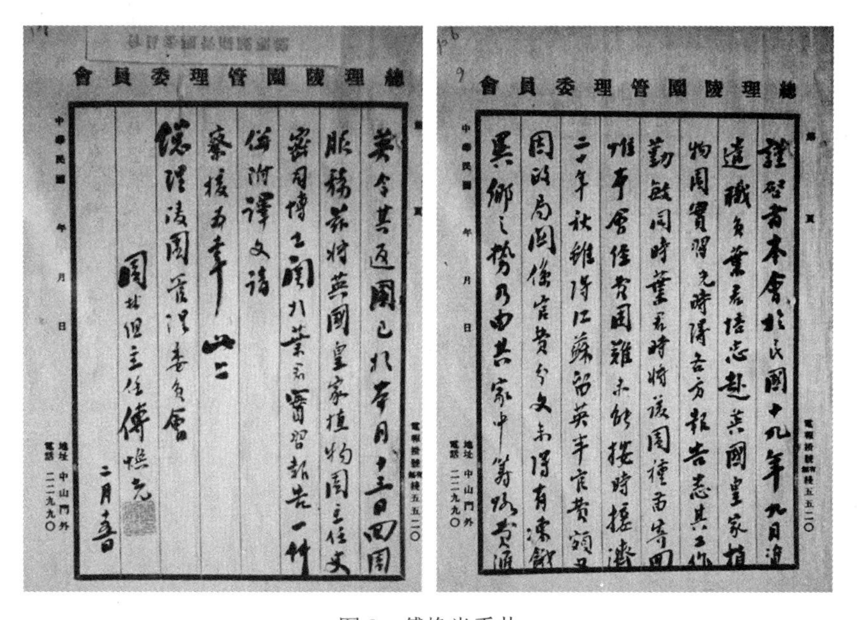

图 9　傅焕光手札

① 邱海明著：《中国植物育种学家叶培忠》，文汇出版社，2014 年，第 29 页。

返国，已于本月十三日回园服务。兹将英国皇家植物园主任史密斯博士关于叶君实习报告一件，并附译文请察核为幸。

此上

总理陵园管理委员会

园林组主任　傅焕光　二月十五日①

档案中只有爱丁堡主任史密斯对叶培忠评语之中文译稿，而英文原件被陵园管理委员会送至铨叙部。其译稿云："叶培忠君在此植物园学习已经一年又二月，现欲早日回国服务。叶君在此年余之中，颇能笃学敏悟，经验所得，裨益实非浅鲜，除学习普通园艺之外，复致力于植物各种各属之研究。伊之品行才识，鄙人敢为极端推许，预料返国之后，于总理陵园服务，必能大有贡献。鄙人今日能为之作如此美满之报告，心中实觉愉快。"该鉴定报告写于十二月十六日，系叶培忠随身携回，但不知何人译成中文。由此鉴定可悉叶培忠在爱丁堡植物园学习时间虽短，但收益颇丰。至于陵园管理委员会第二次通过补助叶培忠 1 000 元事，最终也未补发；而此款也不可能为他人代领而私有，否则在傅焕光公开言说之下，必有追究。

但是叶培忠返回陵园服务之时，适值中日上海"一·二八战役"，影响所及，致使国内各项事业陷于停滞，陵园也无事可做，叶培忠"乃应金陵大学之邀请，每周先兼课二次，教观赏园艺，至 1933 年植物园业务日益开展，即辞去兼职专搞植物园工作，乃渐次具有规模而步入正规"。② 1933 年 7 月叶培忠被任命为园林组新成立的植物研究课(科)主任，月薪 160 元。此时陵园内部组织有所调正，先前森林股改为森林布景课，主任仍然是林祜光；园艺股改名为园林生产课，主任也依然是王太一。③ 由此可知叶培忠在园林组职务有所上升。植物研究课，除植物园之研究外，还应包含园林组其他研究事项。

其实，叶培忠在金陵大学兼课至 1934 年，而非其本人所言 1933 年。由于植物园建园事繁，叶培忠兼课不为傅焕光所赞同。在金陵大学档案中，存有一

---

① 傅焕光致总理陵园管理委员会，1933 年 2 月 15 日，南京市档案馆藏总理陵园管理委员会档案。

② 叶培忠：自传，1955 年 9 月 2 日，南京林业大学档案馆藏叶培忠档案。

③ 总理陵园管理委员会第三十八次会议记录，《中山陵档案史料选编》，江苏古籍出版社，1986 年，第 596 页。

通傅焕光就此事致函农科主任谢家声及园艺系主任胡昌炽(星若),其云:

家声、星若两先生大鉴:

敝处植物园与贵校园艺合作,事关学术研究,弟极表同意。培忠兄兼课贵校一节,曾陈函林主席与办公处林主任,未获解决,弟亦觉此举诸多不妥。植物园经费已有着落,现时仅培忠兄一人,管理人才单薄,毋庸讳言。近自日人藏本失踪,都市嚣然,不料该日人竟匿迹该园山地,且藏本发现之日,即培忠在贵校上课之期,园中终日纷扰,竟无人主持。以弟之地位而言,殊多未安,觉有严密内部之必要,若再任培忠兄分出一部分时间兼课,内部空虚,园中事业策进难期,何以副各方之望。因此恳商二位先生,请本爱护植物园之旨。取消兼课前议,另觅人选,道义之助,弟之感激永无尽也。

专上,敬请

讲安

弟　傅焕光　敬上　六月十四日①

植物园与金陵大学关系源远,此前金陵大学之陈嵘来植物园选址规划,即是兼职;此叶培忠在英国学得园艺学理论知识与实践经验,在金陵大学兼职传授,亦为应当。但是,傅焕光作为一方之长,有不得已之苦衷,在其多方阻止叶培忠兼职而无效之后,只得恳请金陵大学取消兼课。此诚恳之函,想必为谢家声所赞同,叶培忠遂专心于植物园事业。

叶培忠停止兼课,收入减少;此前有武汉大学也曾有高薪聘请叶培忠之意。傅焕光为挽留人才、尊用人才,乃提议提前晋升叶培忠园林技师,以提高其薪金。其致陵园管委会林森之函云:

谨启者:

本组植物研究课主任叶培忠于十九年九月以本会技士职务派至英国植物园研究,二十一年二月回国,二十三年六月铨叙委任一级,支薪一百

① 傅焕光致谢家声函,1934年6月14日,中国第二历史档案馆藏金陵大学档案,全宗号:六四九,案卷号:2016。

六十元，二十二年七月进升叶培忠为植物研究课主任。查本组技师均系荐任职，叶培忠欲进叙荐任，照任用法规定尚须一年。查该员回国未久，即有武汉大学约以三百至三百五十元之月薪聘往任教，因顾念此间情感及事业重要，毅然却聘。植物研究系专门事业，非普通学识所可胜任，该员主持内外勤工作，年来植物园事业已有明显之进步，认真服务，其劳绩尤不可没。此项专门人才，若向外间聘请，遑论人才缺乏，不易罗致，即使欣然而来，非有三四百元一月之高薪，亦不易羁縻。专才难得，自应有相当之待遇。植物园预算列技师月俸二百五十元，似应于二十三年度照预算支付，且为符合支付手续起见，请该员主任职改为聘任，仍给植物研究课主任职务，俾得安心任职，为此呈请钧座俯念人才难得，植物园事业重要，敬祈准如所请，实为公便。谨呈

常务委员林

园林组主任　傅焕光　廿三年七月十日[①]

林森于7月27日批准“聘任叶培忠为技师”，陵园管委会开会时予以追认。于是于8月，叶培忠又晋升为园林技师，月薪增加到250元。叶培忠回国后，即是植物园唯一研究人员，肩负着建园之责。由此函获悉，其时植物园之事业尚处起步阶段，人手甚少，叶培忠确为主持之人。多年之后，总理陵园纪念植物园发展成为中山植物园，且已有广泛影响，对于谁是其第一任园主任，却产生歧义。前已介绍植物园在陵园中的地位甚为特殊，又将叶培忠任命为园林组研究科主任；傅焕光则是陵园园林组主任，主管植物园，此函可以印证这种关系。但是，必须指出，此时植物园不是独立机关，植物园只负责业务工作，其行政事务则归园林组统一管理。

前傅焕光致谢家声函所言日人藏本匿迹于植物园事，此据《南京沦陷八年史》一书稍作介绍。日本驻南京副总领事藏本英明，本拟自南京赴上海，自行前往下关车站，却往紫金山实施自杀。其避在植物园内山洞里绝食四五日，但死念不坚，下山寻水觅食，被植物园居民发现，送于警方。藏本被发现后，由日本使馆官员与两名日本宪兵押送至上海，转轮船回国，此后，再无任何消息，藏

① 傅焕光致林森，1934年7月10日，南京市档案馆藏总理陵园管理委员会档案。

本失踪之原因一直是谜。近代日本与中国交涉，常以人员个人事件，挑起两国事端，或起兵问罪，以达侵略之目的。在藏本失踪期间，日本政府及其舆论，对中国政府施加极大压力，认为藏本被中国有关特务组织所绑架，已有兴师之势。① 此事关系甚大，发生在植物园，被发现时，主持植物园工作之叶培忠不在园内，令傅焕光有些不安。

为加强植物园研究力量，1934 年 6 月陵园聘请沈隽为植物园技术员。沈隽（1913—1994），江苏吴江人，金陵大学农学院园艺系毕业后即来植物园工作。1937 年沈隽赴美留学，至于其在植物园工作情形，知之甚少。沈隽遗缺之后，改聘沈葆中充任。沈葆中（1911—1997），上海市人。1935 年毕业于金陵大学农学院园艺系，其来植物园不久，南京即告沦陷。在沦陷之前，植物园共有技师、技士、技佐、技工等各类人员 20 余人。其中有位赵志立者，在兵荒马乱之中，为保护植物园财产，自无锡乘火车前往南京，在途中遭日军机枪扫射而亡。关于此人，今鲜有记载，叶和平撰《叶培忠》一书，虽有言及，但语焉不详；而在金陵大学档案中，有《赵君志立事状》一文，全文照录如下：

志立赵氏，以字行世，为江苏无锡人。父挹清先生，名传祺，洁己励学，仕官有声，君为其仲子。年二十二毕业于首都金陵大学农学院园艺系，获学士位，以成绩优异，复得斐陶斐学会荣誉奖，选为会员。始供职于中央农业实验所，嗣由总理陵园管理委员会延聘为技术员，兼管应用观赏诸植物区。布衣粗食，与工友同甘苦。未及三载，成效大著。公余之暇，恒至城东某奥人处，习拉丁文字，或赴中国科学社、中央研究院、金陵大学标本室研究植物分类。路数十里，安步往返，习以为常。陵园本设有补习班，为专科以下出身之职工谋进修，君亦时往授课，批郤导款，听者忘倦。

二十四年秋，陵园、栖霞、钟山等处，忽产所谓松毛虫者，滋生极速，林木损坏无算，当事者慨焉忧之。爰商诸军事委员会长蒋公，拨调教导师将士六千人，从事搜除。君为指挥，积劬忘瘁，日夜不息，卒能沆瀣一气，以最新方法，迅予扑灭。其机智过人，才足应变，众口交誉，无异词也。翌年夏间，全国植物学会在旧都举行年会，陵园植物园属君代表出席，并就近

① 经盛鸿：《南京八年沦陷史》，社会科学文献出版社，2005 年，第 44—51 页。

于生物调查所探讨一切。各地学者，闻风景慕，咸称后起之秀。二十六年，中日战起，陵园当事诸君等设防空会，君预其列，兼为防毒组长。九月下旬，陵园附近及中央医院迭遭敌军飞机投弹狂炸，伤亡惨重。君晨夕救护，不避艰险。十月六日，无锡车站亦被敌机轰毁，君时在邻县某山采集标本，闻讯亟归省视父母，以时势紧急，十三日即乘火车赴京。临行谓弟志学曰：余为公务员，当以身许国，战事未息，不复归矣。讵意竟成谶语。是日未刻，车过丹阳新丰镇地方，忽遇敌机以机关枪横肆扫射，中弹而殒命，年仅二十有五。才长命短，赍志殉国，呜呼哀哉。

君性沉毅，而持躬俭约，恂恂守礼，喜周人急，匪论识与不识，苟衷于义，而困乏不振者，必解衣推食，俾满其意而去。尝肄业交通大学工学院电机工程系，每来复日，辄徒步出外访友，见有颠连无告，残废需养之辈，必以所携余赀予之，若犹不给，则以糖果饼饵等物分散其曹，弗令失望，甚至囊空金尽，转受枵饿，数日不能具食者，往往而有。盖其宅心仁恕，勇于赴义多类此。既殁之后，陵园管理会诸君追念前劳，悯其因公遇害，在京开会追悼，并决议于植物园建立大理石像，由国府林主席为之题词，更念标本室系所首创，即以君讳志立二字名之，用志勿諠之义。大屼山者，濒临太湖，为锡邑胜境，乃于其地为君起建墓园，凡种种设计及所需花木之属，皆担供给。复以未足，再联合金陵大学同人募集志立奖学基金，于校中设奖学金额，畀与贫寒优秀学子之研究分类植物学者，以完其未竟之业。

嗟乎！神州板荡，群飞刺天，君以英年，惨遘奇祸，在国家不可谓非重大损失。然哀荣不替，身去名存，九原有知，亦可无憾。某等忝豫抚尘之好，尽祛溢美之私，敢摘大凡，以谂当代立言之君子。谨状。①

《赵君志立行状》，未署撰写作者，今已无从考证。由此可知赵志立生于1912年，1934年金陵大学毕业，1935年7月入陵园，任园林组技术员，初从事应用植物区、观赏植物区等的管理，对植物分类学甚有兴趣，植物园之标本室即在其主导之下建立。《行状》云：将在植物园内树立起雕像，以其字名植物

① 赵君立志事状，第二历史档案馆藏金陵大学档案，全宗号：六四九；案卷号：2016。

图 10　江苏省植物研究所植物标本馆藏赵志立所采标本。

标本馆之名。但随着南京沦陷，植物园乃至整个陵园停办，这些计划均无从落实；胜利之后复员，无人再次提起，以致被淹没。或谓以赵志立之学术成就，不足以获此殊荣，此仅知其一；但赵志立治学之精神、为人之道德、奉公之品性，则足以激励未死者为事业发展而尽力。美国哈佛大学之命名，乃是一位名哈佛之传教士，在其病故之前，嘱将其遗产中一半 780 英镑和 320 册书捐出捐献给学校。为表彰其捐献精神，故以其名命名学校。其实，哈佛在生前并无事功，此举却令后人永久铭记。以哈佛之喻赵志立，殆有相通之处。

二、筹措建园经费

兴建植物园需要资金不菲，按规划设计建设完成，大约需要一百万元。然而其时之陵园，建筑工程项目颇多，有图书馆、音乐台、修筑道路等，而资金有限，故于植物园尚未筹得经费。前拟向军中各师捐款，未有结果。当规划完成之后，1929 年 10 月 9 日陵园管理委员会第六次会议，有“拟请加聘专家，组织植物园筹备委员会，并请指拨开办费八百元，及十月份经常费五百元，以利进行案”①，还因经费不足，作出“缓行再议”之议决。此时植物园之工作，仅是将一些国内外各地在举行孙中山奉安大典时所赠送之花木，定植于

① 总理陵园管理委员会第八次会议记录，《中山陵档案史料选编》，江苏古籍出版社，1986 年，第 532 页。

园内。

植物园兴工建设，在1930年。是年1月17日陵园管理委员会第十次委员会议，傅焕光列席会议。会议核准通过筹办植物园计划及筹款办法；3月7日陵园管理委员会第十三次会议上，“园林组请组织植物园筹备委员会并聘定专家为委员以利举行案”获得通过，并同意钱崇澍、秉志、钱天鹤、秦仁昌、张景钺、许骧、胡昌炽、陈嵘及傅焕光组织植物园筹备委员会。此皆在南京著名植物学家、农学家等，而此前所聘过探先、陈焕镛不在名单之列，乃是过探先已去世，而陈焕镛则已去广州，为开办中山大学农林植物研究所。

1930年在陵园临时支出费中，下达1929年通过植物园开办费5万元。自1930年7月起，每月又下达经常费500元，此后植物园工资在此款下开支。是年还有整地区划、仪器设备、采集标本等费1万元，经费有了落实，植物园建设即蓬勃展开。1931年承江苏省政府捐款6 000元，遗族学校捐款2 000元，先建成蔷薇科花木区一区。又承侨胞捐款2万元，在该区中建一陈列馆。1936年投资法币8万余元，兴建办公楼及标本室。至此，植物园基本建成，而在此过程之中，经费始终难以适应事业之发展，多方筹措，始有如是结果。

国民政府主席林森，亦为总理陵园委员会成员，在政治争斗中他是一个失意者，但对总理陵园之事却甚为热心，多次主持委员会会议，对植物园事业也颇关心。1933年3月获知中英庚款管理董事会有资金用于资助国内科学事业，即致函蔡元培，以植物园经费支绌，函请拨款补助。蔡元培复函云：“此事关系纪念先总理及培养植物，意义重大，自当设法助成。惟元培非中英庚款管理董事会董事，现已将尊旨转达该会委员长朱骝先君，请其切实注意，恐劳注念，先此奉闻，诸希荃察。”[①]蔡元培并致函中英庚款董事会董事长朱家骅：“函达左右，还希于开会讨论时，深切注意，不胜感幸。”[②]与此同时总理陵园委员会也致函管理中英庚款董事会，要求自三月份起，每月补助植物园经费6 000元。但朱家骅之回复则云：“各地教育文化机关请求补助，已在数千万元，故一时实无从议及分配。前会议决定对各方请求补助各案，一律暂缓讨论。贵会栽植花木纪念总理，用意至美，自应赞助所请，补助一节俟将来开始支配息金时，容

① 蔡元培复林森，1933年3月27日，《蔡元培全集》第十三卷，浙江教育出版社，1998年。

② 蔡元培致朱家骅，1933年3月27日，《蔡元培全集》第十三卷，浙江教育出版社，1998年。

当优先提出讨论。”[①]三个月后，6 月 27 日陵园管委会又致函中英庚款董事会，要求每年补助植物园事业费 10 万元。植物园此次申请，还特意将植物园创建经过、发展过程、设计规划等编写成《总理陵园纪念植物园过去工作现状及分年进行程序》和《总理陵园纪念植物园设计及进行概况》二小册，并请林森和于右任题写书名，作为申请材料，可见行事之慎重。但是朱家骅之回复，仍如上次相同。

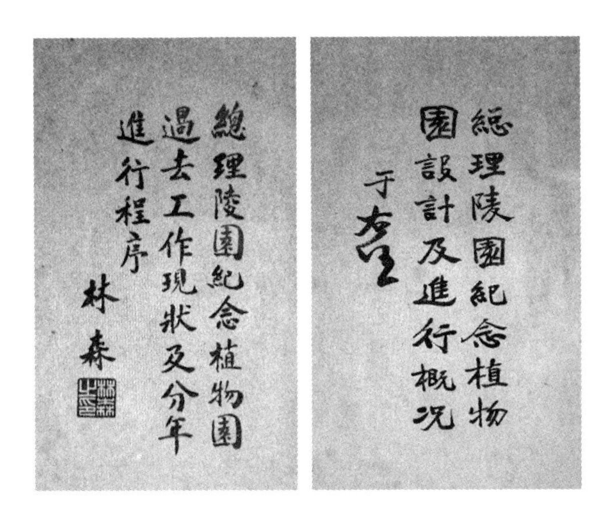

图 11　林森与于右任分别为总理陵园纪念植物园出版物题写书名

也许是向中英庚款董事会请款无果，1933 年 8 月汪精卫、于右任、居正等政要认为，总理陵园亟宜从事园林建设，发展植物园事业，以壮观瞻，特电中央政治会议，提议请饬财政部自本年 8 月起，拨给专款以充植物园经费。经政治会议 370 次会议决议，批准月拨临时经费 2 400 元，作为举办植物事业费，并函国民政府训令行政院转饬财政部遵照拨发。[②] 有此经费支持，植物园事业发展才走上稳步发展阶段。

其后，1937 年 2 月，陵园管委会在建筑陈列馆时，再次向中英庚款董事会申请补助建筑费，得到回复云“先行登记，俟寄到请款计划，案提审查”。此次

① 中英庚款董事会复总理陵园管理委员会，1933 年 3 月 16 日，南京市档案馆藏总理陵园管理委员会档案。

② 总理陵园将举办植物园，《申报》，1933 年 8 月 25 日。

或有政府要人从中疏通,陵园管委会以为此次有望,即于 3 月间更进一步提请,“拟延请英国植物、园艺专家各一人来华指导,并广置图书仪器,藉供研究。专家二人薪金年约二万元,图书仪器设备年约亦二万元,继续三年,计约十二万元,敬请贵会惠予补助,以资办理。”但是还是无果,或者不久中日战事突发之故。即便如此,作者还是不解,陵园管委会委员皆政府要员,前后四年多次向中英庚款董事会申请补助,竟然无果;而 1937 年 2 月庐山森林植物园建筑森林园艺实验室,向中英庚款董事会申请建筑补助费,获得 1 万元,分两年支付,当年支付 5 000 元。以庐山森林植物园政治地位远不如总理陵园纪念植物园显耀,却获得补助,让人难以揣测个中原由。

三、陈列馆

陈列馆此幢建筑乃植物园最大之建筑,1933 年得华侨捐资 2 万元,得以筹划兴建。名为陈列馆,其实除成列植物标本之外,还作实验室、办公室、图书室之用。该幢建筑上下两层,于 1936 年 10 月开始筹备,设计者基泰工程司,并负责监工;承建者采取招标形式,共有 11 家竞标,最后由开林营造厂中标,工程造价法币 83 617.56 元。该建筑地点先由陵园管委会指定在前湖东首,石象路之南,明陵路之东。后基泰工程司派工程师予以规划设计,考虑该地点,地势低洼,土方工程及地脚墙增多,殊不经济;而提议东移至果园处,居高临下,由中山门出城,即可望见,以显壮丽;且此地前后广阔平坦,将来扩充建筑,较为方便。在设计之时,行政院院长戴季陶主张将房屋结构改为钢骨工程,故又修改设计,增加预算 2 万余元。继而重新招标,由馥记营造厂以 100 700 元承包建造,1937 年 1 月动工兴建,迁坟平地,建筑地脚等。5 月间又提出室内添加暖气工程和将室内地面由洋灰改为磨石或红钢砖。在建造之中,还曾向管理中英庚款董事会申请补助建筑费,但未获准,而 1937 年 6 月中国美洲同盟会向陵园捐助国币 1 000 元,则将此款充作陈列馆之建筑费。

关于该项工程最终不知建造到何种地步,即遇“七七事变”,抗日战争全面爆发,而被中止,其后被拆毁。在档案中,有基泰工程司设计绘制多张建筑图纸,此就图纸描出其建筑功能示意图如下,亦可想见其规模。

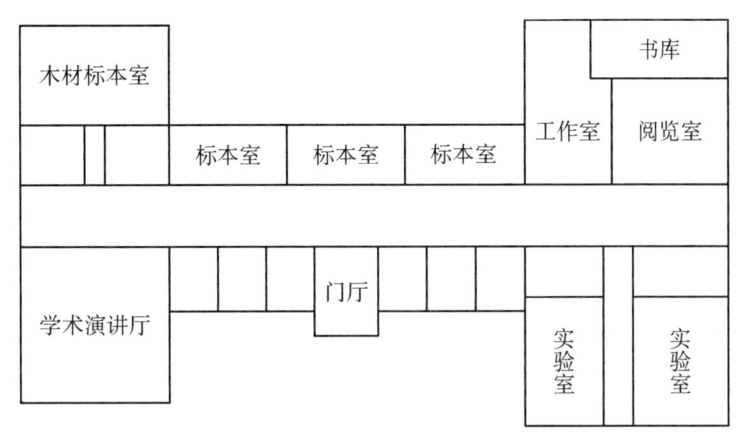

陈列馆第一层

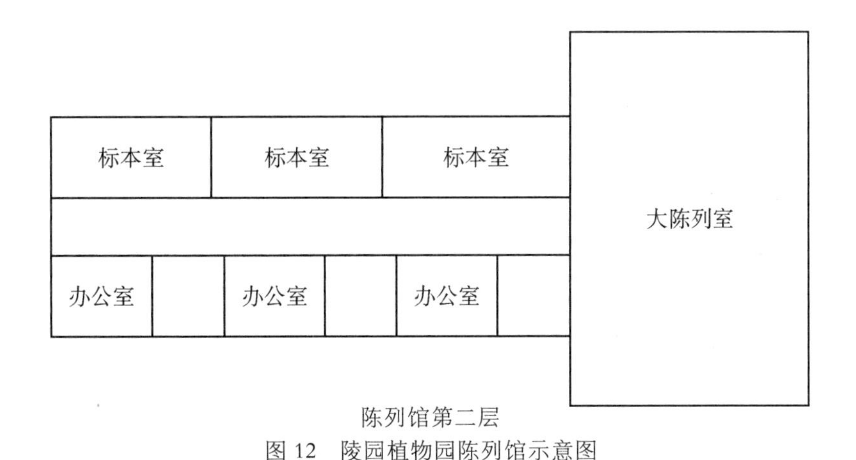

陈列馆第二层

图 12 陵园植物园陈列馆示意图

四、温室及展区

总理陵园委员会隶属国民政府，其委员大多由国民党元老或要员兼任，这些人士有极高的政治地位或社会威望；孙中山又是国人爱戴的领袖，其革命勋绩为后世所景仰，故总理陵园之建设和管理经费能得到政府的拨付和社会各界的捐助，资金较为充裕。如 1929 年开始兴建占地 280 平方米的温室，1931 年建成，其建筑经费 3 万元便是由汉口市商会捐资。该温室只是作为展览之用。

而植物园仅建成一座小型试验温室，在1930年10月亦在明孝陵内建成，甚为简陋和狭小，用费仅有887元。因热带植物温室尚未建筑，故于热带植物未能作大规模之栽培，仅征集品种，注意繁殖。收集到的种类有棕榈类10余种，多肉植物约300种、兰科植物20余种，其它种类10种。

在植物园规划之中，设有12个展览区。1937年春总理陵园所作的《十年来园林成绩之简述》，对植物园工作则列出专题予以总结，此介绍其中几个已经建成之展区。

苗圃：苗圃之设，为植物园不可或缺，引种而来之种子苗木，首先需要在苗圃内播种、扦插、抚育等，然后再移栽至相应之展区。植物园在创建之初，即开辟苗圃20亩，盆播及盆栽地1.5亩，及一座造价800元之小温室。后在吴王坟东隅又辟地20余亩。植物园所得种苗大都非普通种类，不易繁殖，且所得种子往往数量极少，故需用精密手续使其发芽；又试验各种无性繁殖，如雪松、龙柏、杜鹃等皆有良好成绩。至1937年苗圃中有种苗3 000余种，约10余万株，以备各区布置之用。

蔷薇科花木区：布置于明陵前之吴王山，占地约二百亩。四周筑路，区内民房及坟墓由陵园出资迁移，雇工整地，并筑土路，后乃种植属于蔷薇科花木，即有梅花、桃花、樱花、珍珠梅、榆叶梅、海棠、木瓜、黄刺梅等属，其中不少还是纪念花木，每逢春季，百花齐放，蔚为大观。此区最早开辟，于1930年年底动工，用款5 000元。

分类植物区：布置于明陵围墙内，按照植物自然演进程序排列，种有130种，480种，占地6.5亩。

树木区：布置于明陵外之两旁，种植适于南京气候，生长良好之各种乔灌木，占地约60亩。1930年江苏省政府捐款6 000元，拟在中山门外建筑纪念花木区，省政府派康瀚前来商洽。以该地另有计划，未能指拨。后康瀚与总理陵园纪念植物园商量，将此6 000元捐于植物园，应用于树木区之一部分，并绘制图样。盖树木区藉此经费建成。①

应用植物区：1935年春开始布置，分为七大类，占地10亩。计为：食物及

① 总理陵园布置苏省纪念区案，《江苏省政府公报》，第389号，1930年。

调味品类、油蜡类、纤维类燃料类、嗜好及刺激类、香料类、杂类。

松柏区：布置在明陵桥东斜坡，种植白皮松、海岸松、水松、桧柏等松柏类树木一大区，终年苍翠可爱。

竹林区：本区试种各地所产名贵品种，有竹树30余种，占地10余亩。1929年11月，与总理陵园植物园一样，成立未久的中央研究院自然历史博物馆为广州岭南大学农学院采集竹类，傅焕光获悉后，嘱博物馆为陵园植物园代采。博物馆在宜兴采得竹鞭19种，交由植物园栽培；植物园以白皮松二株作为交换，交由博物馆种植于其馆中空地。①

药用植物区：本区试种国内名贵药材，如黄连、大黄、当归、贝母等200种，约占地10亩。该展区在1930年3月，曾与国民政府卫生部合作，联合试种。《卫生公报》刊载一通卫生部复总理陵园管理委员会函，其云"试种药用植物，加以化学实验，为提倡国产药材切要之图。本部亟拟着手进行，兹承贵陵园傅焕光同志函部洽商合作，业经拟定办法，并已由本部派定技正孟目的，协同负责办理。"②卫生部还拟定合作办法：①由总理陵园在植物园区域内划定划定处地30亩至50亩作为药用植物区；②自民国十九年三月起，凡垦殖肥料、雇工及其他关于试种需要用途，每月卫生部拨给300元为限，必要时得临时酌添之。③前条各项费用，于每月十五日由卫生部派员赴总理陵园逐项清付；④种子及种苗由卫生部另行供给；⑤关于药用植物之分析化验由卫生部担任；⑥由卫生部指定专员与陵园植物管理员负责办理。陵园对此协议所需地亩面积过大提出修改意见，因在植物园规划中，此区面积仅为10亩，因此不能突破，卫生部虽嫌其小，也只得如此。此项合作其后不知是如何，仅知1935年"在河南百泉采集药草标本二百余种，备供研究国药之用"。③

其他如灌木区、杜鹃区、羊齿类植物区均在陆续建设。在一个面积3 000亩的园址上，经统一规划，分年实施，不几年，就有这样大规模，开辟展区之多，引种植物之丰富，在当时国内皆堪第一，此亦是总理陵园植物园最繁盛时期。

---

① 《国立中央研究院院务月报》，1929年第四、五合期。

② 卫生部函总理陵园管理委员会，1930年2月18日，《卫生公报》，第二卷第四期。

③ 总理陵园管理委员会工作报告——对第五次全国代表大会报告，总理陵园管理委员会编印，1935年11月。

五、收集种苗、标本采集

植物园成立之后，即开始征集种苗，向国内外著名种苗公司订购稀贵之种，委托专员代办，并与中国科学社、中央研究院、金陵大学、北平静生生物调查所、广东中山大学农林植物研究所合作，或派人加入其所组织之植物资源考察，或委托其代为采集，并与世界各大植物园建立种子交换关系。其时，中国与国外植物园交换种子机构不多，闻有纪念植物园愿交换种子，可将中国植物传播至欧美，无不乐意合作。至1933年建立交换之机构主要有：

Harvard University, Mass. U. S. A.

Bureau of Plant Industry, Washington. DC. U. S. A.

New York Botanic Garden, N. Y., U. S. A.

Department of Agriculture, Australia.

Queensland Forests service, Executive Building, Australia.

Lioyed Botanic Garden, Darjeeling, India.

Royal Botanic Garden Kew. England.

Royal Botanic Garden Edinburgh, Scotland.

Museum Histoire Naturelle-Culture, Paris, France 博物馆

日本东京帝国大学植物园

日本东京林场

国内交换或征集之机构，除上所列植物学研究机构外，还有各省农林场及农科大学或农学院。其时纪念植物园内之种子繁殖条件及熟练技工有限，故种子交换还未广泛展开。

植物标本采集亦为植物园重要工作之一，至1935年制成蜡叶标本已有6 000余号，至1937年则已达10 000余号，另有种子标本1 500种、木材标本200种、药材标本500种，植物标本室也在筹建中。1931年由中华文化教育基金董事会出资，由秦仁昌在欧洲拍摄中国模式标本照片1.8万张，底片由静生生物调查所保管，此为研究中国植物分类学重要参考资料，陵园植物园在1935年委托冲洗一套；此时还搜集专业图书达2 000余册。

至于历年采集情况，陵园植物园并未有一份完整记载，现据所查到资料，列举如下，此中当不甚全面。1930年中国科学社生物研究所方文培往四川采

集，总理陵园委员会亦托代办川省植物之苗种，以备移植。[①] 1934 年 8 月，中国科学社第十九次年会在庐山举行，傅焕光、叶培忠与会，叶培忠在庐山还采集标本。

1935 年 5 月中国西部科学院生物研究所在四川采集，行时适逢总理陵园植物园派人来川采集种苗，并收集药材，即共同组织采集团，成员有生物所植物部主任曲仲湘、动物部主任施白南，陵园采集员贺商贤、张晓白。他们先在南川金佛山采集，后转川北通南巴采集。[②]

1935 年 6 月，中国科学社生物研究所郑万钧与陵园植物园叶培忠率队前往浙江天目山采集森林植物，同行者有张楚宝。张楚宝曾发表《天目山森林植物采集记事》一文，此行系 6 月 28 日清晨从南京出发，当夜抵杭州。第二日乘车经化龙，抵藻溪，公路尽于此，距天目山尚有 30 里，遂步行，且行且采集，夜宿寺庙。在山采集七天，7 月 6 日返回，7 日在杭州采集一天，8 日“乘公共汽车赴笕桥浙江大学农学院参观，其植物园栽培植物达 1 000 余种，木本植物凡五六百种，悉依分类栽植，极规整足资法式”。[③]

陵园派员还在江苏、浙江、江西、安徽、河南、四川诸省著名山区采集植物种苗、标本、木材等，又与国内外农林植物机关交换种苗标本。至 1937 年植物标本达 10 000 份。

植物园因植物种类丰富，还是大专院校学生实习的场所。著名华裔植物学家胡秀英在 1975 年在重返南京之后，曾回忆云：“那时金陵大学农学院尚未放女禁，女大生物系主任黎富思博士知道我对农村工作的兴趣，要我暑假和金大园艺系学生一齐学习，她亲自带我去谢家声院长处，帮我请求学习的机会，在南京城内的一段时期，我住在女大，天天一早赶到斗鸡闸，花卉果树实验园，末了的两周，要到城外总理陵园植物园去跟叶（培忠）老师学习庭院布景观赏树木，男生都住在明孝陵的旧庙里，我就被安插在叶师母家中食住。那时他们结婚不久，待我像家中妹妹。”[④]时在 1933 年，胡秀英就读于金陵女子大学。

---

① 生物研究所消息，《科学》，1930 年，第 9 期。

② 《科学》十九卷六期；《卢作孚年谱长编》，第 510 页。

③ 张楚宝：天目山采集记事，《农学》1936 年第 1 期。

④ 《胡秀英教授论文集——秀苑撷英》，商务印书馆（香港）有限公司，2003 年。

六、植物种类

植物园成立时接管前江苏省立第一造林场历年培育之树木，还有孙中山奉安时各地赠送之花木和森林、园艺二部征集之花木。据 1931 年出版《总理陵园管理委员会报告》记载，这类植物有：①森林树木 60 余种；②花木及观赏树木 110 余类，重要品种有牡丹品种 70 种、梅花品种 60 种、樱花品种 16 种、月季品种 150 种、紫藤品种 10 种；③球根花卉 19 类，重要品种有水仙品种 11 种、风信子品种 10 种、郁金香品种 25 种、花泊芙兰品种 10 种、大理花品种 150 余种、美人蕉品种 20 种、唐菖蒲品种 31 种；④宿根花卉 28 类，重要品种有菊花品种 600 余种、芍药品种 120 种、金鱼草品种 12 种、花菖蒲品种 200 种；⑤一二年生花草 58 类，重要品种有香豌豆品种 18 种；⑥温室植物 100 类，重要品种有仙人掌及多肉植物 100 种，人腊红品种 42 种。植物园成立之后，通过国际间植物园之间种子交换关系或向国外购置，所得种类按国别统计如下：英国 563 种、美国 173 种、法国 12 种、德国 10 种、印度（喜马拉雅高山植物）433 种、澳洲 50 种、日本 104 种、挪威 3 种、英属南非洲 5 种、荷属爪哇 25 种、捷克葡萄牙檀香山等处 10 余种。而本国各省植物则有 160 种，派员前往四川、浙江、江苏等处采集种苗尚未分类者约 2 000 余株。以上为截至 1931 年统计数据，大多是按品种计数。其后必有增加，至 1937 年植物种类大约在 3 000 种以上。

第四章

DISIZHANG

抗日战争胜利后的复员

一、战后复员

1937年抗日战争全面爆发后，南京沦陷，总理陵管会撤退至四川重庆，而总理陵园的工作人员则星散，整个陵园无人看管。傅焕光系在南京失守前十一天离开南京，离别之时，写有《别陵园》一诗，云："风雨凄凄江水寒，枫林叶落百花残。名园抛却无人管，回首崇陵不忍看。"[①]可见悲痛之情。

汪精卫在南京成立伪政府后，也相应成立了"国父陵园管理委员会"，实未担负管理之责，致使园林荒芜、房屋拆毁、林木盗伐。待抗战胜利时，植物园所属陈列馆、办公室、职工宿舍，园夫宿舍草房、温室花房等均化为瓦砾灰烬，夷为平地。树木植被砍伐殆尽，苗圃展区被践废荒墟，植物种类丢失，昔日荫毓葱茏，斗艳争娇之景象，已不复见。植物园之标本、藏书也被窃走。

图13 沈鹏飞(倪根金提供)

1945年夏，日本投降之后，总理陵管会立即着手复员，并派人赴南京接收。还都之后，1946年7月1日，总理陵园管理委员会改名为"国父陵园管理委员会"，国民政府特派张静江、于右任、宋子文、孔祥熙、戴季陶、孙科、陈果夫、吴铁城、居正、张继、邹鲁、王宠惠、邵力子、邓家彦、李文范、马超俊、刘纪文为委员会委员，并指定张静江、于右任、孔祥熙、戴季陶、孙科、陈果夫、马超俊为常务委员，后又指定孙科为主席委员，负责执行会务。"国父陵园管理委员会"下设秘书室、会计室、园林处、拱卫处和一个北平

① 傅焕光诗稿，抄件，傅华提供。

衣冠冢留守处。园林处下设森林、园艺、工程、总务四个科及一个植物园。园林处处长为沈鹏飞。沈鹏飞(1893—1983),字云程,广东番禺人。1921年获耶鲁大学林学硕士学位,同年归国,先后在广东公立农业专门学校、广东大学、中山大学任教授、系主任、林学院院长,暨南大学教授、校长。抗战胜利后被任命为总理陵园园林处处长。

为图复旧观,国父陵园委员会重新颁布《国父陵管会组织条例》,其中对植物园旨趣重新界定:"一、规划植物园一切建设事项;二、国内外植物标本之采集、制造、鉴定、陈列事项;三、植物园之布置、种植、管理事项;四、温室植物之征集及培养事项;五、中外植物研究机构之联系及品种、标本、刊物之交换事项。"①此与建园之时所确定之旨趣虽然相同之处不少,但已乏恢弘之概,受经济条件之限耳。该《条例》还对植物园编制作出规定;设园主任一人,科技人员十多人。与此同时,制定了详细的复员计划,以三年为期,预计经费25万美元。然而,在恶性通货膨胀之经济形势下,国家财政异常严峻,陵园所获官方拨款已难达战前水平,故而植物园复员缓慢。陵管会故于1946年末发起募集资金活动,发表《募捐启事》和募捐办法,该《募捐启事》之文稿经于右任修订,摘录如下:

> 前者神京失陷,陵寝震惊。虽以国父威灵,倭寇亦知敬畏,而所有建筑物摧毁无遗。昔之璀璨满目者,今则夷为废墟,鞠为茂草矣。谨按附属建筑物除亭、池、台、榭之外,其大者如藏经楼,曾集海内名家书刻,国父遗教庋置其中;次如中山文化教育馆,广罗文献、宏事译述,所藏亦极丰夥;又次如温室、花房、保护热带花卉,群芳竞秀,美化园林。自经播迁,悉化乌有。至其基已立,规模未备者,则有植物园;计划已定、正待建立者,则有动物园与博物馆。凡此诸端,均有待于恢复与完成,一以壮观瞻,一以资纪念。②

① 国父陵园管会组织条例,1946年7月2日,《中山陵档案史料选编》,江苏古籍出版社,1986年,第428页。

② 募捐启事,1946年12月5日,《中山陵档案史料选编》,江苏古籍出版社,1986年,第499页。

参与发起的有孙科、居正、宋子文、陈果夫、邵力子等 32 人。孙科还分别致函驻外使馆官员，希望在海外华侨中募捐。此次活动截至 1948 年 8 月，最终得美金 8 626 元、英镑 444 镑、印币 1 010 盾、加币 72 元、法币 1 000 万元，实际收到募捐款与所期望之数相距太远，以致原定之计划难以实现。即使这些款项因到达时，时局已在变化，也未运用到实际工作之中，事实上募捐之款并未到达陵园。

二、植物园的恢复

经过八年国难，总理陵园遭受极大破坏，而植物园尤甚，其建筑和植物几乎全毁。恢复重建，还是在先前地亩之上，但也仅三年，中国国民党即败走大陆。植物园在此三年复员之中，由于陵园管委会经费捉襟见肘，所得经费有限，未能全面恢复。植物园事业不振，也导致其主持者更换频繁。

沈鹏飞执掌陵园园林处时，首选植物园主任之人为其旧友陈焕镛。陈焕镛此前曾受陵园管理委员会之请，担任植物园筹备委员会委员，而其时陈焕镛已在广州中山大学农科开创农林植物研究所。此研究所之创建即得沈鹏飞鼎力支持，沈鹏飞其时为农科主任。抗日战争期间，陈焕镛因保护农林植物研究所标本不被日本人掠走，不得已与汪伪政府合作。此时，陈焕镛受到汉奸罪名指控，赋闲无事，沈鹏飞不避嫌疑，邀其担任陵园植物园主任。1946 年 8 月 16 日，“国父陵园委员会”发表派令，“令陈焕镛为本会园林处植物园主任”，但其并未立即到职。第二年四月，陈焕镛欲往美国从事研究，沈鹏飞又聘其为陵园管理委员会园林设计委员，拟请其为植物园搜集各种植物种苗标本，为恢复植物园之助，并补助其国币 10 万元。其后陈焕镛并未赴美，此 10 万元不知是否支付。植物园主任一职，陈焕镛也一直未曾到任，而植物园业务日益繁忙，至 1947 年 9 月 11 日陵园管委会乃改聘郑万钧担任，而郑万钧又不能立即前来，乃请盛诚桂暂行兼代。

在盛诚桂兼任之前，植物园事务由园艺科主任章君瑜代管。其重回陵园时间，今难知确切日期，其于植物园工作亦少有记载，1946 年 12 月即告假而去。其签呈称：“窃职体力衰弱，精神不振，须长期休养，以资恢复，因特恳请赐准长假六月。”章君瑜离职原因不明，此只是托病而已。沈鹏飞还是予以慰留，仅给假一月，留下职务由盛诚桂代理。但一月之后，章君瑜并未重回。

盛诚桂系1946年10月经傅焕光介绍入陵园，任园艺科技正。12月章君瑜请假，代理园艺科长，兼理植物园。植物园复员自盛诚桂到任后，始才进行。盛诚桂主持植物园有一年许，整理废墟，重新开辟苗圃，采集标本，与国内外植物园恢复交换关系。盛诚桂(1912—2003)，江苏松江人，1936年金陵大学园艺系毕业。在大学求学时，曾来总理陵园实习。1945年赴美作学术访问一年，回国后即入植物园。为恢复植物园，1947年1月8日植物园向国内各有关机构发函，征集有关材料，其函云：

图14　盛诚桂(中山植物园提供)

> 国父陵园植物园肇始于民国十九年，推其创设之主旨，为欲使国父革命精神，苍松翠柏，与日月共存，永垂不朽；其在学术方面者，为蒐集中外植物于一堂，作系统之分类学术之研究；其在经济方面者，则谋开发植物资源，以为富裕民生及充实国家经济之用。创设以还，擘画经营，本已略具规模，不意抗敌军兴，本园饱受摧残，前功尽弃，实堪痛惜。兹当复员伊始，百废待举，为图本园早日恢复旧观，并发扬光大起见，敢请全国农林机关植物学学术团体试验场苗圃惠予多珍，踊跃输将，并祈不吝珠玉，常赐教言，俾本园事业，得以迅速推进，曷胜翘企之至。①

植物园所征集的物品包括：植物学及农林园艺学刊物、森林植物种子木材标本林业副产品、特用植物之种子及标本、果树苗木及种子、花卉及蔬菜种子、各种观赏植物之种子及苗木、菌藻苔藓羊齿植物标本、其他植物种子及标本、病虫害药剂之器械等。今不知最后征集结果如何，该份史料引自《台湾省行政长官公署公报》，据公报言，台湾省行政长官公署农林处接到此函后，将其转发至其下属所场公司，令尽量收集，并于三月底以前送农林处，以便汇转。其三个月后情形，却未见记载。

---

①《台湾省行政长官公署公报》，1947年(春字23号)。

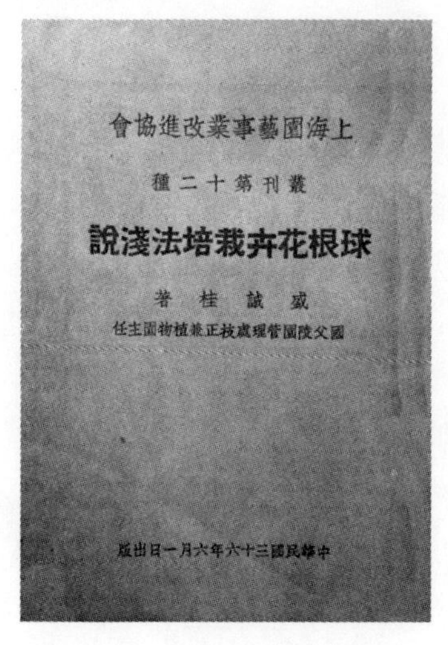

图15 盛诚桂著述书影

1947年春植物园为恢复植物繁殖工作，必需有温床设置。其时办事程序：盛诚桂先呈函沈鹏飞，沈鹏飞又呈函孙科，批准后由陵管会工程科予以施工。此温床于4月修复。同年11月又在明陵内原温室地基之上，修复温室。与此同时，工作室与工人宿舍亦得修理。

1947年重建温室，是将原先乱石墙之有松动者予以拆除，然后用水泥砂浆叠砌，工程造价一亿零一百多元。11月11日行将竣工时，盛诚桂为温室内应安置木架事，又致函沈鹏飞，“温室中必需之盛花架（计中央一座，边缘一座），并未列入包工工程之内，将来温室落成，如仅有躯壳，则难期实用。兹特拟就盛花架草图，请转工程科设计办理”云云。又温室需要烧煤加温，应有工人住宿之所。此时郑万钧已来陵园任主任，其致函沈鹏飞云：“查本园兴修温室，将于下月竣工落成，以后对于晚间守望及加温等工作，须饬技工专职管理。惟工房僻处廖墓附近，势难兼顾，为解决事实上困难起见，拟请工程科在本园温室北隅靠墙处修建工人住屋一间，以利工作进行。”修复一处温室，本属一项小工程，但其始即无周全考量，为其完善，反复请示，实因经费拮据所致。

复员时期之园林，仅蔷薇区尚存有少量梅花、樱花、木瓜等树。进行整治之后，又补种一些种类。前湖沿路则栽植法国梧桐、垂柳、芙蓉、绿篱、以增园景。明陵前铺植草坪。药圃、苗圃、温室也都得到恢复。其时水杉新种被发现，也得到该树种子，予以播种试种。

战时散出的标本，亦收回了一部分。1946年6月教育部南京区清点接收封存文物委员会在中央研究院社会研究所清点出38格植物标本，发现系总理陵园之旧物，遂请陵园派人前去领回。8月又发现62格植物标本，先经中央大学陈邦杰前去查看，认为系中央大学之物，但其中也有陵园者，社会研究所又致函陵园，请陵园派人与中央大学人员一同前来领取。就这样，领回一些1937年前标本，其中有叶培忠、赵志立所采。这些标本，至今仍收藏于江苏省植物研究所植物标本馆中。

此时有张宗绪遗留标本请陵园植物园为之收购，则因经费拮据，未能买下。张宗绪(1879—1945),字柳如,浙江安吉梅溪镇人。二十世纪初,东渡日本,就读于早稻田大学。1909年回国任教于浙江两级师范学堂,后于湖州、绍兴等地中学任教,教学之余,勤于野外考察和标本采集,著有《植物名汇拾遗》,考证植物中名及学名。所采标本曾寄给日本植物学家予以研究,学者吴寿彭尝往其家披阅其标本竟日,云标本采自天目山南北及湖州等地,曾寄往德国柏林植物园鉴定①。张宗绪晚年家中集有标本1 000余种,去世后,家人托其门生雷震联系机构收购。雷震致函沈鹏飞,云:

云程吾兄勋鉴:

敬启者:浙江安吉张宗绪先生乃弟老师,生前留学日本早稻田大学,专攻植物。早年著作,曾于民初由商务出版。胜利之前,在家乡备受敌伪压迫,竟一病逝世,遗有植物标本一千数百种,系其数十年心血之结晶,兹为料理其葬事,经由中央研究院罗宗洛先生转介贵会予以收购,是项标本已于半月前运至中研院。闻罗先生亦于日前来京出席院会,并与吾兄洽商此事。弟意政府对于此项科学遗藏应加以护持,似应优于收购,俾免摧残。用特专函奉恳,祈赐协助玉成,无任感盼。专此 敬颂

勋绥

弟 雷震 拜启 六月十九日②

雷震系国民政府官员,时任政治协商会议秘书长,1949年去台湾,后以创办《自由中国》杂志被判十年徒刑而闻名。此时雷震为售卖其师标本,已与中研院植物所罗宗洛联系,罗宗洛不愿收购,转至沈鹏飞。而沈鹏飞复函云:"本处预算奉令核减,经费颇形拮据。前已面请罗宗洛兄,另代转让,难以报命为歉。"中研院植物所、"国父陵园"均无意收藏,该标本最后被湖州长兴中学购买。③ 查"中国数字植物标本馆"网站,张宗绪所采标本仅有14份,均为中国科学社生物研究所旧藏。可以判断长兴中学所得之标本最后未进入正规标本馆收藏,已不复存在。张宗绪与钟观光系同时代之人,今日植物学界将钟观光列

① 吴寿彭:《大树山房诗集》,上海古籍出版社,2008年。

② 雷震致沈鹏飞,1946年6月19日,南京市档案馆藏总理陵园管理委员会档案。

③ 孙默岑:教育家周翔,《湖州文史》第五集,1987年。

举为中国植物采集第一人，而张宗绪则被淹没。究其原因，是钟观光标本后由其子钟补求捐赠于中国科学院植物研究所，得到有效保管，其名故扬；而张宗绪标本与此擦肩而过，令人感叹。

陵园植物园此时也开始采集，1947年春就近在紫金山采集，几乎得到此区域所有种类，计有500余种，4 000余份。同年9、10月间，盛诚桂偕技士周锡勋、技佐潘祖衡、工人张燕亭、张来宾等，前往浙江天目山一带采集一月余。与国内外一些植物园恢复种子交换关系，还通过英国文化委员会科学组主任Silow与英国一些机构交换种子。收到许多国家的学术机构寄来种子100余种，寄出种子40余种。时任职于中央农业实验所之傅焕光自美国回国，也带来森林植物和牧草种子。此据不完整之档案，稍加详述盛诚桂率队赴天目山采集之经过。为获准采集经费，先是盛诚桂致函沈鹏飞。9月11日沈鹏飞又致函孙科，有云：

> 顷据植物园签呈称，查职园工作逐渐开展，标本采集急不容缓，本年度已将紫金山区植物标本采竣，计有植物五百余种、四千余份，惟南京区植物种类不甚丰富，经询各方，以去浙江天目山最为合宜。时界秋令，各种种子大都成熟，且气候转凉，珍贵植物亦可迁回栽植，拟即派职员二人、技工二人前往该处采集，为期一月，估计四人往返舟车膳宿及苗木搬运等费，约需七百万元之谱。拟在职园标本采集费项下动支，是否有当，敬乞鉴核。①

沈鹏飞所请，获得孙科批准，盛诚桂一行于10月初出发。但在外进行之中，盛诚桂就物价上涨过快，经费不敷使用，致函沈鹏飞，谓“工作进行颇为顺利，惟前领采集费七百万元，以最近物价飞涨，尤以车资运费增加特多，根据离浙时估计，尚不敷三百万元。”为此，沈鹏飞于10月18日又致函孙科，要求增加300万元，10月19日批署照准，采集队于月底返回南京。截至1948年1月，植物园自复员以来，接收、自采及外间赠送各类标本共有10 000余份。

盛诚桂在植物园工作一年有余，亦苦于经费之拮据，工作难以展开，而于1948年2月请假，改就山东大学农学院园艺系教授。在盛诚桂去青岛之前，郑

---

① 沈鹏飞致孙科函，1947年9月11日，南京市档案馆藏总理陵园管理委员会档案，全宗号一〇〇五，案卷号1027。

万钧已到职。盛诚桂离开南京两月之后，致函沈鹏飞，感谢照拂，并云："陵园近况如何，殊在念中，植物园郑主任闻有绝裾辞职之意，未知确否？晚前以才弱学浅，谬膺重任，年余来对于园务鲜有推进，临行求退，复蒙准假慰留，隆情厚谊，感激万分。"①此函实为再次提请辞职也。十年之后，已是完全不同语境，盛诚桂作《自传》，对此一段经历作这样回顾："1946 年 7 月我从美国回来，托人谋事，到前国父陵园园林处担任植物园工作，1948 年，因反动派对植物园工作，连一个花瓶的位置都算不上，因此，我又转到青岛山东大学农学院任教。"②透过时代烙印，植物园没有前途，则属真实。

1947 年 10 月郑万钧来植物园任主任一职，月薪 400 元。郑万钧(1904—1983)，江苏徐州人，毕业于江苏省第一农业学校林科，1939 年获法国图卢兹大学博士学位。抗战之前在中国科学社生物研究所工作多年，抗战时任云南农林植物研究所副所长、云南大学森林系教师，抗战胜利后，任中央大学森林系教授。此来植物园任主任，第二年按年度工作计划，须布置杜鹃、花圃二区。于 2 月底派潘祖衡及两名工人往栖霞山采挖花灌木以补充到庭园中。1948 年春将荫棚予以修复，该荫棚在明陵内，造价 6 529 元，工期 20 天。1948 年

图 16　郑万钧(夏振岱提供)

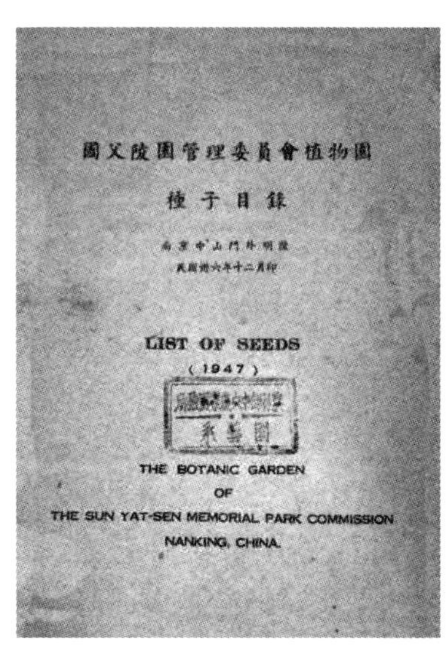

图 17　《种子目录》封面

① 盛诚桂致沈鹏飞函，1948 年 4 月，南京市档案馆藏总理陵园管理委员会档案。
② 盛诚桂：自传，1958 年 8 月 10 日，江苏省植物研究所藏盛诚桂档案。

3 月，郑万钧辞职，其提出辞职原因是："家属患病，须长期照料，不克来园工作，恳请辞职。"[①]此亦托词，实与经费拮据，事业不振有关。

在郑万钧时期，植物园出版一次《种子目录》，已完全恢复与国内外植物园之种子交换，该目录之前分别印有中英文公函，藉之亦可增加对当时境况之了解。其中文函云：

> 迳启者：本园创始于民国十八年，位于南京钟山南麓，明陵附近，战前几载经营，规模粗具，曾种植国内外植物四千余种，采集蜡叶标本三万余号，正拟从事研究，贡献学术，旋以抗战事起，工作中断，所有一切设施，今已摧毁殆尽。胜利复员，本园恢复工作，业以赓续进行，兹将本年（三十六年）所采种子，编印目录，备供参阅，倘承交换，函索即寄，并祈不吝指正，惠赠各种种子、球根、苗木、插条，以供繁殖，而稍研究，无任感荷。
>
> 国父陵园管理委员会植物园谨启　三十六年十二月

交换之种子，由技佐潘祖衡率同技工两人，每年秋季在南京紫金山、宝华山、栖霞山等地采集。

郑万钧辞职之后，聘得焦启源继任，于 1948 年 5 月19 日到职，月薪亦为 400 元。焦启源（1901—1968），江苏镇江人。1923 年毕业于金陵大学，1936 年获得美国威斯康星大学博士学位。回国后曾任金陵大学、武汉大学、四川大学、华西大学教授，金陵大学农学院植物系主任。1949 年后任复旦大学植物生理教研室主任，上海植物生理学会副理事长。焦启源在此任上约有一年，但关于其之记录却甚少，或者此一年之内，工作未曾开展。

图 18　焦启源

由于陵管会经费困难，致使植物园主持者变动频繁；但陵管会在聘请继任者时，还是力图延揽积学之士。章君瑜之后继者盛诚桂、郑万钧、焦启源皆其时中国植物学界后起之秀，惜对植物园贡献均为有限。

---

① 沈鹏飞：为植物园主任郑万钧呈请辞职由焦启源接充当否祈核签呈，1948 年 3 月 18 日，南京市档案馆藏总理陵园管理委员会档案，全宗号一〇〇五，案卷号 183。

三、两项未曾付诸实施之合作

抗战之后中央研究院植物研究所在上海复员，其房舍系与同院其他五个研究所共同使用日人利用日本退回庚子赔款所创建的自然科学研究所，人员众多，不敷应用，其试验之温室和圃地也甚少。为此，中央研究院拟与陵园植物园合作，在植物园地亩之上，兴建房舍，将植物研究所迁至南京。以研究所之人才和资金，于植物园重建可收事半功倍之效。1946 年春中研院院长朱家骅与陵园管理委员会委员戴季陶、孙科，植物所所长罗宗洛与沈鹏飞多次磋商，初步达成共识，3 月 18 日沈鹏飞起草合作办法，6 月 14 日陵园管委会第 9 次常务委员会议通过双方拟定之《合作约书》。第二年朱家骅就此事再致函戴季陶，函文如次：

季陶先生赐鉴：

春初为本院植物研究所迁京一事，拟在总理陵园之内租地建所，冀获陵园管理委员会合作，即便于学术研究，又可重建陵园植物园，曾经陈商，旋奉一月卅日复示，荷承赞助倡导，并为转函哲生先生，同仁等敬聆之余，至为感奋。窃思总理启示学术者二十年来，各研究学科虽有相当成就，奈中经国难，西迁八载，复员动迁，仍限于地基、经费，不得不分设京沪两地，对于学术研究及科学合作之成效，难付预期，夙夜筹维，惶惭交并。经年来尽力经营物理、数学二研究所，即可迁京，在京建立数理化中心，幸获粗具规模，奠定基本科学之基础；其次即拟将植物、动物两研究所迁京，成立生物研究中心，自以与陵园管理委员会合作最为理想，曾由植物研究所罗所长宗洛与沈云程先生洽谈数次，似以陵园南区包括前湖及琵琶湖一带，约面积一〇九〇市亩，最称相宜，仅附草图一帧，用供参考，尚乞裁定赐复。至于合作种种原则，自当嘱员诣会承商。专此，敬颂

勋绥

弟　朱家骅　拜启　三十六年十二月六日[①]

① 朱家骅致戴季陶函，1947 年 12 月 6 日，南京市档案馆藏总理陵园档案，全宗号一〇〇五，案卷号 1024。

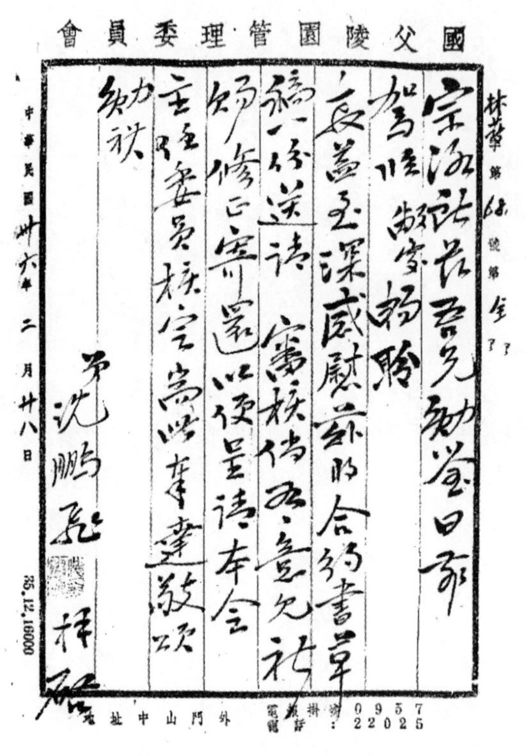
國父陵園管理委員會

林葉第68號第

中華民國卅六年二月廿八日

地址中山門外 電報掛號 0957 電話：22025

图 19　沈鹏飞致罗宗洛函

此函转至沈鹏飞，其认为“本会现办植物园尚属草创时期，并有建立动物园计划。惟二园同时建立，费用浩繁，人力财力似均非近数年内能胜任，如与中央研究院合作，则或可收事半功倍之效。”①此案随即在 12 月 25 日陵园委员会第三次全体会议上获得通过，会议记录记载：“据园林处呈，中央研究院拟租本会园地，将动、植物两研究所迁京成立。本会植物园拟与该院合作，捡呈原函请核示等情。可否如拟办理之处，提请公决案。决议：准与合作。着由园林处另拟合作办法报核。”②沈鹏飞再据新议内容，再拟《合作约书》，其内容如下：

立合作约书人：中央研究院植物研究所、国父陵园管理委员会（以下简称甲方、乙方）

兹因甲方为便利植物学之研究起见，商由乙方在陵园区域内拨租地建筑办公处与乙方合作，从事植物学之研究与植物学知识之普及，经双方同意订立条约如左：

第一条　乙方允在双方适应之区域内指定约百亩之地，为甲方建筑研究室、办公厅及试验园圃之用，其租约另订之。

① 沈鹏飞致孙科函，1947 年 12 月，南京市档案馆藏总理陵园档案，全宗号一〇〇五，案卷号 1024。

② 国父陵园管理委员会第三次全体委员会议记录，1947 年 12 月 25 日，《中山陵档案史料选编》，江苏古籍出版社，1986 年，第 657 页。

第二条　关于植物研究方面之技术问题，乙方如需要甲方协助时，甲方应酌予协助。

第三条　乙方得经甲方同意，委托甲方研究某项问题，但该项研究工作之经费甲方无力负担时，应由乙方设法补助。

第四条　双方之标本、刊物可互相交换利用。

第五条　乙方如欲另划地与甲方合作研究，或甲方因工作需要于指定范围之外，欲使用乙方之土地时，得双方同意，其方法另订之。

第六条　甲方之工作场所经甲方之同意及领导，随时可供参观，但非至适当时期，经甲乙方同意后，不得划为游览地带。①

此项合约，只因时局动荡，未曾正式签署。不久中央研究院从大陆撤迁而去，但其大多研究所尚留大陆，此项合作意向为日后合作埋下伏笔。关于此，将在下章记述。

第二项未竟之合作，系与农林部农业推广委员会合作繁殖经济植物。该项计划甚为宏大，意在搜集全国各省具有较高经济价值的特产品种，加以繁殖与保存，必要时大量推广，以免优良品种资源被湮灭与埋没。其计划书摘要如次：

我国幅员广袤，农作物之品种特多，而优良者尤多。溯自帝皇时代，各方进贡之花木、果品，珍奇名贵，至今仍为世界各国所称颂。惜以各品种沦散各方，又素乏统筹之搜集繁殖机构，以致时过境迁，过去之大好产品，至今已不可多得，任其埋没沦落，实系我国农业改进上之一大损失。抗战以来，各地又支离破碎，分散各地之特产品种，更不易作有系统之保持与繁殖，回观欧美各国对于农业特产作物品种之搜集、交换与繁殖，均设有专司负责，以冀由世界各地输入之优良品种得以有系统之繁殖与推广。抗战前欧美各国常派遣专门采集人员来华，至我国各地采集，将我国各种优良品种携归，以供繁殖改良之用。例如美国最近经育种而发表之桐油新品种(A laurites fordiiua Florida)，其丛生果有十四个之多，这种丛

① 沈鹏飞起草《合作约书》，1948 年 1 月，南京市档案馆藏总理陵园档案，全宗号一〇〇五，案卷号 1024。

生种实系四川九子桐（丛生果有九个故名）之原种。今四川一带，油桐之丛生果达十个之多者，比比皆是，且江苏宜兴戴埠所产之油桐，其丛生果有达十六个者，若能利用其特性，从事搜集繁殖，则大量之优良品种当不难获得，产量品质，自可提高。再就柑橘言，美国盛销我口岸之 Sunkist 广柑，考其原种亦系中古时代自我输入至南美所栽培者，为时七十余年，而成绩斐然，我国每年输入数量总以数百亿计，以品质言，四川江津一带之鹅蛋柑，广东一带之雪柑等品种，其形状色味，非仅堪与媲美，抑且有过无不及，若能从事搜集繁殖及推广，则川粤广柑之品质当又精益求精，福利社会，裨益农民，其意义又岂浅鲜。再就药用作物言，我国自神农尝百草，用以治病以来，药用植物即被重视，惜多采自山野，品质难期划一，数量亦无法大量供应，于是搜集繁殖之举，才应运而生。诸如此类，用足以证明欲求我农业之振兴，则非先保持优良作物之品种不可，且优良品质之搜集，及输入各国已育成之优良品种，加以繁殖推广，实为改良我国农业品种最简捷经济之方法。

搜集作物品种，为应用服务，本是植物园内容之一，遇有合作，当积极响应。1948 年 5 月，经双方协商，拟定合作办法，并勘定太平路北与明陵路以东，计 172 亩，为合作繁殖经济植物之用。其时，该地亩为佃农使用，即着手收回。然而，同样是时局变动，此项合作无果。

此两项合作意向，皆由对方提出，并以对方为主导，植物园只是提供土地而已。由此亦可见其时植物园在人才、资金皆甚缺乏，只有通过与人合作，借助社会力量，方可壮大其事业。但是，看重陵园山林地亩者甚多，从“国父陵园委员会会议记录”可知还有一些机关提出合作要求，但与植物园旨趣不负，则被谢绝。

第五章 纪念植物园之终结

DIWUZHANG

一、短暂维持

1949年初，国共两党军队展开淮海战役，以国民党军队大败而结束。由此导致国民政府自南京败走广州，陵园园林处主任沈鹏飞、秘书林之坤随旧政府前往南方。此时由陵园委员会委员邵力子、于右任邀请傅焕光重回陵园，予以维持。1949年4月23日，中国人民解放军占领南京，一〇五师三一五团团长刘志成于第二天率部队进驻"国父陵园"，并驻扎在植物园。四十五年之后，刘志诚撰写回忆文章，有云："中午，我到了中山陵植物园，受到技术员吴敬立和潘祖衡的热情欢迎。他们一直坚持工作，保护园内的各种设备，终于盼到了解放军的到来。他们腾出好几间房子，安排二营营部人员住宿，对战士的生活照顾的无微不至。"①此后，所有机关被接管，并予以重新组织，并由新政权任命负责人。总理陵园在改组之前，傅焕光还是园林处主任，在新形势下，其向新政权提交《孙中山先生陵园改进大纲建议书》，不知此份文件是受命而为，还是主动所写。傅焕光认为孙中山陵园是社会科学文化事业，在新政权领导之下，一样能得到发展，何况孙中山一样为中国共产党人所尊崇；但是傅焕光却不用旧有"国父陵园"之名称，毕竟新旧制度将有极大不同，可见其洞察世变之能力。但在机构设置上，与先前则大致相同：

设置陵园建设委员会，直隶人民政府。设园林管理处，秉承委员会之决议，实际执行各项业务。设处长一人，秘书一人。下设总务科、森林科、农林生产科、工程布景科等四科及植物园一所。目前除处长外，仅有职员

① 刘志诚：进入真空地带——1949年4月24日的南京，《南京党史》，1993年第二期。

七人，不敷应用，拟先聘各科主干，以便分层负责，并从事设计准备。

对于植物园，在交代其来由之后，也作建议。

> 抗战前植物园已粗具规模，每年派员赴名山采集植物，所得种子、标本与国外机关交换种苗，颇著声誉。惟在抗战期间，花卉标本苗木，损失殆尽。复员后稍稍恢复，未臻旧观。今拟物色植物专家，拟追回华侨捐款，积极整顿，以发展自然科学。①

但是，傅焕光还是没有想到，新政权建立之后，要实行党的领导，过去留用之人，是不能再担任领导职务；所以在重新组织之时傅焕光本人首先被调出，先在华东农林部林业总局任副局长，1951 年派往安徽，协助林业工作，初任皖北大别山林区管理处副处长，后调合肥任安徽省林业局造林处副处长，显然不被重用，此中原由，不予细论。由傅焕光地位的转变，亦可想见陵园的处境。傅焕光曾提议重新成立“陵园建设委员会”，直隶人民政府，此乃援引旧例。1950 年 1 月新政府成立“中山陵园管理委员会”，则隶属于南京市人民政府，而不是江苏省人民政府，更勿论中央人民政府；委员会成员也不是政府要员，而由南京一些专家学者加上陵园管理处领导组成，主任：金善宝；委员兼秘书：高艺林；委员：沈炳儒、姚尔觉、郑万钧、李家文、马凌甫、张文心等十七人。陵园管理处处长姚尔觉，任职一年后，改由刘泳菊接任；副处长则一直由高艺林担任。陵园之地位显然下降不少。

图 20　吴敬立（南京市档案馆提供）

陵园管理处内部组织，则依然沿用历史格局，成立四个科，其中园林科科长由吴敬立担任；因植物园无主任，由吴敬立分管。吴敬立（1906—2008），江苏如皋人，1924 年江苏省立第一农业学校毕业，1926 年在江苏省立第一造林场任技术员，1928 年随傅焕

① 傅焕光：孙中山先生陵园改进大纲建议书，南京市档案馆藏中山陵档案，全宗号九〇七九，案卷号 21。

光一同入总理陵园，任技术员，其之一生，除八年抗战，其余全服务于陵园。1949年之后，国家建设百废待兴，而陵园事业一时难以引起领导者之重视，故只是维持。在其后两年维持之中，第一年根本没有上轨道，陵园管理处之《总结》甚为简略，关于植物园文字甚少，因无内容可写；第二年或者稍有头绪，其《总结》有如下内容：

1. 苗圃六十亩，培育台床苗五十亩；繁殖苗六十亩，计一万五千余株。

2. 温室一座五间，经常培育管理盆栽植物五十余种，计四百余盆；繁殖各科植物八十余科，计四百余株。

3. 风景区管理，明陵、廖墓园地二十余亩，经常维护整理。

4. 蔷薇科花木区整理布置，筑路75丈，整理花坛二座，150方；补植花木450株；梅花整枝1 800株；施肥培土花木3 700株；去除杂树合计五亩。

5. 冬季兴筑花房两座。①

此时其他各类工作如引种未曾进行，在高等学校院系调整大潮中，金陵大学农学院与南京大学农学院合并成立南京农学院，陵园管理处获悉原先金陵大学所属园艺试验场场址将另作他用，而其所培植花卉甚为珍贵，当即致函新成立之南京农学院，请将这批植物移植于植物园。函云"闻你校在天津路一号原金陵大学园艺试验场缩小范围，人员减少，若干较为名贵品种冬季恐保管不易，拟请下列部分植物拨交我处保存，一则可充实植物园内容，再者亦可免意外损失。"②档案中未见南京农学院回复，不知这批植物最终如何。但按常理言，应该移交予植物园。

但植物园究竟如何发展，开展哪些业务工作，陵园管理处并不清楚，只能做一些零星日常维护，展区如何布置，工作如何推进，均等待上级指示，更勿谈

① 中山陵园管理处：《1952年工作总结》，南京市档案馆藏中山陵园档案，全宗号九〇七九，案卷号0022。

② 中山陵园管理处致南京农学院函，1952年11月4日，南京市档案馆藏中山陵园档案，全宗号九〇七九，案卷号0022。

计划方针之类。在等待之中，陵园管理处在催促其上级主管南京市建设委员会给予指示外，还是积极设法，将植物园恢复起来，归纳起来有下列诸项工作值得记述。

其时苗圃中之苗木，已有六七年，有些高度逾丈余，亟待辟园定植。“若不设法分区种植，日久恐难再作迁移，且有较为贵重品种，保存不易。如不再设法统筹计划，开展工作，长此拖延，恐有坐视毁弃之虞。”然而如何恢复展览区，则对先前钱崇澍、秦仁昌两人在 1929 年设计之规划，有所检讨，认为该设计过于庞大，不易施行。其意见如下：

> 原计划的果木区设于明孝陵四周，现该地已栽植本地植物二百余种，是否即改为南京木本植物区。果木区可移至现在的果园，面积约二百余亩。原计划的杜鹃区、牡丹区、热带植物区、沙漠植物区、羊齿植物区、兰花区等，因多需大量温室和特种设备，而且也不是目前所急需，是否挪在计划之外。为结合生产，供给国家今后大规模经济建设所需材料，拟将原计划的应用植物区扩大为药用植物区、纤维植物区、油用植物区、橡胶植物区、水土保持区等五区。①

植物园存在问题，还在于没有专业人员，尤其是没有专家予以领导，寻求贤能也是陵园管理处工作之一。当吴敬立获知盛诚桂新消息后，陵园管理处即致函南京市长柯庆施，“查金陵大学园艺系教授盛诚桂同志，前曾任植物园主任，现值华东各学校院系人员调整之际，可否请报请华东负责机关，将盛诚桂调陵园植物园工作。”②也许是盛诚桂酷爱植物园事业，其在院系调正中不甚得志，有重回植物园之意。不过其并没有立即被调来，入园是在 1954 年合组成立中山植物园之后。植物园不得发展，与其在陵园管理处的地位相对低下有关，且不说不是独立机构，还处于单位组织结构中最底层，隶属于园林科，植物园成立之时，即便如此，未曾改变，前已述其在陵园中尴尬地位。此时，陵园

---

① 中山陵园管理处：《植物园恢复建设计划初步意见》1952 年 9 月 29 日，南京市档案馆藏中山陵园档案，全宗号九〇七九，案卷号 0028。

② 陵园管理处致函柯市长，1952 年 8 月 22 日，南京市档案馆藏中山陵园档案，全宗号九〇七九，案卷号 0028。

管理处意识到此种弊端，且欲予以改变："兹为永久适应业务推进起见，拟将植物园组，自十月份起改为植物园，相当于科的编制，设主任一人总其成，由处直接领导。"①若以植物园性质论，予以充分发展，其地位自应提升，甚至成为一家独立机构，而此时之陵园管理处只能如此。

前在复员之时，已恢复与国外植物园间种子交换关系，此时仍然收到大量国外寄来种子目录，计有苏联、捷克、波兰、芬兰、匈牙利、保加利亚、立陶宛、奥地利、德意志、荷兰、丹麦、比利时、瑞士、瑞典等国。而现时采种工作陷于停顿，无从交换，陵园管理处甚为担忧，认为长此以往，这些交换关系将会中断，则为之可惜。

其时刚成立不久之中国科学院将此前国内主要植物学机关予以重组，将静生生物调查所与北平研究院植物学研究所合并，在北京成立中国科学院植物分类研究所，而将京外四个研究机构改为该所之工作站。即上海之中央研究院植物研究所之高等植物研究部分改为华东工作站，该站主任由裴鉴担任。1952年华东工作站由上海迁至南京九华山，此其一。余则有：昆明之云南农林植物研究所改为昆明工作站，江西之庐山森林植物园改为庐山工作站，陕西武功之西北植物调查所改为西北工作站。当陵园管理处获悉植物学界这些新消息，不知作何感想，当以加入其中为不错之选择。又闻植物分类所与北京市合作，拟在西郊圆明园旧址兴建植物园，陵园管理处对此有这样看法：

> 前闻植物分类研究所与北京市人民政府合作，一方出人力，一方出经费，拟在圆明园旧址建立一植物园。然圆明园是一废墟，石块极多，单是搬运掘挖就要浪费很多人力，一切还要从头计划起；再则北方植物种类少，要栽培南方植物便得多建立温室，设备也不容易。我们这里有一个老底，地点也适中(南北交界处)，如能通过市府或直接向他们联系，详细说明一切，也许有一个解决办法。其名称仍用"中山陵园植物园"，或另改名称，由双方负责人担任主任，综理业务。②

① 中山陵园管理处：《植物园恢复建设计划初步意见》，1952年9月29日，南京市档案馆藏中山陵园档案，全宗号九〇七九，案卷号0028。

② 中山陵园管理处：《植物园恢复建设计划初步意见》，1952年9月29日，南京市档案馆藏中山陵园档案，全宗号九〇七九，案卷号0028。

由这段文字,可以见出陵园管理处对植物园所处区位优势,自然条件有足够认识;还可见出为促进植物园早日步入正轨,陵园管理处与中科院合作意向甚强。昔日国民政府定都南京,建立陵园植物园顺理成章;现新政府定都北京,则在北京兴建植物园。如此一来,南京则降落为附属地位,此即中央政治影响科学文化事业之一例,而在民主体制中,或不至如此。北京植物园园址,后经俞德浚勘定于香山卧佛寺一带兴建。

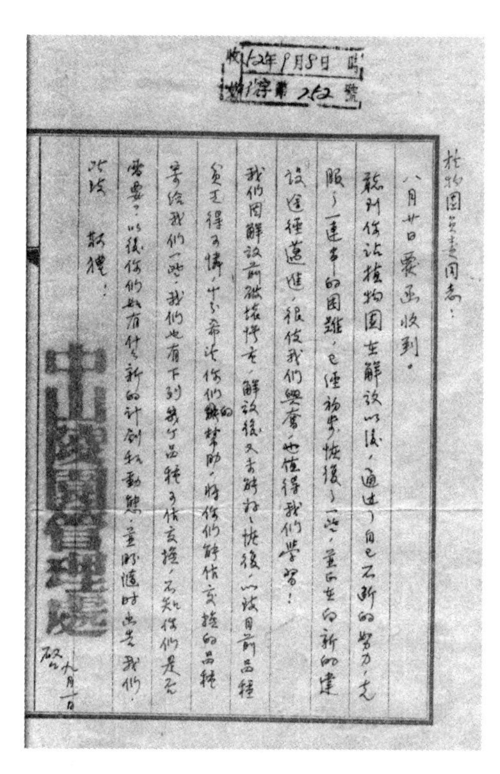

八月廿日覆函收到。
听到你们植物园在解放以后,通过了自己不断的努力,克服了一连串的困难,已经初步恢复了一些,并正在向新的建设途径迈进,很使我们兴奋,也值得我们学习!
我们园解放前被摧残无余,解放后又未能彻底恢复,以致目前品种贫乏得可怜,十分希望你们能够帮助,将你们能供交换的品种寄给我们一些,我们也有下列几种品种可供交换,不知你们是否需要?以后你们如有什么新的计划和动态,并盼随时函告我们。
此致
敬礼!
中山陵园管理处
九月十日

图 21 中山陵园管理处致函庐山植物园

庐山植物园创建于 1934 年,抗战之后在陈封怀率领下,也经过极其艰难之复员,但也未达旧观;但 1950 年被中国科学院接收后,工作已有起色。陵园管理处以为可以借鉴,致函庐山植物园云:“你园成立甚早,规模宏大,无论学术研究、经验技术,均足资我们学习,故特函请,可否将你园解放后恢复情形,目前经营概况之进度,以及整个计划方针,详为函告,以便我们在准备恢复中作为参考,将来如有机会,尚拟派人赴你园参观。”①其后,曾准备派员往该园实地考察,并附带搜集种苗,但是否成行,已不得而知。

二、合组成立中国科学院中山植物园

中山陵园管理处为恢复其植物园,还有一项举措,拟请南京市市政建设委员会组织召开一次座谈会,邀请中国科学院植物分类研究所华东工作站、南京

① 中山陵园管理处致庐山植物园函,1952 年 8 月 8 日,南京市档案馆藏中山陵园档案,全宗号九〇七九,案卷号 0028。

大学农学院、金陵大学农学院、华东农业科学研究所等机构农林、园艺专家研讨陵园植物园建设方针。在1952年7月13日致函市政委员会，在得到同意后，吴敬立即为召开座谈会而准备材料，通过一月之努力，形成五份材料。在会议召开之前，为慎重起见，先将此五份材料呈送南京市长柯庆施审阅，并附一函。此函由吴敬立起草，略云：

> 兹检送陵园简图、植物园原设计图、植物园原有计划摘要、植物园过去及现在概况、植物园恢复建设初步意见五种参考材料各一份，请鉴核。拟请即召开座谈会议并请早日将会议日期通知我处，以便将上项五种参考资料，迳送邀请机关，请先准备意见，带会讨论。①

与此同时，南京市一位金副市长在10月16日对植物园发展作出批示："植物园以保存原有业务，花卉加以繁殖为原则，经费希在一亿八千一百万元范围内编制预算。"②有此稳定之经费，或者植物园可以步入正常轨道。

恰逢此时，苏联之粮、麻、果树、植物园专家四人，由中央农业部、中国科学院等机构专家陪同来南京考察。植物园专家为尼基斯基植物园主任柯维加(Koverga, A. L.)，在中科院植物分类所植物园主任俞德浚陪同下，于10月17日、19日两次到中山陵园植物园考察。其中在19日上午考察甚为详细，对植物园内农户、灌溉、气候、土壤等问题均一一询问，边问边看，柯维加对这里立地环境、自然条件，多次大加赞誉。中山陵园管理处对其言行有所记录：

> Koverga同志一再重复的称赞这个地形及各方面的条件，"我在欧洲看过很多植物园，都没有这个地方好。按地形说，恐怕再找不到有比这里更适合、更好的地方。"首先他说："240公顷的面积已经很够了，这里是最适于作植物园的地形，同时它是处于亚热带的最北部，是一个作植物驯化工作最好的场所，北边的植物可经过这里往南移；南边植物可经过这里往北移。因此本地区也最适于作育种工作。"到前湖看察时一再说："这地方

① 陵园管理处致柯庆施市长函，1952年8月22日，南京市档案馆藏中山陵园档案，全宗号九〇七九，案卷号0028。

② 此为旧币制，换成新币制为18 100元。

真好!”到廖仲恺墓,向四周看时,又一再说:“这地方真好,好得我要搓手。”当时向俞德浚同志说:“如果中国科学院提出来,在这地方做一个植物园是很对的。”“这里除一切地形、地势等有特殊良好的条件外,同时风景美丽,又处于大城市附近,交通方便,若是用来纪念中山先生的植物园,那是应当做得很好很好才对,现在一些基本条件都已具备,就只是如何种树和留什么地方建造房屋作研究工作用了。”①

19日下午,在华东农业科学研究所座谈会上,请苏联专家谈考察感想,柯维加对植物园发表了系统意见。其言:

恢复与发展中山陵园植物园,无论对国民经济或整个国家来说都是有很大重大意义的,这是一个纪念性的植物园,我们应当在这里发展栽植一些植物来,纪念我们伟大的革命家。

至于这地方所处的环境条件,据我个人看来,要找一块比这里更好的地方恐怕很不容易了,无论是按土壤、气候、地形、地势来说它都是最适宜的,这地区是处于中国亚热带最北的地区,在这里可以驯化一些国民经济所需要的东西,通过这里的驯化可以使南方的植物往北移,也可使北方植物往南移,所以这个植物园可以解决北京植物园或庐山植物园所不能解决的问题,它一方面是纪念孙中山先生,另一方面则不仅是对南京市,而是对全国都有一定意义的。现在分三方面来说这个问题。

1. 组织问题　这是一个最主要的问题,今后的恢复和发展都决定在组织问题上面,我个人意见中山陵园植物园应当隶属于中国科学院,它现在属于南京人民政府,而南京人民政府的职责是较狭窄的,但中山陵园植物园却是广泛多面性的,世界各国的植物园,其中也包括苏联在内,都证明植物园是应当属于科学研究机构。因此,他应当由中国科学院管,最低限度也应该属于大学,而不是属于人民政府。这是发展中山陵园植物园的一个先决重要问题。

2. 其次是今后如何发展中山陵园植物园问题　植物园的工作可以

① Koverga 同志在五二年十月十九日上午第二次前来中山陵园植物园实地勘察沿途所提一些意见,南京市档案馆藏中山陵园档案,全宗号九〇七九,案卷号 0028。

有几个不同的情形，像资本主义国家的植物园，仅仅是从世界上搜集许多树种来栽培，主要不过是观赏观赏，到此就完了，经验证明像这样对国民经济没有什么利益的植物园，到时候就会消失下去。像中山陵园这样一个机构，据我个人看来，它是应当拿来解决有关国民经济的一系列实际问题。

3. 分区问题　同志们提出植物园如何分区问题，这里我提出第一是树木区，在这里可栽植许多不同的树种来作试验之用，其次则应准备工业植物区，像橡胶植物、药用植物、香料植物等，再有果树等，但植物园主要还是树木区。

苏联专家意见，无疑合乎陵园管理处意见，甚或是陵园管理处之意见影响了苏联专家看法，如南京位于南北交汇处观念，陵园植物园早有这样认识，本书前有介绍。其时，整个国家正在向苏联老大哥学习的年代，苏联专家在华发表的意见具有权威性，陵园管理处借此发展植物园愿望易引起中国各级政府之重视。

陵园管理处将柯维加考察植物园时所言和在座谈会上所说，整理出来，于10月14日向南京市政府报告，且言："送上苏联专家柯维加同志对植物园意见记录一份，请鉴核，对原则性——组织问题，如属同意，请将专家意见记录一份先函送北京中国科学院，征求意见，确定组织，筹划建设，并请召集南京有关农林机关学校座谈，研讨苏联专家柯维加同志对植物园意见，提出恢复植物园组织机构和建设方向问题的具体意义，补送参考。"①从报告行文可以见出陵园管理处实已同意苏联专家意见，只是呈请南京市政府批准及如何办理。11月24日，陵园管理处高艺林和吴敬立与中国科学院植物分类研究所华东工作站联系，商谈陵园所属植物园全部移交植物所事宜。华东工作站于当日发电报向分类所报告，并电请庐山工作站(庐山植物园)陈封怀来南京商讨接管问题。

此后，经过漫长而又繁琐的公文来往，首由中科院植物分类所呈请中科院，中科院致函南京市政府，南京市人民政府呈请江苏省人民政府，江苏省人民政府又向中央人民政府报告，中央人民政府再请江苏省自行决定。据此1953年1月江苏省人民政府又呈函中央人民政府，并抄送中国科学院，提出联合建设植物园办法。而中国科学院并不完全同意此方式，即告知中国科学院植物分类研究所，分类研究所又令其华东工作站与陵园管理处磋商，具体经过

① 中山陵园管理处报告[中秘字第〇二三二号]，1952年10月24日，南京市档案馆藏中山陵园档案，全宗号九〇七九，案卷号0028。

此不一一赘述。

之所以如此繁琐，其症结所在是南京市、江苏省有其地方利益，对植物园不愿彻底放弃，起初所拟合作方案是这样：①植物园名称仍为孙中山先生纪念植物园；②地形范围无形式上划分，仍应与陵园风景布置形成一体；③对外行政仍属于陵园，行政人员由陵园派充；④业务技术领导及业务干部由科学院派调，可全权执行业务计划与设计施工管理工作；⑤经费由科学院预算拨支。方案将植物园行政与业务分开，且植物园无明确界址，没有一项永久性事业可以这样兴办，当不为中科院同意。经过反复磋商，最终由中央人民政府内务部下文确定，正式批准中山植物园划归中国科学院管理，此时已是 1954 年 4 月 28 日，此系致江苏省人民政府函，言："我部与华东行政委员会民政局联系，他们亦同意将该植物园划归中国科学院管理，请转告南京市人民政府办理移交手续。至该园的名称与领导问题，我们同意中国科学院南京办事处一九五四年一月七日致你府公函所提的意见。"①中央政府具有至高权力，其之批复乃为最终决定，为各方所遵守。

中科院接管陵园植物园，乃是将植物园交予植物分类研究所管理。分类所拟将其位于九华山之华东工作站迁入植物园，除继续发展工作站之工作外，还以工作站为基础，调配专家，将植物园予以重建。1953 年 8 月 30 日，中科院植物分类研究所时已改名为植物研究所，其副所长吴征镒南下，在南京实地了解情况，并往庐山植物园，提出将缩小庐山植物园工作范围，请陈封怀率领部分员工至南京参加即将开始的陵园植物园工作。吴征镒返回北京后，植物所致函院办公厅，报告与陵园管理处接触情况以及恢复植物园计划：

> 接管南京中山陵园植物园事，前南京市人民政府曾致函内务部转函本院同意，并提出数项意见，经本所华东工作站继续商谈，本所吴副所长此次至南京，并与南京市人民政府园林管理处高处长商谈，具体结果报告如此：
>
> 陵园植物园园址计三千七百余亩，准备全部交出，等我们去接，其原址内不合用的土地还可以商量适当向陵园方面调配，房屋有明孝陵内数间办公室、工人宿舍及温室。植物据高处长谈有八百种，但经吴副所长看后，

---

① 中国科学院办公厅：转知内务部同意本院对接管中山陵园植物园的意见，1954 年 5 月 7 日，中山植物园档案。

估计有四五百种,不到一万株。以上土地房屋植物无条件的交与本院接管。

人员方面,所有员工园林管理处全要留用,不能交给我们,但高本人对于植物园工作很有兴趣,正式表示希望参加工作,并口头答应在干部使用上及其他问题上可以尽量帮助。

以上是商谈的主要结果。本所计划,拟俟该园接收后,将华东工作站改为本所中山植物园,重点工作为建园并进行南北交流的有用植物引种工作,侧重于果树及药用植物,调查工作及其它工作(地区植物志等)仍结合本所计划重点工作进行。由华东工作站及庐山工作站合力筹办并领导。十月初拟由庐山工作站陈封怀主任及部分工作人员与华东工作站裴鉴主任及该站工作人员,本所并派员前往,在宁商讨具体办法。①

中科院分管生物学之副院长竺可桢在植物所报告上批示"提出院务汇报时讨论",9月17日中科院院长集体办公会议讨论,同意接收植物园,认为"植物研究所如决定以南京植物园为重点工作来发展,则应调配干部,加强领导。会议认为可将华东工作站合并在南京植物园,并缩小庐山工作站的工作范围,抽调该站人员来充实南京植物园的力量"。②《竺可桢日记》记载,植物所所长钱崇澍参加院务汇报会,介绍接收情况。决定原则同意接受,由植物所进行准备工作。③

1954年2月22日,江苏省人民政府还提议成立一设计委员会,遂由南京市人民政府与中国科学院南京办事处联合聘请在南京大专院校的专家学者共计14人,组成中山植物园规划设计委员会。该委员会于3月22日成立,成员有高艺林、吴敬立、田蓝亭、周赞衡、裴鉴、陈封怀、金善宝、程世抚、叶培忠、陈植、郑万钧、曾勉之、周拾禄、盛诚桂。

南京市人民政府与中国科学院就中山陵园植物园旧址恢复成立植物园交接办法,最终于1954年8月26日达成,并为签署。其内容如下:

---

① 植物研究所致院办公厅函,1953年8月30日,薛攀皋、季楚卿编:《中国科学院史事汇要1953年》,中国科学院院史文物资料征集委员会办公室,1996年。

② 院长集体办公会议纪要,1953年9月17日,薛攀皋、季楚卿编:《中国科学院史事汇要1953年》,中国科学院院史文物资料征集委员会办公室,1996年。

③《竺可桢日记》,1953年9月17日,《竺可桢全集》第十三卷,上海科技教育出版社,2007年,第239页。

一、本园名称经双方同意，定名为“南京中山植物园”，由中国科学院植物研究所领导。

二、为进行本园事业规划，并与南京市政建设密切配合起见，本园组织设计委员会，委员人选由中国科学院与南京市人民政府协商聘定，包括市政建设负责人、国内植物学、园艺学、建筑学专家等。每年定期开会审核本园设计规划及重要设施。计划完成后，须送请中国科学院及南京市人民政府核批实施。

三、全园土地基本上按照中山陵园植物园原有土地范围，初步议定四界，东以明孝陵西墙为界，北自龙脖子起沿山脚小路至明孝陵后墙为界，西以城墙根为界，东南至明孝陵路为界。全园面积共约二八五五亩，在此界址内之土地，植物园得根据整体规划，按工作需要，每年向南京市人民政府申请使用，至迁移农民补偿损失及社会照顾问题，均按照中央人民政府颁布之“关于国家建设征用土地办法”办理。其费用均由中国科学院负担。在界址以外之土地，俟将来植物园发展需要，再向南京市人民政府协商扩充之。

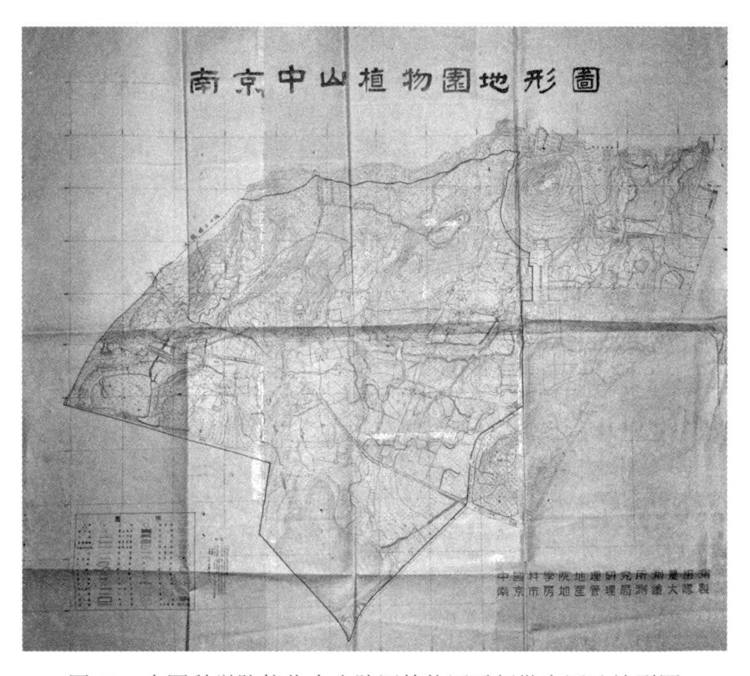

图 22　中国科学院接收中山陵园植物园重新勘定园址地形图

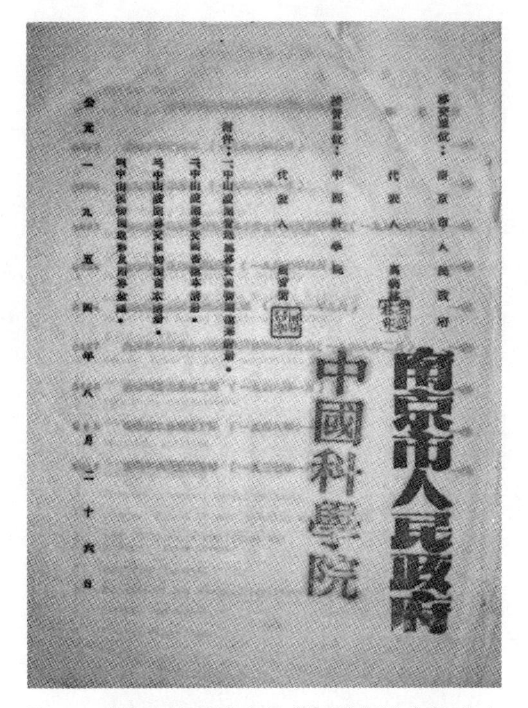
移交單位：南京市人民政府
代表人
接管單位：中國科學院
代表人
公元一九五四年八月二十六日
南京市人民政府
中國科學院

图 23　南京市人民政府与中国科学院交接中山陵园植物园协议最后一页（中山植物园档案）

四、凡有关孙中山先生纪念植物园之图书、仪器、资料及苗木，全部拨交中国科学院（另附清册）。

五、今后植物园与中山陵园在风景建设上必须紧密配合，植物园内保卫工作，仍由中山陵园管理处保卫队负责。植物园在筹建期间一般工作，如与农民联系，洽雇工人，收回土地，灌溉饮水等，陵园管理处应予以协助。

六、今后中山陵园一切风景之规划改造、技术设计等工作，植物园须予协助。

以上各条，经双方协商同意，自一九五四年八月（二十六日）起施行，本交接办法及植物园地形图、图书、仪器、苗木等之移交清册，各备同式六份，四份交南京市人民政府转报政务院及江苏省人民政府，两份交中国科学院南京办事处转报中国科学院。

移交时间：一九五四年八月二十六日。①

移交仪式在鸡鸣寺一号中国科学院南京办事处举行，由陵园管理处副处长高艺林代表南京市人民政府、中国科学院南京办事处主任周赞衡代表中国科学院在《移交办法》上签字，中国科学院方面出席该仪式的还有裴鉴、陈封怀、唐彪、佘孟兰等。经过为时近两年协商，南京中山植物园正式成立。

① 南京市人民政府、中国科学院为在中山陵园植物园旧址恢复成立植物园交接办法，1954 年 8 月 26 日。中山植物园档案。

中央研究院植物学研究史实
（1928—1950）

第一章

DIYIZHANG

中央研究院组织广西动植物考察

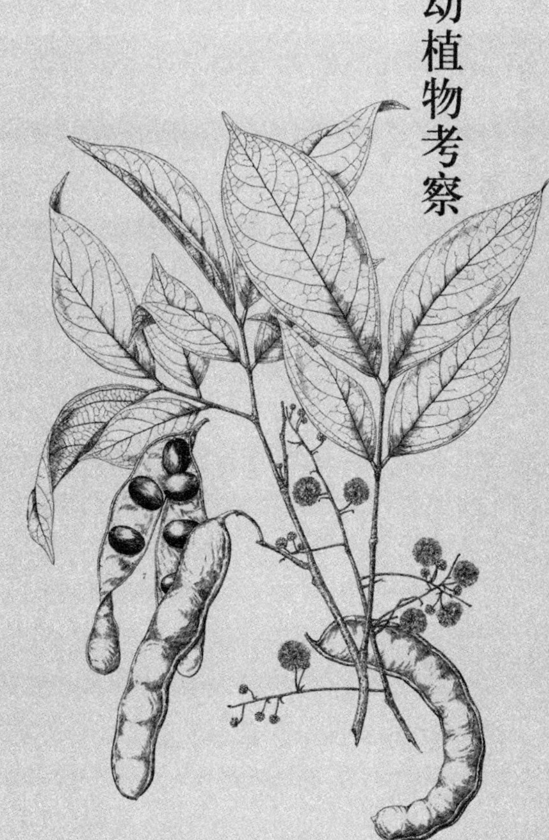

现代科学肇始于西方，传之于中国，在明末清初，经过几百年，至民国初年方才兴盛。其时，国难日深，有识之士认识到西方诸国之能强大，在于其以科学创造出物质文明，科学救国思潮遂在中国渐起，远赴欧美留学之学子也以习科学为尚。待其陆续学成归国，渐次设立自然科学研究机构，国人始有自己之研究。此中以丁文江、翁文灏于 1913 年在北京创建的实业部地质调查所，以秉志、胡先骕于 1922 年在南京创办的中国科学社生物研究所最具影响。随着科学救国思潮逐渐深入，年轻学子在传播科学之时，为获得政府有力支持，将几位国民政府之元老奉为学界领袖，以他们位高权重和远见宏识，继续推动科学事业在中国落地生根。中央研究院成立，即在他们倡导之下，由政府设立之最高学术机构，担负起将西方科学本土化使命。1927 年春，国民政府即将定都南京，4 月 17 日国民党在南京举行第 74 次中央政治会议，李煜瀛（石曾）提出设立中央研究院案。决议推李煜瀛、蔡元培（孑民）、张人杰（静江）三人起草组织法，此为设立中央研究院之缘起。同年 5 月 9 日，设立中央研究院筹备处；7 月 4 日，将正在筹备之中央研究院列入中华民国大学院附属机构之一；10 月 1 日，大学院成立；11 月 20 日，大学院院长蔡元培聘请学术界人士 30 人，在大学院召开研究院筹备会成立会议，决定先行择要创办理化事业研究所、社会科学研究所、地质研究所及观象台四个研究机构；1928 年 4 月 10 日，国民政府修正中央研究院组织条例，使之脱离大学院，而成为独立机构。其宗旨是实现科学研究，并指导、联络、奖励全国研究事业。在拟设研究机构中，增加动物研究所和植物研究所。

1928 年 4 月 23 日，国民政府特任蔡元培为中央研究院院长。不久，蔡元培即以原大学院副院长杨铨为中央研究院干事长。6 月 9 日，中央研究院举行第一次院务会议，宣告中央研究院正式成立。在中研院事务上，院长蔡元培不理院务，仅是善于选聘各研究所所长，而各所之发展与研究方向均由各所自行决定，院长不曾细问或干涉。干事长杨杏佛，也只是将主要精力用于争取学界领导人才来院服务和向政府申请研究经费等事宜。杨铨(1883—1933),字杏佛,江西清江人。早年加入同盟会,曾任南京临时政府秘书,后由临时稽勋局派往美国留学,习机械工程。在美期间与同学任鸿隽、秉志等一起组织成立中国科学社。回国后曾任教于东南大学,负责科学社《科学》杂志编务,科学社成立生物所也为之尽力。

图1　杨杏佛(采自宋庆龄陵园管理处编《啼痕——杨杏佛遗迹录》)

开展学术研究,首要任务是广为搜集研究材料,尤其是中国本土所产之材料。在中央研究院筹备之时,各研究所行将成立之际,特先组织科学调查团,以搜集研究材料。此时,国内各地因北伐战争影响,尚未完全恢复秩序,而广西一省在各省之中秩序尚佳,而其材料也称丰富,故将广西作为调查首选之域。中央研究院遂与广西省政府联系,与之合作。合作方式为:一方面由广西省政府予科学调查团以保护及调查之便利,或设备上予以补助;一方面将来调查采集所得,广西省可以获得一部分,以作为其兴建博物馆和各种试验场之材料;研究成果亦以广西省政府与中央研究院联合之名义发表。1928 年 4 月,广西科学调查团组成,成员由中央研究院遴选研究员,或聘请院外之专门人员,给以相当之薪资,并供给必要之设备。最初拟定李四光、郑成章、孟宪民、林应时、钱天鹤、秦仁昌、方炳文、常继先、陈长年、唐瑞金等人。根据调查内容分为植物、动物、地质农林、人种四组。调查团在上海集合后,于 4 月 24 日,乘俄国皇后号轮船前往香港,继而广西。临行之前中研院致函广西省政府,通报行程,恳请嘱广西各地政府予调查团以保护[①]。而李四光、钱天鹤不知何故,并未前往。

调查团成员中,以从事动植物和地质调查人数最多,其后所得成绩也最为瞩目,此仅记述动物、植物调查情形。植物组由秦仁昌负责,动物组由方炳文、常麟定率领,他们均由中国科学社生物研究所受中央研究院之请而为之选派。《生物研究所报告》曾有提及:“大学院所组织之广西科学考察团,由胡先骕先

① 中央研究院致广西省政府,1928 年 4 月 21 日。《大学院公报》第六期,1928 年 6 月。

生指导秦仁昌君前往采集。”又云“近大学院派人往广西调查地质生物及农林状况，本所受该调查团之请，派常麟定、方炳文加入，往该省调查并采集动物标本，现已启程。”①可见中国科学社生物所不仅为其谋划，还派员加入。其时，秉志为生物所所长兼动物部主任；胡先骕为植物部主任；秦仁昌、方炳文、常麟定皆在生物所从事研究。

关于广西动植物调查采集情形，从负责后勤事务之林应时在采集进入尾声时，给杨杏佛一通汇报之函，可知一斑，录之如下：

杏佛先生钧鉴：

前月十五日寄呈快函一件，陈报九十月本团概况，并附呈八九两月收支报告表二纸，又另寄呈八九两月收据二册，想俱已达钧座矣。兹将动植物两组调查成绩及行将结束，宜详陈于左，敬请鉴核。

一、动物组调查成绩：十月及十一月内，动物组采集成绩以哺乳类为最佳，其余鸟类、爬虫类、鱼类等亦有可观，计脊椎动物前后已得二千八百只，五百余种，惟无脊椎动物因时间关系，采集甚少，略同前呈，共得三千余枚，七百余种。至哺乳类等成绩详情如左表(略)。

二、植物组调查成绩：前后共采得三千三百四十余号，每号除少数特种外，均采十份，共约三千余种。计羊齿类植物三百四十余种，种子植物草本八百五十余种，木本一千九百余种，木本植物除五六种属于松柏科外，余均为被子植物，就中以壳斗科、木兰科、樟科、豆科、桑科、芸香科、五加科等采集为尤丰富。近顷采得一种酷似羊齿类之水韭(Isoetes)，最为奇特，簇生于浅溪谷流中，其孢子囊之著生处，不在叶之基部，而在叶之近稍处，膨大可识，与水韭大异。按羊齿类之水韭科(Isoetaceac)，全世界仅有水韭一属，则此种植物不但可代表一新属，且或代表一新科，亦意中事也。又采得珍奇树籽二十余种，以备分送国内外植物园试种。

三、调查计划变更：十一月份动植物两组，原定入桂省东部瑶山，俟因植物组十月份在十万大山一带调查，觉山中气候大异平地，当时草木已渐枯萎，早晚气温低至华氏四十五六度，若再入瑶山，时日更晚，不但采集

① 《生物研究所报告》，《科学》第13卷第5期，1928年。

方面用力多而成功少，且随从夫役因行单薄，各怀归志，工作上殊感困难，乃电告动物组瑶山之行暂作罢论。故植物组遂于十一月中旬即告结束矣，至动物组因十月下旬在龙州水口关一带调查，成绩异常良好，乃将入瑶山之时日，继续在龙州一带调查，直至十一月卅日，始离龙赴邕，以告结束。

现两组已汇合于邕，约须数日之整理，一部分人员即将本团标本由邕运梧，另一部人员将本团赠送广西省政府标本由邕运柳，交物产展览会，即由柳赴梧汇合转宁矣。启程时当再电告天鹤先生，请转呈钧座矣。至兑存梧州广西省银行四百元正，过梧时当即前往取出，附函寄呈本团十月份收支报表一纸，又另包寄呈本团十月份收据一册，请祈查收为幸。恭肃，敬请

钧安

十一月八日　职　林制应时　谨上①

当下关于中央研究院之研究甚多，但对中研院行政管理研究则甚少，以致此林应时何许人氏，也无处查询。自然历史博物馆成立后，林应时入馆服务，大约在1934年博物馆改为动植物研究所后离职，此后去向不明。林应时在博物馆时，博物馆人员甚少，且多是研究人员，其虽为行政管理，亦不可或缺。管理人员随采集队，深入野外，专事后勤服务，此后鲜见。

广西动植物调查在年底结束，关于其整个过程，是年年末有《国立中央研究院自然历史博物馆筹备处十七年度报告》，记载甚详，摘录如下：

四月十八日该团由京出发，经沪、港、梧州等地，于五月十六日抵柳州。留三日，与当地长官略事接洽，议定调查路线，并设办事处于柳州第四军第三师司令部，由林应时主其事，为各组互通声气之总机关。部署既定，即着手调查。向西北进行，经宜山抵罗城，留五日，将采集队组线就绪。分地质农林为一队，动植物为一队，分途调查。动植物队由此北进，至三防墟之九万山，及黔桂交界处之苗山，采集一月。次西向行，经宜北、思恩、河池、东兰、凰山等县，而抵滇、黔、桂三省交界处之凌云县（旧称泗

① 林应时致杨杏佛函，1928年11月8日，中国第二历史档案馆藏中央研究院档案，全宗号三九三（2147）。

城府)。时人种组由百色来此调查境内苗猺诸人种,略事接洽,即赴境北之青龙、猺马诸山采集。该山系南岭正干,高达五千八百余尺,内多苗猺诸蛮族所居,动植物极为丰富,采集一月,折向南行,至百色。自此分动植物两队。植物队南行,入滇边之八角山采集,阅一月,仍折回百色,顺左江东下,与动物队相遇于南宁。时林君应时亦自柳州来会,议定动物队溯江赴龙州,植物队南行,往上思县境南之十万大山。是山自安南东迤而来,横亘于两粤之间,长达七百余里,地居亚热带,林木茂密,在此采集一月,仍循原道转南宁,回柳州。采集工作于此告终,时在十二月二日也。计此次采集,为时逾六月(在途往返时间不计),经桂省之北、而西北、而西、而西南,采集地域跨十有五县,共获标本三千四百数十号,约三万余份。木本植物约逾全数之半,余则为草本及蕨类植物。此外木质菌类标本十余号。又摄制关于人种、林木、风景等照片四百余幅。所得标本之丰富,实开国内历届采集之新纪元,业于本年一月六日运至本馆,从事整理焉。

五月一号抵梧州,即就附近采集西江鱼类。十号启行赴柳州,旋随各组赴宜山、罗城等县,略事采集,即偕植物组北入黔边之罗属三防之九万山、苗山一带,作一月之采集。次西向行,经宜北、思恩、河池、东兰、凰山诸县,历时半月,始抵凌云县,作一月之采集,于其附郭及青龙猺马诸山之动物,所得颇多。更折向南行,至百色后,动物组先东下,九月十二号抵南宁,即留驻采集一月,于桂省中部平原动物搜获不少。十月十二日转西行,赴桂越交界之龙州,作桂省南部之采集,留驻一月有半,计往返龙州西部之水口关及峒桂墟凡四次,所得哺乳类动物甚多,尤以在峒桂之成绩为最佳。十一月三十日始首途返南宁,将所得标本加以整理,即转柳州。回京时在十八年一月六日也。按此次所经采集区域,为桂省与黔滇越交界及中部平原,盖兼高山与平原诸动物而有之。计得哺乳类动物四十余种,计二百九十余头;鸟类三百三十余种,计一千四百余只;爬虫类五十余种,计二百数十只;两栖动物三十余种,计三百三十余只;鱼类一百余种,计七百余尾;无脊椎动物七百余种,计五千余枚;此外活动物如猴、豹及豪猪等凡二十余头,现均畜养于本馆动物园。[1]

---

[1] 中央研究院:《国立中央研究院十七年度总报告》。

中央研究院在广西所采动植物标本，根据与广西省政府之协定，应赠送一份于广西。在调查团离开广西时，其中动物标本即赠送一份。至于植物标本，因需要鉴定学名，允待整理鉴定完毕之后，再为检送。然而，此后彼此联系即少，而秦仁昌于1930年也离开博物馆，而赴欧洲诸国作学术访问，即无人关问此事。至1933年广西省主席黄旭初致电中研院院长蔡元培，催要这批植物标本，希望寄运，或者派人赴南京领取。中研院总办事处将广西方面此项商请转至博物馆，博物馆即为核办，复总办事处函云：

查民国十七年本院派员赴桂省采集动植物标本时，蒙前黄主席、梁师长及其他官绅之优待及照拂，使采集工作得以顺利进行。当采集团团员离桂境时，曾赠动物标本一全份与该省。今该省政府既来电商请分赠植物标本，自应照办，以答前惠。惟民国十七年至今已逾五年，本馆所有广西植物标本除自留一全份及陆续分寄国内各生物学研究机构交换外，所余只有数百份。兹特如数检出，共得四百八十一份。又以留赠桂省之动物标本，当时未曾装订及定名，恐效用不大，今特重行检出鸟类标本二百四十份、哺乳类动物标本二十份，均已代为装订及定名，连同植物标本，共计七百四十份，均可赠送该省，拟请本院函请广西省政府派员前来领取。①

博物馆将这些动植物标本装成六大箱，每一标本均附有名签，所载学名均经专家鉴定。广西方面则请其省籍之人——南京政府司法行政部总务司司长苏希洵至博物馆代为领取，由其负责运往广西。

图2　1930年秦仁昌赴丹麦之前拍摄（张宪春提供）

中研院赴广西采集主要人员，其后均留在中研院自然历史博物馆工作，有必要在此先作介绍。秦仁昌（1898—1986），字子农，江苏武进人。1914年入江苏省第一甲种农业学校，师从陈嵘、钱崇澍，对植物学发生兴趣。1919年入金陵大学，又得陈焕镛指导，1925年毕业。在未毕业之前一年，由于家境贫

① 中央研究院自然历史博物馆复中央研究院总办事处函，1933年2月11日。中国第二历史档案馆藏中央研究院档案，全宗号三九三，案卷号266。

寒，即得陈焕镛推荐到东南大学任其助教，遂又与该校胡先骕交往甚密。这些人物皆为中国植物学事业作出奠基性贡献，秦仁昌获其亲炙，为日后肆力于蕨类植物分类学，并获得举世瞩目之成就而奠定基础。1928 年东南大学改名为江苏大学，未久，又改名为中央大学，秦仁昌已升为该校讲师，其参加广西科学考察，系为中研院临时聘请。当广西调查团尚在进行当中，钱天鹤即在《科学》杂志报道秦仁昌采集之成绩。云“采得植物标本 2 600 余种，合计 3 万数千份，内中颇多新种，为世人所珍视者。”[①] 文中举有两例，一为芸香科柑橘属(Citrus)之一种，豆科紫荆属之一种。此后经研究，即作为新种正式发表。

图 3　方炳文

方炳文(1903—1944)。字质之，湖北罗田人。1926 年毕业于东南大学生物系。钱天鹤所记动物采集成绩，以列表方式进行，此简略云：哺乳类有 30 余种，鸟类 210 余种、爬虫类 50 余种、两栖类 32 种、鱼类 700 余种、无脊椎动物类 700 余种，其中甚多种类为各地博物馆所无。

广西调查结束之后，中央研究院鉴于调查所获至为丰富，认为非聘请专家从事研究，否则不足以尽调查之能事，遂决定创办博物馆，以作研究和展览之所。1929 年 1 月，院长蔡元培聘李四光、秉志、钱崇澍、颜复礼、李济、过探先及钱天鹤七人为博物馆筹备处筹备委员会委员，以钱天鹤为常务委员，筹备处设立于南京成贤街 46 号。当月 30 日，筹备委员会开会，决定博物馆定名为中央研究院自然历史博物馆。

① 钱天鹤：广西科学调查团成绩之一斑，《科学》第 13 卷第 9 期，1928 年 9 月。

第二章 DIERZHANG

自然历史博物馆

（1929—1934）

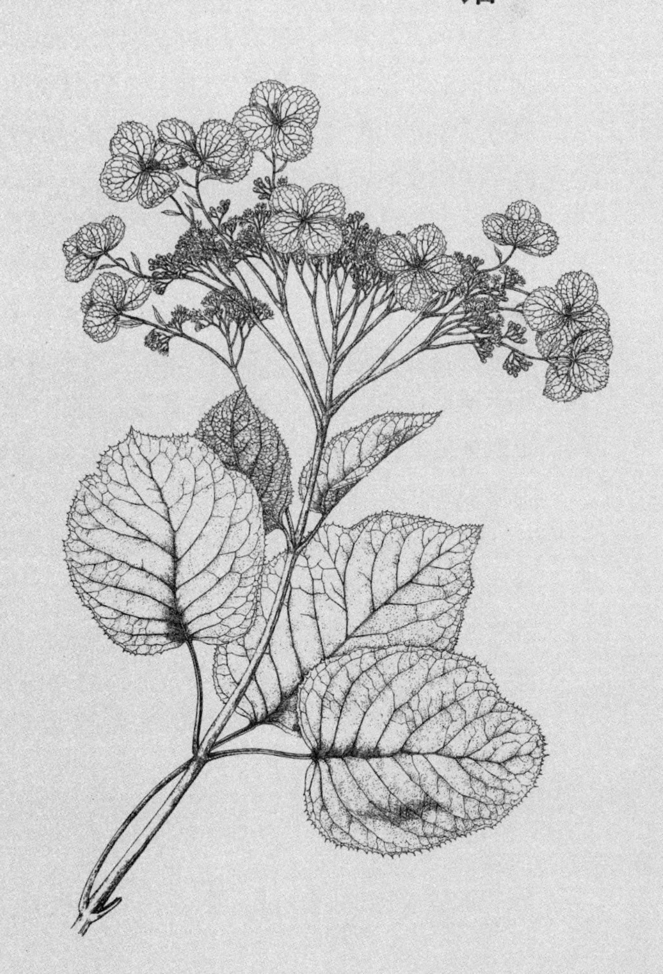

1928 年 4 月中央研究院组织广西科学考察团，赴广西收集研究材料，至 12 月结束。鉴于此次调查所获动植物材料甚为丰富，故而仿照西方科学先进国家有自然历史博物馆，而决定创设中央研究院自然历史博物馆。1929 年 1 月设立筹备处，由院长蔡元培聘请李四光、秉志、钱崇澍、颜复礼、李济、过探先及钱天鹤七人为博物馆筹备处筹备委员会委员，以钱天鹤为常务委员，负责筹备事务。西方之自然历史博物馆（Museum of Natural History），是随进化论学说兴起而设立的科学文化机构，主要任务是在收集自然标本及图书资料，开展科学研究和社会教育，包括古生物学、植物学、动物学、人类学、地质学、天文学多种学科。从中央研究院所聘筹备委员之学科背景可知，其目标也是如此。李四光为地质学家、秉志为动物学家、钱崇澍为植物学家、颜复礼为人类学家、李济为考古学家、过探先为农学家、钱天鹤为农学家。此中仅颜复礼为德国人，余皆国人。1 月 30 日，筹备委员会议，决定馆名为“国立中央研究院自然历史博物馆”。在筹备委员会议召开之当天，蔡元培致函远在广州之傅斯年，告之博物馆开始筹备：“都中现在预备先设一小规模之自然历史陈列所，凡广西科学考察团所搜集之动、植、矿物标本及民族学器物，皆将陈列于此。”①

经数月筹备，自然历史博物馆按计划装置标本、修建房屋、布置园景，大致就绪。然而，在筹备之时，限于人力和财力，仅先为成立动物和植物两组，而将研究旨趣确定为国产动植物之分布及鉴别。而筹备委员成员在 7 月间有所变动，因过探先去世和颜复礼回国，而添聘动物学家王家楫，仍以钱天鹤为常务委员。

① 中国蔡元培研究会编：《蔡元培全集》第十二卷，浙江教育出版社，1998 年，第 9 页。

第一节　中国科学社生物研究所之协助

中央研究院创设自然历史博物馆，乃是中国科学社生物研究所多年提倡之结果。早在1924年时，生物研究所成立不久，即提出设立博物馆计划："近来欧美学者时来中国采集动植物标本及发掘古代化石等，所获甚丰，于地质学、生物学，贡献极大，而主人翁之中国，竟对此一无所知。该社曾屡向来华研究之科学家交涉，要求其在中国所得之标本留一份于中国，多获允许，惟皆以中国当有安全之适当之博物馆为条件，而该社在南京所设之生物研究所所搜制之动物之标本亦在万种以上，亟待陈列，以供国人之参考，因益觉在南京设立博物馆之必要。"①中国科学社位于南京成贤街文德里，生物研究所设于社中。此时，科学社在上海建造新厦，计划将社所及科学图书馆迁往上海；而南京之房舍则全为生物所使用，但房屋陈旧，难以适应生物所事业之发展，更勿论博物馆矣。此时，科学社限于财力，向社会募集资金，但未能如愿，设立博物馆计划难于付诸实施。五年之后，科学社生物所在秉志主持之下，事业壮大，令学界瞩目，故又有筹划博物馆计划。1929年1月25日，中国科学社致函中央研究院，请求予以资助。其函云：

敬启者：

敝社自创立以来十有三年，各种事业逐渐扩充，如科学图书馆、生物研究所等勉有可观，近以频年收集之图书及采集之标本，因房屋缺乏，未能尽量陈列，以供观摩，深引为憾。敝社新近购得社外空地十亩，拟建筑一稍行完备之博物院，以便陈储动植物标本与图书等项，藉资发展科学，宣传文化，启迪民智。惟工程浩大，建筑匪易，感于经济支绌，未便实现。今敝社竭力筹措，仅及二万元，相差尚远。素仰贵院提倡科学，热心教育，不遗余力，务乞赐予补助建筑费一万元，俾资众擎易举，早观厥成，造福社会，实匪浅鲜。兹拟具建筑博物院计划书奉呈鉴察，尚希裁夺。用特函

① 科学社将在上海建筑科学馆，《申报》，1924年1月18日。

恳,无任企祷。

此上

国立中央研究院①

翌日1月26日中研院复函:“本院现方筹设博物院,实无款可资补助。所请未便照办,尚请查照。至附来计划书,应暂留本院,藉资观摩,而便参考。”②。惜科学社设立博物院计划书笔者未能觅得,其他相关文书亦未获见,不知中研院借鉴之确切内容。在生物所向中研院请求援助未果,即转向中基会和科学社。《胡适来往书信选》有1929年5月21日丁文江致胡适一通,为生物研究所增加经费事,向各方疏通,事涉生物研究所与自然历史博物馆。摘录如下:

他(秉志)现在最希望本年文化基金会开会增加补助费。我告诉他,叔永方面不成问题,但是必须向蔡先生方面疏通。第一,蔡先生是要在南京办博物馆的,要告诉他生物研究所是博物馆的根本。第二,要说明研究、博物馆又是两件事,不能合并(这是农山的意思)。我给他出主意,亲到上海给蔡先生谈谈。他到时一定来找你,请你帮他说话,希望你万万不要推辞。

杏佛方面最好请李仲揆说说。不可当一件事说,不然杏佛又要不高兴。只要随便主张科学社拿钱砌一所房子。你如果能同农山去见蔡先生更好。我想也请仲揆帮忙向蔡先生说说,或者农山同去。

要之,他的目的:(一)要文化基金会加补助费——从一万五千加到二万元;(二)要科学社拿一笔款(二万元)砌研究所——地已经有了,计划是现成的。请你照我上边说的情形,帮帮他的忙。③

函中所言“叔永”系中华文化教育基金董事会干事长任鸿隽,蔡先生系蔡元培,李仲揆系李四光。丁文江、胡适皆为中基会委员,姑且不论此复杂之人事关系,仅以此函可知秉志所领导之生物研究所需要多方面人士之支持。至

① 《国立中央研究院十七年度总报告》,第107页。

② 《国立中央研究院十七年度总报告》,第106页

③ 《胡适来往书信选》上册,中华书局,1979年,第514页。

于结果如何,此不俱论。

中国科学社生物研究所是一开放机构,其目的是将动植物学在中国实现本土化。秉志(1886—1965),满族,河南开封人。1909 年京师大学堂预科毕业,考取庚子赔款第一届赴美留学,获康奈尔大学哲学博士学位,后在费城韦斯特解剖和生物学研究所工作两年。在从事研究之余,对该所建制和管理模式甚为留意,意在回国之后,也创办一所类似机构,发展中国生物学。1922 年,中国科学社生物研究所即在秉志、胡先骕谋划之下,依照韦斯特研究所建制而创办。当生物研究所自办博物馆难以实现,而中央研究院设立自然历史博物馆需要秉志援手,其并未固步自封,而是乐于相助。故在博物馆六位筹备委员中,生物所即有秉志、钱崇澍、王家楫,占其三席;博物馆大多研究人员也为生物所派往;博物馆研究方向为动植物的分布与分类,其机构设置为动物组、植物组,此亦生物所为之筹划。秉志对自然历史博物馆创立寄予期望,在其成立两年之后,于 1931 年曾说"南京自然历史博物馆之任务,则为传播及提高国内一般人士之自然科学智识。……此馆既为国立机关,经费充实,基础稳固,假以时日,必能大有光扬之开展。"①1934 年,又言生物所与博物馆之间需合作,曰:"国立中央研究院自然历史博物馆相与之切,尤逾寻常,书物标本互为交惠,采集研治常相合作。今日该馆技师专家,尽是前时本馆研究人员也。"②

但是,需要指出的是,前引丁文江之函,云为生物所申请经费说项,担心杨杏佛不高兴。杨杏佛与秉志、胡先骕皆为科学社重要成员,杨杏佛还为生物所成立而尽力。他们还同在东南大学任教。但在 1925 年,杨杏佛发动一场更换东南大学校长风波,其之主张不为秉志、胡先骕所赞同,由是彼此之间遂生芥蒂,故而杨杏佛对生物所会不高兴,称秉志为 T 党;但秉志、胡先骕对杨杏佛主持经办之中研院博物馆事,则未因此芥蒂而置之不问,此乃国家事业,而非某人之私事,故积极为之谋划。其后,彼此距离日渐疏远,杨杏佛对秉志、胡先骕所领导之事业总是施以打击。当 1933 年,杨杏佛被国民党特务暗杀身亡,胡先骕对此有言:"自此南北两生物研究机关少一心腹之患矣。"③可见积怨之深。

---

① 秉志:国内生物科学(分类学)近年来之进展。翟启慧、胡宗刚编《秉志文存》第三卷,北京大学出版社,2006 年,第 89 页。

② 秉志:《中国科学社第十九次年会生物研究所报告》,1934 年 8 月。

③ 胡先骕致刘咸函,1933 年秋,《中国科学社档案选》,上海人民出版社,2015 年。

第二节 自然历史博物馆概况

一、馆址

1929 年 1 月，自然历史博物馆开始筹备之时，即在南京成贤街购得 46 号一处地产，占地 9 亩余，随即将民房改建为博物馆办事处及陈列所，于 6 月完工。下半年又兴建两层洋房一所，专为办公和陈列标本之用。旧有平房 6 间，用作标本剥制、员工住居及储藏物品等。此乃博物馆在筹建时期之情形，其与科学社生物所同在成贤街，相距不远。

博物馆设立之后，随着野外采集标本数量逐年增加。收藏标本之房屋面积需要扩大。野外采集也使可供陈列之标本随之增加，因之陈列室面积也需要增加。而员工的增加，办公、住宿之房舍也需要增加。先于 1929 年添建平房 4 间，1930 年 10 月又建平房 5 间，以敷应用。要彻底解决房舍问题，非要建筑新的陈列室，而将先前之洋房专作办公室和研究室。此时中研院社会研究所民族组有颇多古代民族应用器具，拟在博物馆陈列，故在 1930 年底开始计划新建陈列室。翌年 5 月新陈列室开始动工，为钢筋水泥地板两层洋楼，房屋

图 4 1930 年中央研究院自然历史博物馆馆址(采自《中央研究院院务月刊》)

长63.5英尺,宽45.5英尺,每层面积约3千平方英尺,共计6千平方英尺。该幢建筑开工一月之后,南京发生水灾,致使地基在水中浸没,不得不停工;随后又遇上海“一·二八”战事,前后停工数月。至11月才开始复工,第二年六月始克竣工。至此,博物馆房舍更为宽敞。

博物馆陈列之动物标本中,还有活体动物,如同今之动物园,随着动物之增加,逐年还建造了一些动物房。其中野兽房均用铁栅防护,异常坚固,以防野兽逸出伤人。猴房和鸟房,每间前面均用铁丝网围成一小天井,使鸟兽在天井之内,上下翱翔,行走自如。各房间还安置火炉,以使禽兽在冬日严寒之时不致冻毙。

1932年出版之《自然历史博物馆二十年度报告》对其房舍之使用有这样记载:

> 两层洋房两所:向南一所,系民国十八年建筑。其第一层两大间,为动物标本鸟类陈列室;第二层右侧一大间为总办公室,左侧一大间为植物标本储藏室;左侧右侧一大间后,各有一小间,为植物组研究室;第二层之上,屋顶之下,有大房两间,为庋藏动物标本复本及本馆出版品与重要杂置用品之用。向北一所本年六月始克完工,其第一层两大间,现用为陈列哺乳类、鱼类、爬虫类等动物标本;第二层两大间,本院地质研究所移京后,拟借为陈列地质标本之用。第二层之上,屋顶之下,有大房三间,为动物组研究室。又小房两间,为庋置正研究之各类动物标本室。
>
> 平房共十九间:计会客室、动物标本剥制室、饭堂、木工场及杂物储藏室各一间,职员宿舍九间,又工役卧室及厨房各三间。
>
> 动物房共二十六间:计猴园、兽房各七间,鸟房二间,动物饲料储藏室一间。

此为博物馆在1934年改组为动植物研究所之前,房舍大致情形。其后,也只是增添或修补若干平房而已。

二、计划

自然历史博物馆首先是一研究机构,内置动物、植物两组,以研究本土动植物之分布及类别为主要内容，每组暂聘技师一人主持之。技师之上有常务委员会，综理全馆事务，博物馆主任为常务委员会主任。在博物馆成立之时，拟定研究计划，按其时动植物分类划分，动物组根据动物界分为十门，即原生动物门、多孔动物门、腔肠动物门、棘皮动物门、扁体动物门、线形动物门、环节动物门、软体动物门、节足动物门、脊索动物门，研究计划将此十门分为六部，原生、多孔、腔肠、棘皮合为一部，节足、软体各自成为一部、鱼类、两栖类、爬虫类共成一部，鸟类及哺乳类合成一部。此六部各聘一名技师担任研究工作。而植物组根据植物界分为四门，曰菌藻植物门、曰苔藓植物门、曰蕨类植物门、曰种子植物门（内分裸子植物纲、被子植物纲），研究工作即以此四门为范围，设置细菌、藻类、苔藓、蕨类、种子植物等五部，每部聘技师一人，研究其形态、组织、生理及进化等。此乃最初之基本设想，属纯粹科学范畴，甚为全面，其后即是在此架构下选聘人才，但民国时期，时局动荡，始终未曾将各学科人才配置齐全。随着形势变化，有时也从事应用方面研究，如植物组将林学、农学等学科也纳入其中。

技师职称相当于研究员，在中研院其他研究所皆称之为研究员，惟博物馆称为技师。其时，科学社生物所、静生生物调查所均称为技师，此也见出科学社生物所对博物馆影响之大。技师由博物馆主任负责聘定，而技师之下辅助人员或研究生由技师自己选定，根博物馆主任认可。而不是主任选定，强加给技师。此种人事体制，赋予技师为研究之主体，拥有相当自主权。

研究方向确定之后，所需研究材料则是自行采集，或以采集所得与人交换。植物采集方法分为远地长期采集和附近短期采集两种。远地采集每两年举行一次，每次八到十个月，由技师及采集员率领练习生组成自然科学考察团，以动植物种类丰富之偏远地区为目的地。此前广西采集即是第一次，其后贵州、云南、四川、江西采集均属此类，只是前往有些地区之时，受其时其地治安环境限制，没有达到预计之规模。之所以计划两年举行一次，乃是以一年为采集、以一年为整理鉴定，如此循环，研究工作可以从容进行。附近短期采集，是由技师及采集员率领练习生就南京本地附近进行，视地域之大小，植物种类之丰歉，大约以一日至一月为期。其后，此类采集经常举行，且不计其数。

自然历史博物馆筹建之时，即有编辑出版刊物计划。其时，中央研究院各所、中国生物学各研究机构均有自己刊物，博物馆初设，规模虽小，但在编辑出版刊物却不甘人后。因为拥有自己刊物，发表本馆研究结果及重要采集发现，与国内外生物学机构交换，一以增进中国学术在国际上之声誉，一以增加生物学之知识。为便于交流，融于国际学界，刊物主要以英文为主，仅附中文提要。其后，机构屡次变动，各个时期均有各个时期之刊物，未曾中断。即使在经济最困难时期，也复如此。

博物馆旨趣除学术研究外，还有向民众传播生物学知识之功能，动植物标本经研究鉴定，按照生物进化之程序，作清晰陈列；每种动植物，又附以明晰说明，俾参观者获得相当之知识，增广其见闻，引发热爱自然之兴趣。此项展览功能，在自然历史博物馆时期，尽其所能，开辟动物标本、植物标本展厅，饲养活体动物，向市民开放。其后，机构变动，此展览功能有所削弱，甚至消失。在博物馆时期，还曾有动物园、植物园建设计划，动物园设于钦天山、植物园设于清凉山，其计划甚为庞大，而现实无论物力、人力均不具备，难以实现。在博物馆时期，还计划选择适当标本，按照生物进化程序，组成一体，廉价售于国内各学校，以为生物学教材之用，此项计划也未付诸实现。

三、几则早期史料

关于自然历史博物馆早期馆务，将在下节，以人物为主题，逐一记述。在所见材料中，尚有超出人物之外者，然与馆务有关，先摘录在此。

中央研究院历史语言所惠赠标本　本馆承本院历史语言研究所北平历史博物馆惠赠动植矿标本十三箱。内计：矿物标本二百十五件，植物标本一百十件，鸟一百十七只，哺乳类动物十一头，猫骨标本一具、鱼一百九十三件，其他药水浸制动物标本五十件，共计六百九十六件。该馆热心赞助，至为可感。刻本馆已加整理，从新装置，以备陈列及研究之用云。

与国外学术交流　美国加利福尼亚大学农学院院长，麦拉尔[①]博士(Dr. E. D. Merrill)来函，已将该院植物室所藏植物标本八百三十二份寄来，内中一部分为(Dr. Maire)于一九一〇年在云南采集者，一部分为菲律宾群岛植物，其余为美国加利福尼亚州植物。同月又接到丹麦国京

① 麦拉尔又译为梅尔，本书从之。

师大学植物馆馆长克利生博士(Dr. C. Christensen)送来云南及安南蕨类植物标本五十六份。本馆当候广西植物标本整理就绪后,即选择若干,寄往该机关等,以为交换云。美国华府国立植物标本室愿以其所余之中国标本与本馆交换广西植物标本。美国哈佛大学阿诺德植物园植物标本室管理员雷德博士(Dr. A. Rehder)来函,谓欲得本馆广西木本植物标本全部,并愿以该园出版之 The Journal of Arnold Arboretum,按期寄来,与本馆出版之 Sinensia 相交换。按阿诺德植物园在世界素负盛名,今愿以名贵之著作,与本馆出版物交换,至可喜也。

商务印书馆赠送鳄鱼 本馆自筹备以来,蒙各界赠送各种珍奇动物,热心赞助,至可感纫。本月又由商务印书馆杭州分馆,赠送鳄鱼一尾。该鱼身长五呎八吋,重三十三镑。据云系得自钱塘江中者,性贪食,善捕鱼,形貌凶恶,其鼻孔之缘隆起,吐气时其声呼呼,骤闻之未有不骇走者,且鼻孔能自由通塞,故善泳,全体被硬皮及厚鳞,闻其皮可张鼓,鳞可供药用,现由本馆暂养洋铁池中,明春再建筑洋灰小池,以为永久之计,而便观客之浏览云。本馆现有动物,除鳄鱼外,尚有猴、豹、狼、鹿、蠔、猪、刺猬、骆驼、雉鸡、鹦鹉及蟒蛇等,均陈列园中以供众览。

来馆参观人数 本馆自十一月一号起正式开放以来,每日参观者,络绎不绝。据十一月份统计,是月共有四千九百十六人。内计学界一千六百九十二人,工界一千二百七十人,商界九百七十七人,军界三百六十八人,政界三百二十八人,农界七十九人,新闻记者二十八人,党务人员十五人,医生四人、僧道四人,未详者一百五十七人。

这些均刊载于1929年各期《国立中央研究院院务月报》,从中不仅可悉当时情形之一二,阅之亦甚有趣味。

第三节 主要人员

博物馆设立之初,主要人员是前广西科学考察团时所聘请动植物采集人员。主任由筹备委员会常务委员钱天鹤担任,植物部技师秦仁昌、植物采集员陈长年,动物部技师方炳文、动物标本采集员常麟定、动物标本剥制员唐开品、

图5　1930年3月自然历史博物馆人员合影，右一为秦仁昌。（采自《中央研究院院务月刊》）

唐瑞金，绘图员冯展如，文牍员兼事务员林应时。此先为制作一份中央研究院自然历史博物馆时期人员名录及在1930年职员增加薪津简表，以见人员之变动及在博物馆中之地位。

中央研究院自然历史博物馆时期人员表

	1929年	1930年			1931年	1932年	1933年
			原薪	加薪			
主任	钱天鹤	钱天鹤			钱天鹤	钱天鹤	徐韦曼
技师	秦仁昌	秦仁昌	200元	225元	秦仁昌	秦仁昌	邓叔群
	方炳文	方炳文	150元	175元	方炳文	伍献文	伍献文
					伍献文	方炳文	方炳文
编辑员					钟观光	钟观光	林应时
					林应时	林应时	
助理员					蒋英	蒋英	蒋英
							唐世凤
采集员	常麟定	常麟定	90元	105元	常麟定	常麟定	常麟定
	陈长年	陈长年	50元	55元	陆传镛	陆传镛	陆传镛
	唐开品	唐开品	60元	60元	唐开品	唐开品	唐开品
	唐瑞金	唐瑞金	50元	60元	唐瑞金	唐瑞金	唐瑞金

续 表

	1929 年	1930 年			1931 年	1932 年	1933 年
					陈长年	邓世伟	邓世伟
					邓世伟	陈长年	杨存德
绘图员	冯展如	冯展如	60 元	70 元	杨志逸	杨志逸	杨志逸
事务员	林应时	杨隆祜	120 元	120 元	杨隆祜	刁泰亨	杨培伦
书记	房子廉	房子廉	40 元	60 元	刘勋卓	刘勋卓	刘勋卓

主任钱天鹤和文牍员薪津在总办事处领取。其后人员有增减，主任钱天鹤 1933 年辞职，而由徐韦曼代理。植物部先后增加蒋英、耿以礼、邓叔群，而秦仁昌 1933 年自欧洲访学回国后未回到博物馆；动物组增加伍献文。

一、博物馆主任钱天鹤

图 6　钱天鹤（采自钱理群编《钱天鹤文集》）

钱天鹤（1893—1972），字安涛，又名钱治澜，浙江余杭人。1913 年，以公费资送美国康奈尔大学农学院就读，五年后获农学硕士学位。在美期间，加入中国科学社，为重要成员。1919 年回国，任金陵大学农科教授兼蚕桑系主任。国民政府定都南京后，任国民政府大学院社会教育组第一股股长，大学院改名为教育部，任该部社会教育司第一科科长。1928 年中研院成立，当组织广西科学考察团，钱天鹤参与其事。1929 年自然历史博物馆开始筹备，设筹备处常务委员会，任常务委员，负责筹备。1930 年 1 月，筹备委员制改为主任制，钱天鹤常务委员改为筹备主任，原任委员则改为顾问。但是，钱天鹤虽为研究出身，在博物馆并未参与实际研究工作，于馆务也未为专任。1930 年初，浙江省政府主席张静江为改进浙江农业，聘请钱天鹤为省建设厅农林局局长。1931 年 4 月实业部筹建中央农业实验所，钱天鹤任筹备委员会副主任，1933 年 6 月该所正式成立，为副所长，并辞去博物馆主任一职。此后,钱天鹤一直担任博物馆及后来动植物研究所和植物研究所通讯研究员。1949年先迁至广州,继迁台湾。钱天鹤在台湾,于1952年任“农业复兴委员会”委员,参与台湾农业政策和实施纲要之制定,对恢复和发展台湾农业发挥重要作用。

关于钱天鹤与博物馆事,在仅有几篇短小传记和其贤嗣钱理群回忆文章中,所述皆甚为简略。今就档案中几通钱天鹤书札,选其二通,对了解其人其事,或有裨益。

杏佛先生大鉴:

谨肃者:上星期六鹤因事赴沪,星期日晨至霞飞坊贵寓奉访,适逢公出,未遇为怅。鹤因农林局成立伊始,事务纷繁,故未及赴京,即于当晚回杭,拟于本月十五日左右再往南京料理馆务。鹤叠接林君应时自贵州发来函电,嘱速筹寄调查团采集费二千元,务必于九月初旬寄出。鹤曾因此事于上月二十八日寄上一函,其时先生尚在青岛,未知现在收到否?此款关系调查团工作成绩及调查员工作精神 Working Spirit 甚巨,务乞俯准,转嘱会计处,即行汇寄四川重庆陕西街铜元局街何兆青先生转寄贵阳中山公园内贵州自然科学调查团办事处林君应时收为祷。肃此奉恳,鹄望覆示,顺颂

大安

钱天鹤　敬上　十九、九、九

此函写于1930年,时钱天鹤兼任浙江省建设厅农林局。为博物馆贵州调查团经费不足,请干事长杨杏佛批准增加经费,速为汇出。另一通写于1933年,其时钱天鹤兼任实业部中央农林实验所,为博物馆增加一般人员,致函院长蔡元培。函云:

孑公院长钧鉴:

谨肃者:前据植物组研究主任邓叔群面称,本馆自云南调查团出发后,馆中人员寥寥无几。植物组除邓君外,只有标本室管理员陆传镛一人,而本馆植物标本有四万数千号之多,整理工作陆君一人实难担任。且邓君系专门研究下等植物者,而本馆所藏下等植物标本远不如高等植物

标本之多。为搜集研究材料计，不得不用专人采集，兹拟恳求添聘植物标本室管理员及植物标本装置员各一人，庶植物组日常工作不致停顿等语。又据动物组研究主任伍献文云：现在该组除伍君外，只有技师方炳文君及动物标本剥制员唐开品君，其困难情形与植物组相同，亦拟恳求添聘植物标本管理员一人等语。

窃查邓、伍两君所谈困难情形，尚属实在，加之自植物标本装置员陈长年逝世后，迄今尚未补人，故此次动、植物两组请求添用之人，实际不过二人，于本馆经济尚不致感到十分影响；即使将来云南调查团归来之后，除林应时、蒋英及常麟定系专门人才外，其余事务人员亦只有邓世伟、唐瑞金二人。本馆事务日见纷繁，尚不致人浮于事。以上所陈各节，是否有当，敬请鉴核示遵。邓、伍二君曾将拟聘之人，开具姓名及履历送交天鹤参考。观其资格，似尚合适，兹随函附上，是否可以照委，至祈钧裁。肃此，敬请

崇安

钱天鹤　谨上　廿二、六、三十[1]

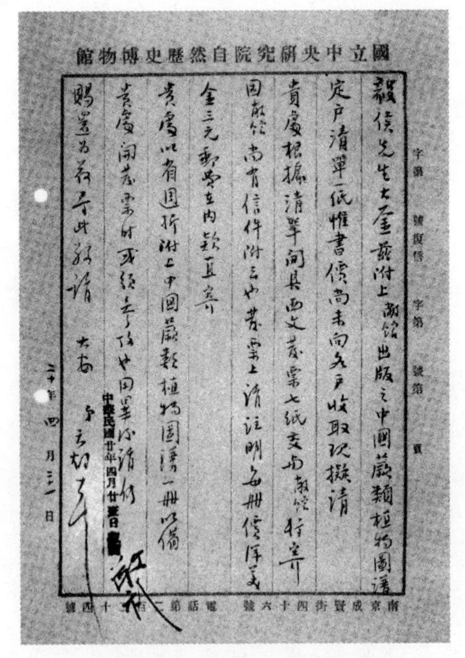
國立中央研究院自然歷史博物館

毅侯先生大鑒：茲附上敝館出版之中國蕨類植物圖譜
定戶清單一紙，惟書價尚未向各戶收取，現擬請
貴處根據清單向[illegible]發票七紙交由敝館轉寄
因敝館尚有信件附之也。發票上請註明每冊價洋[illegible]
金三元郵費在內，款直寄
貴處。以前附上中國蕨類植物圖譜一冊以備
貴處[illegible]
賜還為荷。專此敬請
大安　弟天鶴[illegible]
二十二年四月二十一日

南京成賢街四十六號　電話第二[illegible]十四號

图 7　钱天鹤致王毅侯手札

从此两函可知博物馆事务之于钱天鹤而言，并不是萦绕于心，而是有些疏远，在所与院之间，仅为转递消息；同时也说明博物馆经费不敷使用，致使增添一般人员也需要向院长请示。如此一来，又何从壮大事业。假如将自然历史博物馆与同院之历史语言研究所相比，仅以 1933 年两所人员数量相较，史语所有 60 余人，是中研院最大之研究所；而博物馆不及 20 人，可见相距甚远。历史语言所何以如此兴旺，与其所长傅斯年有莫大之关系。傅斯年被誉为元气淋漓，其办所“在很

① 钱天鹤致蔡元培函，1933 年 6 月 30 日，中国第二历史档案馆，全宗卷三九三，案卷号 2015。

短期间集中人才,能照他的方法,照他的理想和计划去做”[①]而博物馆却在惨淡经营,尤其令人不解者,为何中研院准许主任钱天鹤在所外兼职,未能尽到职责。

1933 年 6 月钱天鹤辞职,中研院秘书许寿裳致蔡元培函有云“安涛兄辞职,院中少一人才,殊为可惜。继任人选已定否? 此事前与安兄谈及,渠荐伍君献文自代,取馆中旧人,素与同事相洽,不致变动馆中原定计画也。”[②]主掌博物馆之继任者,并未如钱天鹤所愿,由伍献文自代,而是请总办事处徐韦曼代理,何以如此,不得而知。7 月 10 日,徐韦曼到馆,与钱天鹤办理交接手续,并了解馆情。7 月 15 日,徐韦曼致函院长与干事长,其云:

> 十一日与技师伍献文、邓叔群会查馆中情形,深感仪器、图书等设备之缺乏及经费之不足,若照目前状况,不予补助,势难继续维持。查本馆经费每月仅四千元,除云南采集团每月须一千元外,所余三千元尚不敷经常开支,而前钱主任请求总院每月补助一千元及装置标本费一万元,又经院务会议否决。请求中华文化基金会补助,亦未通过。馆务实无法进行,不得已仍请总院继续每月补助一千元,自二月起算,以一年为期,及一次设备补助费五千元,庶研究方面得以勉强进行。至于添购图书费,拟俟明年云南采集团回京后,采集费移充,是否可行,谨请批准遵行。[③]

其时,干事长杨杏佛已遭暗杀身亡,而由丁燮林代理。7 月 20 日,代理干事长丁燮林复函,云:“每月补助一千元至八月份止,设备费五千元,三个月内设法筹拨。”与徐韦曼所请,打了折扣。今日无法查到博物馆整个经济状况,即便查到,仅从数字也难悉实况。由上所陈,至少可知博物馆已处窘境,而这种状况至 1934 年博物馆改组为动植物研究所,王家楫出任所长之后才有好转。

---

① 李济《创办史语所与支持安阳考古工作的贡献》,《传记文学》28 卷 1 期,1976 年。

② 许寿裳致蔡元培,1999 年 6 月 26 日。倪墨炎、陈九英编:《许寿裳文集》下卷,百家出版社,2003 年,第 750 页。

③ 徐韦曼致中央研究院院长、干事长函,1933 年 7 月 15 日,中国第二历史档案馆,全宗卷三九三,案卷号 2015。

二、植物组技师秦仁昌

在博物馆中，技师是一技术职务，动植物两组各有技师一人。秦仁昌 1929 年 1 月到馆，任植物组技师。在《十七年度总报告》中对秦仁昌履历有这样一段文字，其中有些经历是关于他的传记未曾言及者，先抄录在此，可为传记作家进一步发掘史料之线索。秦仁昌曾任"美国全国地理学会中国蒙甘远征队植物组组长，美国哈佛大学阿诺德树木园中国植物采集员，前东南大学生物系讲师，中央大学理学院生物系讲师，本院广西科学考察团植物组组长。负责该组工作"。到馆之时，秦仁昌致力于蕨类植物研究已有四年，此时与胡先骕合著《中国蕨类植物图谱》，第一卷文稿已整理成帙，同时也积累了不少学术疑难问题，需要请教专家方能解决。其时，国内尚无治蕨类植物分类学者，更无专家，只得远涉重洋，寻师访友，方可解决。何况还有许多模式标本藏于国外，进一步研究，需要到国外查阅。谋求出国，是秦仁昌此时当务之急。

出国准备　在出国之前，秦仁昌须将上年在广西所采标本予以鉴定，因在南京缺少这方面文献，遂于 1929 年 9 月 16 日往北平，在静生所与所长胡先骕商量合著《中国蕨类植物图谱》一书出版事宜，并参加该所成立一周年纪念活动。随后在北平研究月余，将静生所、北京大学、清华大学及协和医院等植物标本室之蕨类植物予以鉴定，对疑难种类，经各标本室主任之许可，携往南京研究。秦仁昌又于 1929 年 12 月 4 日赴广州中山大学农科农林植物研究所、岭南大学植物标本室、香港皇家植物园等机构，继续研究上年在广西所采蕨类标本及此三机构所藏中国蕨类标本，于第二年一月底返回南京。此行共鉴定标本 1 500 余号，其中蕨类植物几乎全部鉴定，并发现新种 14 种，为著《广西蕨类之新种》一文，刊于《博物馆丛刊》。至于在广西所采其他标本，其中部分木本植物请中山大学农科农林植物研究所陈焕镛鉴定。兰科、虎耳草等科则请静生生物调查所胡先骕鉴定。

广西所采标本，后经交换存于国内及美、英、德、奥地利、瑞典等国一些著名标本室，其中发现甚多新属和新种。新属有叉序草属 *Chingiacanthus* Hand.-Mazz. = *Didissandra* Clarke（漏斗苣苔属，苦苣苔科）、马尾树属 *Rhoiptelea* Diels et Hand.-Mazz.（马尾树科），秦氏蛇根草 *Ophiorrhiza chingii* Lo（茜草科）、秦氏荚蒾 *Viburnum chingii* Hsu（忍冬科）等等。还有在罗城东南部唐家埔，海拔

300米林中采到仅有雄花蕾的木兰科植物标本(R. C. Ching5247),后经英国木兰科专家J. E. Dandy研究,于1931年发表为单性木兰属新种 *Kmeria septentrionalis* Dandy。①

1929年夏,浙江大学与中华教育文化基金董事会在杭州举办科学教员暑期研究会,聘请秦仁昌担任生物学系指导员。该系共有学生40多人,大多是各省中等学校教师。秦仁昌在杭一月,每周演讲一次,指导学员实验一次。演讲题目分别是:"植物与人生""植物分类研究方法""植物标本采集干制及保存法"等。在杭期间,秦仁昌还抽暇往灵隐、龙井、九溪十八涧、理安寺等处,采集植物标本多次,共得80余种,内有蕨类 *Vittaria Iineata Sm.*,为杭州之新纪录。暑期研究会结束,秦仁昌由钟观光引导,至其浙江镇海柴桥原籍,观看钟观光家藏植物标本,逗留一星期。钟观光是中国近现代大规模采集植物标本第一人,其家藏标本有5千余种,系二十年来在滇、粤、闽、浙、川、鄂等省亲手采集者,作品精良,保存缜密,其中多有珍奇之种。秦仁昌将全部标本浏览一遍,并将蕨类植物标本约230余种,详加研究,著《镇海钟氏观光植物标本室蕨类植物名录》一文②。此后钟观光亦受博物馆之聘,来南京任博物馆编辑员。

秦仁昌在出国之前数月,抓紧时间鉴定各处研究机构送来蕨类植物标本。有广州岭南大学麦克莱(F. A. McClure)上年在海南采集蕨类植物70余号,于其中发现3新种;武汉大学生物学系张镜澄寄来蕨类植物80余种,有2新种;浙江大学钟观光于上年在浙江天目山所采蕨类植物50余号,内有1新亚种,并发现1种 *Drymotaenium miyoshianum* Makino 新分布。该种本产于日本南部,今见于浙东,足证中国东部植物与日本植物有相同之处;中国科学社生物研究所采自四川蕨类植物600余号,发现2新种。

出国研究　1930年4月,秦仁昌向中华文化教育基金董事会申请资助,获得批准,同意往丹麦哥本哈根之Universitetets Botaniske Museum,在世界蕨类植物名家克瑞斯登(Carl Christensen)之研究室,作蕨类植物研究一年,资助金额为2 000元。秦仁昌与克瑞斯登早有学术联系,本书前一节所引几则史料,即有克瑞斯登寄来云南、安南蕨类植物标本。秦仁昌在欧洲期间,拟往英国伦

---

① 曾庆文等:焕镛木花部数量变异和异生花现象,《热带亚热带植物学报》第9卷第3期,2001。

② 该文现未能查到,不知是否曾刊行。著者注。

敦参加第五次世界植物学大学，再赴欧洲各国考察其自然历史博物馆，然后取道美洲回国，此为秦仁昌规划赴欧行程。其离馆赴欧期间，每月薪水经杨杏佛总干事批准，自5月份起照原额发给半薪，计112元。6月，秦仁昌自上海乘船到达法国，经德国而丹麦，入哥本哈根之京城大学，投克瑞斯登门下。克氏系世界蕨类植物学第一人，据说人极谦逊热情，和蔼可亲。一见面就给秦仁昌以良好的印象："事实上，他是一个大约65岁精神和健康都很好的和蔼老人，如他所说，很久以前就希望我到哥本哈根来。""我告诉他，我欧洲之行的计划，是在我专著的基础上，对所有中国蕨类植物，以模式标本对照林奈、虎克和贝克等人所作的描述，重新进行描述，并根据模式标本绘图，因为林奈等的描述在区别一个种和其他种时已不再有用。他认为应该是这样。我说没有完成《中国蕨类植物志》，我就不能回国。他笑着回答说：好！并答应尽他所能帮助我。"①秦仁昌很快就投入到研究中，令人尊敬的克瑞斯登每天指导秦仁昌工作一小时，一起讨论出现的问题。深入研究之后，不断修正前人的工作之处增多，果然如秦仁昌所预料的那样，将给蕨类植物学带来一场革命。他们相商共同认为，过去的分类系统都过于人为，不属于自然分类系统。此一点，对秦仁昌日后的研究工作非常重要，即有创建新的系统意向，克氏的教导让他获益非浅。

秦仁昌此行所获甚丰，还发现一个新科，名之为中国蕨科，克瑞斯登特为撰文在第五次世界植物学大会上宣读，为中国植物学研究赢得声誉。《中央研究院十九年总报告》记之甚详，摘录如下：

> 在欧洲博物馆发现一中国蕨类植物新科，秦君定名曰Sinopterdiaecae，即中国蕨之意。此非常之事，故极为Christensen氏所赞誉。十九年八月十六日至二十二日，世界植物学会在英国剑桥大学举行第五次大会，本院派秦君代表参加。Christensen氏以秦君发现中国蕨类植物新科，对于植物学有重大之贡献，特著文在该会宣读，报告经过。该科因此得以成立，此会之重要可知。秦君亦备受各国学者之赞扬，此固秦君个人之幸，亦吾国之光也。……秦君在英最有成绩之工作，为鉴定天主教神父在贵州采

① 秦仁昌致胡先骕函(英文)，邢公侠译，中国科学院植物研究所档案。

集之蕨类植物标本六千号,本馆在贵州采集之蕨类植物标本七百余号,所有疑难问题,为他人所不能解决,或无暇解决者,秦君均解决无余。①

秦仁昌于1931年6月在出席世界植物学大会之后,重返丹麦,继续随克氏研究蕨类植物,共同将国内各植物研究机关寄来标本鉴定完毕,发现7新种。秦仁昌在研究东亚蕨类之余,复将视线扩大到与中国蕨类有关的其他各国蕨类植物,探悉其间之异同。其中将Leptochilus,分立为6个属,而其多数之种,则归于Bolbitis属;另一项成果是订正Egenolfia属,前人记述此属有30种之多,秦仁昌将其归并为9种。

还有一件学术之外小事也值得记载。秦仁昌在出国之前,自费订阅《新闻报》,明知将要出国一段时间,尚不停止订阅。待其出国之后,由博物馆代为收取,分期寄往丹麦。至1931年8月8日止,邮费共计大洋10.82元,由博物馆在其薪俸中扣除。秦仁昌一生发表文字,很少涉及分类学之外,似乎可以说明其对学术之外事件不感兴趣,然实不然,以自费订阅《新闻报》,且不能中断阅读,即可说明。

参加世界植物学大会　1930年8月16—23日世界植物学会第五次大会在英国剑桥大学举行,出席大会各国代表约一千人,中国共有5名代表出席。此为该会自1900年举行第一次大会以来,中国正式派代表出席。此前第四次大会于1926年在美国绮色佳城召开,仅有在美留学之张景钺就近参加;再之前1910年即清宣统二年,第三次世界植物学大会在比利时举行,大会曾致函清政府,邀请派通晓植物学者参加,清政府将此转饬驻比利时大使,请就近觅人参加②,然其时在欧洲留洋学子甚少,无治植物学者可觅,故无人与会。

此次会议中国派出五人是陈焕镛、秦仁昌、张景钺、斯行健、林崇真,其中秦仁昌代表中央研究院。秦仁昌出国之前,即作参加是会准备,请得赴英差旅费1 000元。其他人士代表国内几乎所有植物学研究机构和主要大学之生物系。中国植物被各国学者研究已有50年,中国学者致力于中国植物研究也有

---

①《国立中央研究院十九年度总报告》,第373—375页。

②"中研院"近代史研究所档案馆藏外交部门档案,比京明年五月开万国植物公会事已咨驻比大臣派员与会由,宣统元年九月六日(1909-10-19),档案号02-20-007-01-016。

图8　中国出席第五次世界植物学大会学者合影(前排左起秦仁昌、陈焕镛、林崇真,后排左起张景钺、斯行健)

二十余年,今有代表参加大会,备受与会者关注,因而中国植物竟成为会议重要议题之一。此次会议促使国人更积极从事植物学研究,并与国外植物学界建立更广泛的交流,影响甚巨。

关于此次会议,秦仁昌曾作《第五次世界植物学会纪事录》报道一篇,刊于《国立中央研究院院务月报》上。此录其中"中国植物在世界科学上之重要贡献"一节,以见秦仁昌拳拳爱国之情及纯粹科学态度。

> 我国地大物博,非特金属矿产为然,动植物亦同此丰富,久为欧美学者所称道而垂涎。视本届大会中之植物分类学组以中国植物列入一日之讨论,各国学者均津津乐道,其在科学上之价值可知矣。五十年来外人在我国四处搜集各种植物,携归研究,辄多重要之发明,即如此次博得剑桥大学名誉博士之笛儿斯、赫莱两氏,无非以研究我国植物有成而至此,其他欧美学者之类者可以十数计。此次纽约大学Parkin教授,在大会古植物学组亦亟称欲发见世界种子植物起源之证据之希望,惟有在中国各地穷事探采云云。吾国植物非仅在科学上饶有兴趣,而在经济上尤具特殊之价值,此次爱丁堡大学史密斯博士在其《中国植物对于欧洲庭园之贡献》一文,备有统计表八幅,内列欧洲(尤其是英国)庭园栽培植物百分之五十二以上系来自中国,此皆欧洲学术机关五十年来在吾国无偿获得者。

> 非特庭园观赏植物为然，即欧美各国之多种果树以及今日充斥我国市场之美国加州大橘，其初皆取材于吾国，加以改良者。哀我国人，醉生梦死，或日事权利之争逐，或惊眩欧美物质之文明，而独于其已有之天赋国产，罔知研究改良，此非自作孽而何？拟更有进者，吾国学者年来对于植物学似渐有兴趣，惟往往以其辛苦采集所得之标本，一一送与外国学者，供其研究，己则静待一纸名录，此实非研究，特为人作嫁耳。今后果能以已有之标本，由己研究之，遇有困难，求助于外国专家，则吾国科学研究之进步，庶有豸乎？此尤记者所深望于吾国诸大植物学者也。①

陈焕镛作为中国代表在大会发表英文演讲，演讲内容经秦仁昌记录整理，并译成中文，写入其《纪事录》中。陈焕镛(1890—1971)，广东新会人。其父为有清外交官，故其自小在美国接受教育，其母亲为西班牙人，其面相亦如西人，英语流利，具有强烈爱国之心，在哈佛大学获得硕士学位后回国，即为中国植物学发展而肆力。此次演讲，在介绍中国植物学发展情况之后，认为研究中国植物应以中国学者为主体，并希望外国学者协助中国植物学之发展。陈焕镛诚恳之话语，赢得在座代表许多掌声。其云：

> 十五年前之今日，欲在中国见一关于植物学之重要书籍，殊非易易。今则不然，在北平、南京、厦门及广东之植物研究机关，均备有贵重之植物学古籍，且年有预算，添置其他有关书籍，十年以后，图书设备，当可观也。
>
> 虽然，在中国今日研究工作上最感困难者，莫过于原种标本之缺乏，中国现今已知之植物约有二万种之多，然而其原种标本均在欧美各国研究室内。年来中国有志学者，靡不竭其精力，从事研究，求中国科学之独立，与各友邦并驾齐驱。且中国学者深知植物科系有地域性质，一地之植物，非由该地之学者自己研究之，则其结果必致愈弄愈遭。如中国植物目前之分类学，已不免流入此弊，无可讳言。故今日欲在中国进行独立研究工作，必先有定名正确之参考标本，欲有定名正确之标本，必有赖于在座诸先生之互助合作。诸先生如诚意爱中国，诚意为中国科学之发达，则诸

① 秦仁昌：第五次世界植物学会纪事录，《国立中央研究院院务月报》二卷三期，1930年9月。

先生今后如遇有中国植物之新种，务希以其一部分或其副本赠予中国之植物研究机关，以供中国同志之参考，此应请于诸先生者一也；其二为出版品之赠送，诸先生能不吝珠玉，时以大著见惠中国植物研究机关，则余将代表中国同志向诸先生致谢。总之，自今以后，诸先生能于以上二点加以注意，则其有助于头绪纷繁之中国植物科学实多矣。（掌声）①

陈焕镛、秦仁昌为植物学在中国本土化，不仅在研究上身体力行，以其所得成果向国际植物学界展示中国人研究科学之能力，并不比他国人士低下。并介绍中国其他学者所取得之成绩，如是引起各国代表注意，皆表同情，愿赞助中国植物学的发展，并选举陈焕镛、胡先骕为国际植物命名法规委员会委员，中国学者赢得国际学术地位。

摄制中国植物模式标本　当国人开始致力于国产植物研究之时，关于中国植物记载已有一万五六千种之多，这些植物皆由外国学者研究发表，模式标本皆藏于国外，其中以英国邱园最多，约占总数50%以上，而各标本馆所藏模式标本之副本，该馆亦有收藏。所谓模式标本，即某份植物标本，经研究确定该植物为新种，则该标本为模式标本。以后如有人研究同类植物，或对定名、或对描述产生疑问，即需要与模式标本比较或验证。在中国植物分类学刚刚起步之时，能有如秦仁昌一样有出国留洋机会的学者并不多，故秦仁昌认为，中国植物学欲得长足之进步，必须获得藏于国外的中国模式植物标本照片，让未曾出国之学者也有资可证。当其去国离开南京时，与博物馆主任钱天鹤说明此类资料之重要，并请为拨专款以便进行。钱天鹤也认为非常重要，当即允诺。《十九年度总报告》有关于此事之记载："本馆有鉴于此，已请本馆在欧之秦仁昌负责将中国植物在欧洲各国之模范标本分部摄影，将来藏于本馆，以利日后植物分类之研究。"此还有一通1930年7月4日钱天鹤致中研院总办事处会计王毅侯②函，即请中研院先为垫付此款。函云：

---

① 秦仁昌：第五次世界植物学会纪事录，《国立中央研究院院务月报》二卷三期，1930年9月。

② 王毅侯：王敬礼，字毅侯，浙江黄岩人。英国伯明翰大学毕业，曾任北京大学讲师，中央银行监事，时任中央研究院会计处主任。

> 敝馆植物技师秦仁昌于八月一日起赴英国伦敦,出席万国植物学会议。会后拟留英研究数月,即返丹麦,此后能否再往英国不能预定。敝馆拟乘此机会托秦君在 Kew garden 用 Photoreceptor 方法摄制关于中国重要植物标本,兹已商准杨总干事,向总办事处借用洋二千元,将来在博物馆经费项下,尽先归还。兹附上总干事手书一纸,敬乞台洽。此款请费心,即日电汇与秦君。①

当日总办事处会计处即同意透支此款,但是不知何故,款项终未汇出。秦仁昌只好转而向静生生物调查所所长胡先骕申请,云:"我离开南京前,告诉钱教授这件工作的重要性,并请他拨给一笔几千元款项去做这一工作,他答应了,但未履行诺言,我将再写信给他,以得到关于此事的最终回答。我想如果对您可能的话,向中基会申请资助3千元,到欧洲的一些标本馆拍模式标本照片,至于照片保存在何处,基金会有充分权力决定之。我先在此作一查阅,除我所从事的蕨类植物,还有其他的植物种类,以帮助国内同行。"②秦仁昌的请求,很快就得到回音。中基会于1930年9月1日在干事长任鸿隽的主持下,召开了第二十九次执行、财政委员联席会议,议决拨付美金三千元予静生生物调查所,用以影照欧洲各博物馆所藏中国植物模式标本图像,并由任鸿隽决定此照片存于静生所。③ 秦仁昌在参加世界植物学大会之后,即在邱园开始此项拍摄工作。其本人又得中基会奖学金两千元,以此可在国外延长一年。《中央研究院二十年度总报告》载有:"秦君赴柯园(Kew garden)研究植物,为该园纠正昔时外人定名错误之标本甚多。同时监督摄制中国原种标本影片一万三千张,雇人打录关于中国植物学名贵书籍多种,计留英八阅月。"笔者于2005年著《静生生物调查所史稿》,对秦仁昌摄制模式标本事,从时人所说,以为是秦仁昌夜以继日亲自拍摄。阅上段记载,方知是说为谬。该照片底片后由静生生物调查所收藏,自然历史博物馆于1933年11月获得一套,系以1 500元请静生所代为冲印。

---

① 钱天鹤致王毅侯函,1930年7月4日,中国第二历史档案馆,全宗卷三九三,案卷号2015。

② 刑公侠译:秦仁昌致胡先骕,中国科学院植物研究所档案。

③ 赵慧芝:任鸿隽年谱,《中国科技史料》,1989年第10期。

1931年6月秦仁昌返回丹麦,继续研究,前已有记。1932年春,秦仁昌在回国之前,不避跋涉之劳,往欧洲各大植物标本馆继续摄制模式标本照片。其时秦仁昌曾写《一年来在欧洲研究之经过》,向自然历史博物馆报告其工作,列举其赴各国情况。关于秦仁昌在欧洲访学情形,向为学界所关注,然所知有限,此摘录其文,以飨关注秦仁昌者。

东亚大陆产植物,百六十年来,经各国学者之研究,各认为新种,而刊行于书报专集者,不知凡几。而夷考其所谓"种"也者,每多异名而同物,实不得谓为"有效之种"。蕨类植物,亦同此混乱情形。兹欲考究前人之种是否正确,则势必遍历各国,查究前人之原种标本,方能识其种之正伪,以定去留。著者知此举之重要,不避跋涉之劳,更往各国植物标本室之藏有东亚大陆蕨类植物原种者,一一加以考究。兹将其经过情形,略述如次:

瑞典之行 瑞典为世界近代植物分类学之策源地,即植物分类学始祖林奈氏(Charles Linné)之故乡也。中国植物于西元一七五三年,经氏记述者,今日尚有一部分保存于瑞典京城Stockholm之皇家自然历史博物馆内。又西元一八〇〇年,该国植物学大家Swartz氏之东方蕨类原种标本,全数亦保存于该馆。著者于二十一年春,由丹麦前往,将两氏之古品,一一查阅,并摄取原种植物标本照片五十余幅。又该馆甫于两月前购得德国Gotha城蕨类学家Rosenstock氏之标本,内有中国、日本及台湾新种甚多,著者亦得一一加以审察焉。由此更往Uppsala城,此城有古大学一所,即为林奈氏设教之所,内有植物标本室一所,收藏西元一七八三年间Thunbery氏之日本植物标本全份,计七百余帧,此实为日本植物分类学之嚆矢,而多数之种,亦为江浙两省习见之植物,故于我国东部植物,关系至切。著者除将蕨类植物缜密考究外,复与该室管理员Dr. Harry Smith氏订约,托史氏摄取全份标本照相,以供国内学者之参考焉。

德国之行 德人之研究中国植物者,较英法诸国为后,其于蕨类植物分类学上,较为重要者,为柏林植物园与Leipzig城之大学植物标本室两处。前者藏有西元一八八七年间Willdenow氏之标本全份及近代Engler、Prantl、Hieronymus、Diels、Branse等氏之中国、日本等处蕨类植物原种标本。后者收藏西元一八三三年至一八五六年间,Kunze、Kuhn、

Mettenius 等氏之东方蕨类原种标本。著者曾于二十一年四月内,前往两处查究其所藏诸氏之标本,获益良多。

捷克之行　捷克为战后新起之邦,其于植物科学上占重要者,实始于西元一八二二年间之 Presl 氏。氏于印度及菲律宾群岛蕨类植物,颇多重要著作,其原种标本,现半藏于捷克京城 Praha 之德国大学(Deutsche Universität),半藏于国立博物馆内。氏于蕨类植物分类,具独到之见解,而其所创之种,亦多正确。惜与当时英国大植物学家 Hooker 父子同生,故其学识,遂淹而不彰。后世学者,类多忽之。著者自德便道前往,检考其标本,多重要发现。而氏之生不逢时,学不著世,重有感焉。

维也纳之行　此行之目的,在除访奥国当代植物分类学大家 Dr. H. Handel-Mazzetti 氏,相与讨论关于中国植物科学数种问题外,同时研究其国立自然博物馆所收藏之中国及其他各地之蕨类标本。其重要者,为一八八三年间 E. Faber 氏在中国各地所采之蕨类标本,及一九一三年间 E. E. Maire 氏在云南所采之标本,及 Handel-Mazzetti 氏本人于一九一五年间在川滇湘赣等省所采之标本,内有蕨类标本甚多,虽经氏作一度研究,著为论文,然须修正者实多云。

巴黎之行　著者于本年五月初,由维也纳经瑞士至巴黎,在自然历史博物馆,先检该馆所藏 Lamark、Desvaux、Franchet、Savitier 等氏之东方蕨类植物标本,并摄取疑难原种标本二十余幅,次研究 Prince R. Bonaparte 蕨类标本室之东方蕨类植物,其中最重要者为瑞士蕨类专家自一八九七年至一九一一年间所鉴定之中国各省蕨类标本,约万余幅,内有新种五百多种,其重要不言可喻矣。

以上所述,为著者本年度在欧洲各著名植物标本室研究概况,至其研究所得,须经两年之久,方能整理完竣,一一为文,贡诸于世。其本年作品,除于本馆丛刊印刷者外,散见于国内外各书报者,亦有数篇。①

秦仁昌在欧洲竣事后,本预订取道美洲,访问哈佛大学阿诺德树木园后回国,不知何故,未能践行,而是直接从欧洲返回中国,仅此亦可谓满载而归矣。

① 国立中央研究院自然历史博物馆二十年度报告,《国立中央研究院总报告》,1931 年。

秦仁昌回国之后，并未回到中央研究院自然历史博物馆，而是于8月间加入静生生物调查所，任该所植物部技师，兼植物标本室主任。秦仁昌未回博物馆之原因，其自言是因为“中央研究院自然历史博物馆在国民党反动统治下，不会有什么发展”，这是秦仁昌在1958年按政治要求所写忏悔性《自传》中所言，摒开政治不言，当时博物馆经费之匮乏，殆为其离开之主要原因。此后秦仁昌于1934年往庐山创办森林植物园，抗日战争时期，在云南丽江设立庐山森林植物园丽江工作站，继续工作。胜利后入云南大学林学系，1955年调入中国科学院植物研究所。一生致力于蕨类植物研究，创建蕨类植物新系统，为世界著名之植物学家。

三、动物部技师方炳文

方炳文主持博物馆动物组之时，新自大学毕业，年仅25岁，资历较浅。其时距秉志自美国留学归国开创动物学研究事业仅有7年，是时经秉志培养之门生，具有成就和声望者并不多，故只能委方炳文以重任。方炳文率队在广西所采动物标本，如同植物标本一样，新种或新分布甚多。仅经方炳文本人研究，发表论文有：《广西新爬岩鱼类之研究》《广西蚯蚓新志》《广西平鳍鳅类新种志》《广西龟类志》等。方炳文涉猎领域有普通动物分类、蜘蛛、头索动物、爬虫类、鱼类等，而于鱼类最有研究，此时还著有《长江上游鳅类新种志》。许多论文皆刊于博物馆《丛刊》中。

由于博物馆图书资料缺乏，方炳文只得借助于中国科学社生物研究所，故时往该所工作。对于该所所藏动物标本，也鉴定甚多。国外生物学机构或学者，也常有鱼类标本寄来，请为鉴定。博物馆所藏之龟类、鳍鳅类、蝾螈类、爬岩鱼类及鳜鱼类，也系方炳文所鉴定。1932年方炳文完成《平鳍鳅科之分类法及缨口鳅新亚科之研究》和《国产鳜鱼之研究》两篇重要论文，现据《中央研究院二十一年度总报告》分别介绍之。

平鳍鳅科（Homalopteridae）为美国费城自然科学院（The academy of natural sciences of Philadelphia）H. W，Fowler所主张，因其腹鳍连合或分离，分为二亚科。腹鳍分离者，曰平鳍鳅亚科；腹鳍连合为吸盘状者，曰腹吸鳅亚科。1930年方炳文曾著文指出Fowler分类之不当，认为其所根据仅是特殊情况，而没有考证其他种类的发育。1931年方炳文发现广西Sinogastromyzon

新属后,更加证明 Fowler 所主张之根据不足。1931 年印度博物馆之 S. L, Hora 对平鳍鳅类分类系统,主张根据胸腹鳍不分枝刺之数区分为二亚科,但仍沿用 Fowler 旧亚科之名。方炳文认为此确有进步,与其根据骨骼观察结果相似,惟系统内各属分类等,仍有不完善之处。1932 年方炳文通过研究福建、广西、贵州、台湾等处之缨口鳅属及相关属之结果,证明缨口鳅属与台湾鳅属颇为相近,而平鳍鳅属与原缨口鳅属系特化较低级之二属,自最低平鳍鳅属至原缨口鳅属,再至缨口鳅属,再至台湾鳅属,有相关之迹可寻。该数属鱼类。虽其胸腹鳍前只各有一部分枝刺,但其骨骼之结果,与腹吸鳅亚科有别,而介于腹吸鳅亚科及平鳍鳅亚科之间。故方炳文主张将缨口鳅诸属,另分出一亚科,曰缨口鳅亚科。此较之 Hora 系统内各属之分配,则更明晰而适当。

鳜鱼为东亚所产,除中国外,尚见于日本、朝鲜及苏联远东地区。分隶 2 属,共 6 种,此 1930 年之前之情况。经方炳文与常麟定共同研究,又发现 4 新种,定名为 *Siniperca kwangsiensis*, *S. Chui*, *S. Chieni*, *S. undulata* 及 2 新亚种,定名为 *S. Chuatsimultilepis* 及 *S. Chuatsi bergi*。他们所获研究材料,一为博物馆历年在广西、贵州、四川、湖北等省所搜集鱼类标本,一为中国科学社生物研究所所藏长江下游鱼类标本,另有中研院心理所唐钺和静生生物调查所研究员张春霖所供北方鱼类标本。

至于方炳文野外采集,除广西、四川、贵州等内陆地区外,1931 年亦曾赴近海采集,此为博物馆首次派员进行海洋生物之调查。方炳文于此次采集作有《山东海滨采集纪略》一文,兹将其引言部分摘录如下,以见采集之梗概,而所列海洋生物名录则为省略。

> 本馆陆地及山溪动物,历年来搜集已颇有可观,惟海滨动物则付阙如。为陈列展览计,为调查研究计,皆有缺憾,此山东海滨采集之所由来也。是行始于一九三一年十一月初旬,终于十二月中旬,为时约一月有奇。采集地,为青岛、烟台二处。惟烟台水产较青岛为富,故先至烟台,后至青岛。即留烟台时间亦较留青岛时间为长。主其事者仅余一人,同行者有中国科学社王以康君。轻装就道,去遵海道,返从陆路。斯时北方已届严寒,故关于下等动物之采集成绩,自不如夏间之可观。所得除海绵动物、腔肠动物各数种外,尚有棘皮动物若干种,蠕虫动物若干种,虾蟹等三十余种及贝壳类数十种,至脊椎动物,多为鱼类。盖烟台渔业甚为发达,

渔民自置鱼轮凡数十艘，当风平浪静之日，日得鱼如山积。除本地销售外，多运至上海等处。惟青岛则渔业虽亦发达，惟中国渔业公司已经倒闭，目下除帆船捞鱼外，实已无渔业之可言。因之青岛渔捞事业，遂转入日人之手。据云：日人在青地每日出售鱼类约可得三千元之数，利权外溢，此其一端，良可慨也。此行计得鱼类凡一百一十种，四百十二尾。①

方炳文其后尚有《宜昌蚯蚓志略》《鲤科鱼类新种志》《董氏石虎鱼新种志》《山东鲨鱼志》(与王以康合作)等论文，可谓成果丰厚。1933年，方炳文在博物馆服务已满五年，按1931年《国立中央研究院专任研究员休假规则》，专任研究员连续工作满六年，可得休息一年，休假结束后，须至少再服务两年。休假期间，得支全薪，但不能在外兼职。此亦民国时期大多研究机构之规定。用一年休假，出国访学，是大多数学者的选择。方炳文在假期临近之前，曾向中基会申请资助，幸得批准，但金额甚少，不敷开支。博物馆代理主任徐韦曼按休假规则，再为向中研院申请，函云：

敬启者：

博物馆技师方炳文在本院服务业已五年有余，对于研究工作成绩斐然，现在有志前往欧洲各国，再求深造，故于去年请求中华文化教育基金董事会补助，幸得成功，惟补助费仅美金七百五十元，而期限亦只一年，是以踌躇至今，未感成行。查本院各所对于研究员出国留学者，已有资助之例，如气象研究所之陆鸿图、地质研究所之斯行健、心理研究所之朱鹤年等，现拟援照向例，请求每年补助二千四百元，或仍支原薪，每月或二百元，暂以一年为期，川资由方君自备，如此则本馆之担负不增，而方君得安心研究，两多裨益，务恳核准，曷胜盼祷。至于补助之条件，暂时规定两条：一、在国外研究之结果须在本院博物馆刊物发表，如万不得已须在他种刊物发表者，必须得本院之同意；二、回国以后，至少须在本院服务一年，将来如继续补助，则服务年限亦应递增，以上各节是否可行，均祈核示

① 《中央研究院二十年度总报告》。

遵行。谨上

院长、干事长

徐韦曼 敬启 1933年7月21日①

经此申请,方炳文获得2400元补助,分期发放。但需要方炳文承诺回国之后重返博物馆服务,盖因秦仁昌出国,博物馆为其支半薪,并资助其参加世界植物学大会,但归国后,并未重回博物馆,致使有关方面产生异议,故在资送方炳文出国时增加新限制,此亦合乎情理。

1934年4月,方炳文赴欧洲研究。临行之时,于3月31日曾在中国科学社生物所作公开演讲,题为《中国鱼类概况》。关于此次演讲,中国科学社之《社友》杂志作这样报道:"方君治鱼类学有年,其论著驰誉全球,留学生在国外习生物学者,常为人探询其识得方君否。其学殖之精深,于此可见。闻方君不日放洋,该所特于其离国之前,请作一次通俗演讲,实为不可多得之机会。本市社会局,亦为此通令市内各校师生,排队前往听讲。"②方炳文赴欧洲系在巴黎自然历史博物馆工作,因其获中基会资助,故在《中基会年报》中,有关于其在欧洲工作情况简单记载,1936年云:"(研究)中国中南部之鱼类及爬行类,曾赴德、奥及其他欧洲各国,考察中国鱼类标本,发表之论文,计有《四川夔州平鳍鳅新种属志》及《中国泥鳅新希种属志》等篇。"③1939年"(在)欧洲各地博物院(研究)中国之淡水鱼类,一部分结果曾陆续发表,尚有研究报告在写作中。"④

方炳文在欧洲从事研究,一直列入中研院博物馆人员,并支薪金。当第二次世界大战爆发,德军占领巴黎之后,仍然滞留不归,1940年,方炳文曾有函致时任中研院院长朱家骅,汇报其近在巴黎自然博物馆情况。其时中研院自然历史博物馆已改组为中研院动植物研究所,所长为王家楫。方炳文此函为笔者所仅见,弥足珍贵,全文照录如下:

---

① 徐韦曼致中央研究院院长、干事长函,1933年7月21日,第二历史档案馆藏中央研究院档案,三九三(2010)。

②《社友》第39号,1934年4月15日。

③《中华文化教育基金董事会第十一次报告》,1936年12月。

④《中华文化教育基金董事会第十四次报告》,1939年12月。

骝先院长先生衔席：

顷此间新总领事袁道丰先生自法临都魏溪来函，道及尊处来电探询厚意，空谷足音，闻之色喜。况值此雁鱼断绝之际，万里外殷殷垂问，其可感可记者又何如耶。溯自客岁暑间，即拟作归计，乃中院所汇川资，迟至年终始从使馆领得。当时适与巴中鱼类实验室主任白裕恭教授合同整理越南、老挝鱼类(系美法联合调查团所采)，尚未脱稿，是以难于款到即行。复以关于线鱿类历年从英伦、柏林、来顿、维也纳、巴黎诸博物馆所藏标本，探讨之结果，于进化上关于巴黎标本有复案之必要。良以去年五月间瑞典任丹教授过巴时，曾与讨论及此，意见颇有相左处，故不得不出之以慎重，遂致行期再延。迨是项工作告竣，方理归装，而欧局正急转直下，地中海法轮归路断绝，卒来坐困之势。虽走葡萄牙可乘美轮，由新大陆来归，然费用浩巨，难以为计。惟有静处之，终日埋头"鲍鱼"之室，期不虚度此光阴耳。然而"归去来兮"渊明句又常扰人清梦和巴中安绪。贱躯壮健，堪可告慰。临书依依，难尽欲言。敬颂

大安

学晚　方炳文　顿首　廿九年十月卅日于巴黎[①]

今读此函，可知方炳文滞留欧洲之原因。翌年方炳文再次准备回国，来电请所长王家楫为其筹集川资。其时，正处第二次世界大战期间，通信汇款多有不便，1941年5月26日，王家楫致函朱家骅，请总办事处先为垫付，并设法请我驻法大使转交，以便方炳文早日归国。其导师秉志，也向朱家骅致函云："方君前在贵院多年，其工作之贡献，甚属丰富。其赴法留学，仍未与贵院脱离关系。闻动植物研究所主任王仲济君言，方君留学而归，仍回该所服务。方君仍属贵院之人，不可听其流离失所，为此特恳先生设法，电托驻法大使馆，暂予照料一时，俾不至流为饿殍。先生提倡学术，爱护学人，热心厚谊，夙为中外学术界所钦佩。对于极有成绩之青年学子，必愿力加维护。"[②]然而，不知何故方炳文依然未归。1944年，在盟军进攻巴黎前夕，在空袭中不幸罹难。方炳文去世

① 方炳文致朱家骅函，1940年10月30日，中国第二历史档案馆，全宗号三九三，案卷号2232。

② 台北"中央研究院"近代史研究所档案馆藏朱家骅档案，周雷鸣提供。

之后，其南高时期之同窗欧阳翥作文悼念。其云：“以方君之才，与其治学之勤慎，勇往无前，熙熙然有以自乐，毁誉不足以易其操，困穷不足以改其度，可谓几于有道者矣。使天假之年，俾得益尽其才而竟其所学，则其有造于动物学者，岂不更远大也哉！乃竟以客死，且死于非命。使其遂归而居于国中，必不至此。倘所谓天道耶？悲夫！”①为中国动物学而伤痛，溢于言表。

四、动物组技师伍献文

1930年伍献文尚在巴黎留学之时，即被博物馆聘定为动物部技师。其入馆抑或秉志所推荐，其奉秉志为恩师，不仅在学问上受益，在知人论世上亦受影响。伍献文(1900—1985)，又名伍显闻，外文拼写为Wu Hsien-Wen，浙江瑞安人。出生于一个商人家庭，1918年夏考入南京高等师范学校农林专修科，三年之后毕业。在行将毕业之时，秉志应聘来校任教，讲授动物学，给伍献文很大影响。其《自传》云：

图9 伍献文(中国科学院水生生物研究所提供)

> 在南京高师时，教授中对我影响大的是秉志先生。当秉志先生尚未归国之时，农科主任邹秉文先生已大事宣传，所以秉先生一到校，是先声夺人。同时秉先生教书也比其他教授教得好，又能容易与人接近。我只念了秉先生一个课，我就觉得动物学更比农学有兴趣。以后我从农改到动物学，并和我以后职业有关系，受秉先生影响是原因之一。②

1921年伍献文在南高专科毕业之后，去厦门集美学校师范部任生物学教员。一年后，厦门大学成立，任动物系助教达六年之久，至1928年离开厦门而往南京，任中央大学生物系助教。期间于1925年在厦大注册补读大学课程，

① 《科学》，第28卷第3期，1946年。

② 伍献文：自传，1958年，中国科学院水生生物研究所档案室藏。

为厦门大学第一届动物系毕业生。1925年秉志来厦门大学任教，曾跟随秉志，任其助教。1928年在南京时，仍与秉志关系深密。前所引伍献文所作之《自传》中，还有云其受秉志影响之文字，此再引之："在厦门大学最后三年中和在南京一年与秉先生相处最密，学问上得他的好处很多，而他的资产阶级学术观点、脱离政治、脱离生产以及宗派思想都是浓厚，对我的影响也不少。"这份《自传》写于1958年，为知识分子在政治运动中交代材料，今日阅读，当理解其时代之语境。1949年之后，秉志领导的中国生物学被当局认定为宗派而遭到批判，伍献文不免要迎合形势而自我批判一番。此姑不详论，仅为说明秉志之于其之影响。

在南京之第二年，伍献文获中华教育文化基金会补助金，于当年9月赴法国研究，入巴黎自然博物馆鱼类学实验室，专治鱼类学。同时又在巴黎大学注册攻读研究生。在巴黎三年，作三四篇短文并博士论文一篇，博士论文题目是《中国比目鱼的分类形态和生物学》，1932年7月4日通过博士论文答辩。7月下旬乘船回国，即任中央大学生物系主任，兼任自然历史博物馆动物组技师。是年12月12日，任博物馆动物组研究主任。1933年8月1日辞去中大生物系主任，在自然博物馆职位改为专任。

伍献文来馆后，先鉴定馆藏鱼类标本，其次对长江鱼类进行全面研究，最后为中国寄生圆虫研究。其时国内外尚无学者对寄生圆虫以专门研究，而此与农业生产关系密切，伍献文从南京入手调查其种类，研究其形态，依次渐及全国。伍献文入馆之后至1934年动植物所成立之前发表论文有：

(1) 中国拟圆虫动物志略(与唐世凤合著，刊于《丛刊》第三卷七号)。该文记载前人已报告8种，及从浙江云和、江苏苏州、四川峨嵋所采3新种。

(2) 马氏鱼寄生蚂蝗之观察(刊于《丛刊》第三卷十号)。本文所述 Gontobdella moorei 为烟台所产，在中国境内属初次发现，其形体与原产者稍有不同。

(3) 中国狮子鱼之调查(与王以康合作，刊于《中国科学社生物研究所专刊》第九卷二期)。文中所述五种，分隶二科二属，其中以烟台所产 Liparis chefuensis 及 L. choanus 为新发现，Lethotremns awae 及 Liparis tanakae 为在中国境内首次报告。

(4) 平胸扁鱼唇部之观察(与王以康合作，刊于《生物研究所专刊》第八卷十期)。

(5) 中国寄生蠕虫志(刊于《丛刊》第四卷第三号)。

(6) 中国比目鱼补遗(与王以康合作,刊于《中国科学社生物研究所专刊》第九卷七期)。

(7) 中国河蟹志略(刊于《丛刊》第四卷第十一号)。本文先统计已发表之18种,次述博物馆在广西罗城所采3新种。

在自然历史博物馆时期,伍献文未曾参加大规模之采集,仅于1933年7月偕同人植物组技师邓叔群、动物组助理员唐世凤一行应中华海产生物学会之请,前往厦门研究动植物,顺便在厦门、漳州、泉州、福州等处采集,得鱼类标本70余种,双栖类10种,软体动物80余种,甲壳类40余种及菌类500余种。

对于自然历史博物馆时期,伍献文认为其经费不足,限制其事业的发展,尝云:"研究进展非常不够。"

五、植物部技师邓叔群

博物馆植物部技师自秦仁昌出国之后,即为空缺,一直留待秦仁昌回国,重返岗位。但是秦仁昌回国之后,没有返所,才另请他人。但选聘何人,主任钱天鹤物色甚久,最终确定邓叔群。此先录钱天鹤为聘用邓叔群,向干事长报告之函。

杏佛生赐鉴:

敬肃者:关于本馆植物技师人选,事前曾函陈接洽情形,想蒙赐洽。耿君以礼以受洛氏基金会津贴,故该会与中央大学有约,彼回国后必须在该校服务一年,故尔不成。嗣与现在留学法国专攻下等植物之周宗璜接洽,又以归期未定而罢。旋鹤与伍献文赴苏州东吴大学,访问该校植物系主任张和岑,探悉张君系植物生理学专家,并非研究分类学者,与本馆条件不合。最后闻中国科学社菌类学研究员邓叔群,其薪水向系中华教育文化基金董事会担任,刻因美款停付之故,该会表示下半年薪水无力照付,中国科学社亦无经费可拨。邓君因有脱离该社之意。同时中大农学院竭力请其就该院之聘,鹤与伍君相商,认为机不可失,应急与邓君商谈,请其勿与中央大学接洽,自本年七月份起,专任本馆植物组研究主任兼植物技师,其薪水因文化基金会所担任之薪水为每年四千元,本馆现拟每月致送三百五十元，邓君完全表示同意，中国科学社亦不反对。兹附上邓君履历一份，敬乞鉴核，如蒙院长及先生之同意，加以批准，至祈通知文书处填发聘书送交本馆转交为祷。顺颂

大安

钱天鹤　敬上　二十二年四月廿四①

邓叔群于7月到馆任职，其后不久，自然历史博物馆改组为动植物研究所。邓叔群供职于中央研究院可分为两个时期：第一时期，由此时至1938年动植物所播迁重庆北碚之初时；第二时期，为抗战胜利之后的1946年重回上海中研院植物所，直至中研院在大陆终结。此先述第一时期。

图10　邓叔群(程光胜提供)

邓叔群(1902—1970)，福建福州人，1923年毕业于清华学校后，考取美国康奈尔大学，1926年获得森林学硕士，1928年6月即将获得植物病理学博士学位时，因岭南大学急招其回国任教，经与导师商量，回国之后有了研究工作成绩，随时可将论文寄去，以换取博士学位。其后，邓叔群不屑学位名称，而未提交申请。在广州岭南大学工作半年，转到南京金陵大学，未久又转入中央大学农学院，1932年被中基会聘为甲种研究员，推荐至科学社生物所。在该所从事真菌研究，开始编纂《中国真菌志》。入自然历史博物馆后，继续为该书尽力。其《自传》有言：

一九三二年八月我入中央研究院工作，从此我有一时期安定的生活，并且渐渐积蓄些钱，“七七事变”前，在南京盖了一所小住宅，准备长久住下。起初我的工作是专门研究真菌的分类，这是行政方面所要我做的工作。但我感觉中国人民是为何穷困，而我天天在做与国家经济、人民生活没有直接关系的工作。所以不久我要求兼做一些植物病理研究的工作，得到当时中央研究院总干事丁在君先生的同意。我主要的成绩是解决些

① 钱天鹤致杨杏佛函，1933年4月24日，中国第二历史档案馆藏中央研究院档案，三九三(498)。

棉作病害的问题。但我研究所得结果,国民党反对政府并不采用,以致对于农民不起任何作用。①

邓叔群《自传》是在新的社会语境之中,遵照当时要求而对过去予以回顾,难免留下时代印痕。即便如此,还是可见邓叔群在中央研究院几年,无论工作,还是生活,均令其满意;此前频繁更换服务机构,对专心研究者而言,都不是愉快之选择。但在其刚入博物馆时,研究条件并不具备,所有仪器仅有旧双管显微镜一架、普通解剖器数具而已;不过博物馆则愿为其创造条件,钱天鹤特致函蔡元培云:

顷接本馆植物组研究主任邓叔群来函,谓本馆对于研究下等植物之仪器素少购置,兹奉上仪器清单一纸,凡内中有#记号者,为必须即速购办之品,务请照购等语。窃以为本馆经费非常拮据,原无款可以购置仪器,惟研究工作亦甚重要。兹查前杨总干事所允每月一千元之购书经费内,在本年六月以前尚有一千余元未用,可否暂时移作购置该项仪器,并照邓君来信将清单内记有#号者先行订购,其余俟本馆经费稍为充裕时,再行购买,庶植物组研究工作不致停顿。②

钱天鹤6月30日提出此项请示,院长尚未作出批示,不久钱天鹤即离开中研院。7月10日徐韦曼接任,代理主任职务,继续就馆中动物组、植物组经费向院方请示,其请示函前已见录。最终获得设备补足费5 000元,邓叔群想必分得若干,购得必要物品,事涉研究工作是否能开展,若不曾满足,邓叔群或会离开中研院,更不会对中研院有赞誉之词。

六、植物组助理员蒋英

蒋英(1898—1982),字菊川,江苏昆山人。1920年入金陵大学森林系,

① 邓叔群《自传》,1952年,中国科学院微生物研究所藏邓叔群档案。

② 钱天鹤致蔡元培函,1933年6月30日,中国第二历史档案馆藏中央研究院档案,三九三(2010)。

图 11 蒋英(华南农业大学档案馆提供)

1925 年毕业。先在安徽安庆农业学校任教,1928 年 3 月,经秦仁昌介绍往广州,任中山大学理学院生物系助教。1930 年 2 月,又经秦仁昌推荐,来自然历史博物馆任助理员。其时秦仁昌即将赴欧,蒋英实为继秦仁昌之后,负责博物馆之植物分类研究。

蒋英来馆之时,携来植物标本 1 190 份相送,该标本皆极具研究价值。到馆之后,即参加博物馆所组织之贵州自然科学调查团之植物采集工作。此项工作自 1930 年 4 月开始,于 1931 年 3 月返回南京结束,为时阅十一月余,所采植物标本 7 000 余号,10 万余份。关于此次采集之始末,将在下节之中记述。

回京之后,蒋英即着手对植物标本室重新组织,参考此前其在金陵大学及中山大学所学之管理方式,予以改良,他曾自称是植物标本室主任,笔者在档案中未见博物馆有此职务,故云为自称。此前标本室甚为凌乱,许多采回之标本尚未装置,故请临时女工予以装订,即增加速度,也增加美观,于年底装置完竣。标本室有钢制标本橱 32 架、银漆木质标本柜 4 座。馆藏标本,除蕨类植物经秦仁昌已鉴定外,其余经蒋英作初步鉴定,然后再为校订,有疑问者,再请国内外各科专家订正。如此一来,使馆藏数万份标本一一入柜,便于利用,也便于提出副本与国内外各生物学机构交换。

蒋英本人致力于中国夹竹桃科之研究,来馆之前即已开展。此自贵州采集返南京之后,继续此项研究。1931 年蒋英写《一年来之研究工作概况》,言其本人专科研究云:

国产夹竹桃科之研究,著者着手此科之研究,已有四五年之久,稿成约十之七八。惟国产是科植物标本,凡为德人赖孚易(H. Léveille)所定之新名,说明过简,无从辨识。幸其原种标本,大都尚存于爱丁堡植物园中。著者为完成此科研究,拟于下半年内,先在香港植物园研究数月,举凡英人所订该科之新名,逐一校正,然后再赴爱丁堡植物园中,作详尽之研究。是科全部论文,或在此时可脱稿也。①

前在记述秦仁昌出国访学,已阐明出国访学对于植物分类学研究何等重要,此时之蒋英也在期待出国,似乎已有计划。在成行之前,先将在广西所采夹竹桃科之 *Pottsia* 属及 *Ecdysanthera* 属之新种提出,在《丛刊》第三卷第五期上发表,名为《广西 *Pottsia* 属植物之一新种》。又夹竹桃科与萝藦科有密切之关系,其亲缘地产,均在热带和亚热带,故蒋英在研究夹竹桃科的同时,也肆力于萝藦科研究。后为此两科之专家,《中国植物志》此两科即为其主持编写。

蒋英出国计划不知何故未能实行,至于其申请经过,为何没有通过,今一概不知。1933 年 7 月,应中山大学农林植物研究所所长陈焕镛之聘,重回中山大学任教,并在农林植物研究所继续其研究,也在继续寻求出国机会,非常遗憾,终未实现,此不细述。1949 年之后,更无这样机缘,1982 年蒋英已是晚年,在编写《中国植物志·大戟科》时,还是通过王文采得到爱丁堡植物园大戟科标本照片。王文采云:"华南农业大学的夹竹桃科和萝藦科专家蒋英先生来信,说他知道我与 Lauener 先生熟悉,他正在承担《中国植物志》大戟科的编写任务,需要 Léveille 研究过的贵州大戟科全部植物标本的照片,作为编志的重要参考资料,希望我给予协助。我给 Lauener 的信发出后大约经过一个月,100 多张的贵州大戟科植物标本照片的胶卷底片就寄来了,我收到后立即将底片寄给蒋老。蒋老收到后非常高兴,他在回信中说我为大戟科志的编写立了一大功。"②此为另话,只是为了说明蒋英之出国在其学业上何其重要。

1949 年后,蒋英任教于中山大学农学院。1952 年院系调整,在新组建的南华南农学院任教,而未回到中山大学农林植物研究所供职。

七、编辑员钟观光

钟观光以国人大规模采集植物标本第一人而享誉学界,自 1918 年起,历时 5 年先后在福建、广东、广西、海南、云南、浙江、安徽、江西、湖北、河南、山西

---

① 蒋英:一年来之研究工作概况,《国立中央研究院自然历史博物馆二十年度报告》,《国立中央研究院总报告》,1931 年。

② 《王文采口述自传》,湖南教育出版社,2009 年,第 149 页。

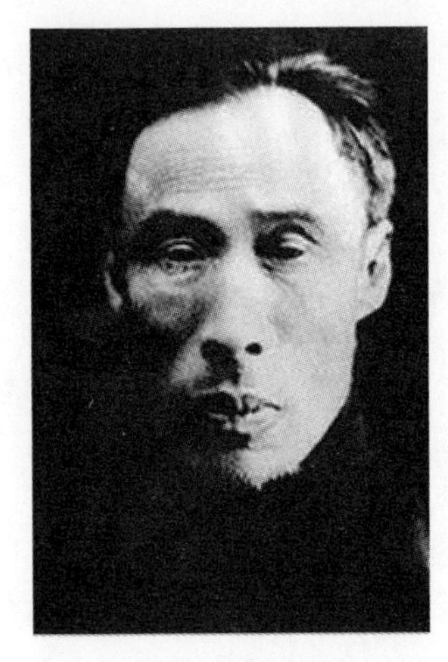

图12 钟观光

等地,穷幽陟险,以惊人毅力,收集蜡叶标本15万号,对国内植物分布知之大略。其时钟观光供职于北京大学,即在该校建立中国第一个植物标本室。而其时北京大学未建立生物系,故此标本室未有专任研究人员,钟观光本人不久也离开北大,所采重要标本被其私人收藏于家乡。其子钟补求也从事植物分类学研究,1949年后,将其家所藏标本捐献于其所供职之中国科学院植物研究所。钟观光(1868—1940),字宪鬯,浙江镇海人。1901年中秀才,曾参加蔡元培发起的中国教育会和孙中山领导的同盟会。1911年任教育部佥事,并开始修治植物学。1916年受蔡元培之聘,任北京大学副教授,1927年任浙江大学农学院生物系主任、副教授兼任浙江省博物馆自然部主任。在杭州笕桥之浙江大学农学院内曾辟植物园,试种中外各地所产植物,实地观察。

1929年,秦仁昌赴杭州参加科学教员暑期研究会期间,曾拜会钟观光。会后,随钟观光至其老家观看家藏植物标本,本书前述秦仁昌时已有记述。1930年,自然历史博物馆聘钟观光为编辑员。1931年10月,钟观光来到南京到馆工作。《自然历史博物馆二十年度报告》对钟观光到馆后从事之工作有如下记载:

> 植物编辑员钟观光研究植物科属等邦名,凡三四十年,甚有心得。本年十月到本馆开始工作,即着手在本馆已订学名之植物标本上,逐一审查其属名种名,而附记以邦文,以谋中西文化之沟通。在下年度内,拟从事整理者,为木兰科、紫荆叶科及云叶科等。此项工作,至为繁难,当非短期内可以毕事也。钟君又以十七年科学名词审查委员会颁行之植物学名审查本,与此项工作概有关系,因亦连带校订,撰成植物学名审查本之商榷一文,在本馆丛刊第三卷内发表,现在印刷中。①

① 《中央研究院二十年度总报告》。

钟观光任自然历史博物馆之植物编辑员，今不知编辑员职务确切之含义，殆有礼遇之意，但如何聘请，却不得而知。或者因钟观光与蔡元培有旧，蔡元培前执掌北京大学时，即聘其为副教授，得以从事采集活动。蔡元培担任中研院院长后，先曾聘鲁迅为中研院著作员，即有帮助故旧安心著述之意。钟观光任编辑员，当亦有相同之意。其时，钟观光已年过六旬，借此职务可助其继续研究。

所谓"邦名"，即植物之中文名称。在植物分类学中，为求各国学者皆能阅读，植物学名统一采用拉丁文，其形态描述也使用拉丁文。当中国开始有植物分类学之时，科学先进国家已有近二百年之历史，故该学在中国传播之初，仅注意植物的拉丁学名，如各研究机构所收藏之标本，仅记拉丁学名。撰写论文，亦以西文著述，以求学术之交流，便于国际间交流和赢得声誉。如此一来，未曾注意植物中文名称之审定，或付之阙如，无疑不利于国人科学知识之培养和动植物资源之利用。然而中国典籍《诗经》《尔雅》及历代本草之属，于动植物多有记载，只是于种类未作细究，致使名实混乱，无所适从。钟观光认为研究植物学者，应将旧学新知，兼筹并顾，贯穿为一，则造诣大而应用广。否则，专治国粹者，没有新知；专习西学者，即有成就，于民生国计亦无大帮助。钟观光论之曰：

> 国内各大学博物馆所藏植物标本，不记邦名，与舶来品无异，于传达文化极为困难，特设补救之法。盖邦名之不见采录，非弃之也。一以名称纷乱，不易采取；一以名称缺乏，无可采取。其纷乱原因，有出于旧说之歧异者，则宜仿林奈氏(C. Linnoeus)双记名法，附记根据，使互异之学说，各有本原可循，不知惑乱；有出于日本杜撰汉名之侵扰者，则以抉摘其谬，而示以国有之正名。即纷乱，非所忧也。至邦名之缺乏，尤非事实，古人知之，野人知之，外人亦能知之，独吾学人反多不知耳。①

钟观光厘定植物之中文名，所取之法：厘定古名，搜辑方言，创新，迻译等，在自然历史博物馆前后两年，成此类论文三篇：《论植物邦名之重要及其

① 《国立中央研究院自然历史博物馆二十一年报告》。

整理法》《植物学名词审查本植物属名之校订》，该两文刊于《丛刊》第三卷第一期，后一文《论中日两国植物学家之异趣》，则为中央无线电台播出钟观光讲演录音。此三文刊出之后，中国植物分类学界对钟观光所倡导之说，甚少有直接评说，仅有其时《学艺》杂志，曾发表龚礼贤一篇评论，对钟观光所倡导者评价甚高，其云："当此国人著作耻写中国文、国人说话耻讲中国话、国人阅书耻看中国书之时，中国固有文化几与苗瑶生番所有者同科。竟将中国文字不配记载科学，先生独慭然甚忧，站在全国最高学府立场，坚此议论，先生真中国之有心人哉。"①但对钟观光因民族主义因素，将一些日人所定汉名亦作修改，龚礼贤则主张不改为宜，并引翁文灏所言："文字雅俗初无定程，意见臧否亦少定准，科学无国界，同文易交通，何必故示偏隘，且新名之创，当慎之于始，既已创立，既已通行，而中途改易，则继我而作者，后之视今，又岂异于今之视昔，辗转纷更，将无已时，与其出奇制胜，致统一之难期，不如因利仍便，庶称谓之一贯。"翁文灏为中国科学之大家，所言中肯平实，为审定名词者所遵从，当亦然也。然在其后中国植物分类学中，厘定中名之方法，尚未超出钟观光所拟，只是在 1970 年前后，在狭隘的民族主义高涨之下，科学竟有资本主义与社会主义之分，曾提出放弃拉丁名，一度造成分类学之混乱。

钟观光在自然历史博物馆服务两年之后，受北平研究院植物学研究所刘慎谔之聘，于 1933 年春往北平任该所专任研究员，其离去原因，也不得而知。盖其子钟补求已在该所服务，在一起可以照顾其生活。钟观光在北平从事中国古代植物学和本草研究，对《毛诗》《尔雅》《离骚》上的植物进行了详细的考证注释，写成《植物中名考证》，并对《本草纲目》《植物名实图考》等书进行考证、补充和修订。1940 年在家乡去世，终年 73 岁。中华人民共和国成立后，他保存在原籍家中的书籍、手稿以及前所言十几柜腊叶标本，由其子钟补求全部无偿献给中国科学院植物研究所。钟观光没有受过现代高等教育，完全通过刻苦自学，从一名秀才成为大学教授、著名科学家，对我国早期植物分类学的发展作出贡献。木兰科之观光木 *Tsoongiodendron odorum* Chun，就是 1963 年中国科学院华南植物研究所所长陈焕镛为纪念钟观光而命名之新属。

① 龚礼贤：与中央研究院钟观光教授论植物科名书。《学艺》，1934 年第五期。

第四节　几次重要采集事件

一、限制日人岸上镰吉在华采集

中国物产号称丰富，为西方学者所艳羡，海通以来纷纷派员来华采集。其时之中国，科学不昌，不知珍贵，弃之如敝屣，任由外人直入采集调查。自民国之后，对外国来华采集者，开始有所限制。如1927年瑞典探险家斯文赫定欲往中国西北考察，在中国学术团体督促之下，征询于北洋政府同意。北洋政府认为考察须与中国科学家合作，即有合组“西北科学考察团”，由中方派出科学家参与其事，考察所得标本须分配一全份于中方，出境之标本需经中方专家审查。如此合作，方为平等之合作。其后，此种方式为中瑞两国人员共同遵守，使得合作考察时间甚久，成果亦复丰富。该项考察至今仍为中瑞两国学界所称道，2007年，在北京中瑞两国还共同举行该团组团80周年纪念活动。然而，日人岸上镰吉于1929年来华作长江鱼类调查，却不与中方合作，自行直驶长江上游。此无视中国主权之行径，引起中国生物学家之义愤。

岸上镰吉(1867—1929)，日本东京大学水产科教授，鱼类学家，生平著作极富，研究领域为淡水鱼类分布及淡咸水鱼类之分类，每年往琉球研究外海鱼类，往鹿儿岛研究虾类。1929年9月，来华调查长江鱼类。此前一月，中央研究院曾接到日本驻南京领事署来函，询问长江所产鱼类情况，其云：“今因受本国关系者委嘱，有别纸记载二事：一、‘雀鳝’实在之有无，如有实在，其实物采得送达何处？二、扬子江产淡水水母之实物采得送达法如何？成田教谕现虽在各方面调查，而对于‘雀鳝’，并其实在尚属疑问，故以询查采集颇感困难。以上二事，尊处如有所闻，乞不吝指示。”是函系日式中文，有不合中文语法之处，致使其意不甚确

图13　岸上镰吉

切。其实是在为一位成田教师询问长江是否产雀鳝和淡水水母情况。其时，中央研究院自然历史博物馆尚未开展长江水生动物之调查，不悉具体情况，故将此函于8月6日转致中国科学社生物研究所，希望予以回复。生物所所长秉志阅后，本着学术交往之成例，如实答复云：本所目前调查仅限于长江下游，未曾发现此两种动物，或者长江上游有产。8月12日中央研究院即将此消息回复日本驻南京领署。[①] 今不知日本领事署是代何机构询问，但是不久日本对华文化局，即派遣东京大学岸上镰吉携助手木重村，及中国留日学生尉鸿谟、董律茂、金昭华一行5人，不先与中国任何机构商洽，迳往长江上游，探查水产动物，意在赶在中国生物学家之前，有所发现。他们于9月2日自上海西行，于16日到达汉口。

岸上镰吉离开汉口之后，中央研究院才从报上获此考察团消息，遂于9月19日分别致函外交部、教育部，要求政府首先迅速通知沿江各省政府，先为扣留所发日人护照，并制止其调查活动，再通过外交途径，照会日本领事署，仿照此前与斯文赫定合组西北科学考察团之前例，与日人合组调查团，再进行调查。外交部随即与日本领事署交涉，获口头同意，但日人并未与中研院接洽，办理具体事项。27日，中研院再次致函外交部，言明此项交涉之重要，事关国家主权。其函略云：

> 查岸上一行五人，早已首途来华，按旅行日程预定表所载，此时该氏等旅行所及，计当在重庆成都之间。贵部虽经面告该国驻京领事，来院接洽，迄今尚未见来，即经深入腹地，商洽恐已虞后时，且贵部未以书面通知，来否亦诚难预定。设使是项恶例一开，将来接踵寻踪，援为口实，不特有损主权，抑且影响吾国文化前途至深且巨。用特再为函请贵部继续严行交涉，并切电重庆、成都各地方长官，扣留护照，制止调查，并严阻该氏等，非俟此项交涉解决后，不得再行深入，[②]

10月初，经致电四川省主席、重庆市总指挥，请为制止岸上之采集活动。经外交部积极与驻南京日领署叠次交涉，遂不得不派人与中研院接洽，制定办

---

① 《中央研究院院务月报》第一卷第二期，1929年8月出版。

② 《中央研究院院务月报》第一卷第三期，1929年9月出版。

法两条：①由中研院派遣相当人员参加采集。②将来采得标本由本院聘请专家审查，凡非在范围内应有之物，不得携出国外。并须留赠标本一全份与中国，以资参考。不久中研院又接日领署来函，称岸上来电欢迎中研院派人加入，惟至多以两人为限，其旅费可在彼经费预算内酌量补助，所得标本，亦得临时与本院协商酌量赠送等语。中研院当即复函，告以经商承中研院院长蔡培元，决定派中研院自然历史博物馆动物技师方炳文及动物标本采集员常麟定前往参加。两人旅费，完全由中研院支给，但将来岸上博士所采标本，须依照中研院与日本领事署多次接洽之后，所定办法办理。并电成都、重庆各长官，告之与日人接洽结果，请准予岸上进行采集。

与此同时，10 月 14 日中研院又致电时在北平之秉志，请科学社生物所单独派员即赴四川调查采集，“不与日人相混，而顺便监督彼辈行动。务祈所请，并盼电复。”秉志其时兼任北平静生生物调查所所长，每年赴平两次，每次约两月。此次是 9 月初离开南京[①]，在其动身之前，即已决定派王以康等 5 人，沿长江而上，采集长江流域动物标本，意在与日人争一长短。王以康一行于 9 月 28 日自南京出发，所到之处有宜昌、武昌、汉阳、汉口、长沙、宝庆、岳阳、九江、庐山、南昌等处，及洞庭、鄱阳两湖，于 11 月 7 日归来，所得标本约千余种，7 000 多个，分装 12 大木箱。所到之处，极受各地欢迎，热心引导，致使采集成绩优良。[②]

博物馆之方炳文、常麟定本预定于 10 月 29 日再次动身，前往长江上游，因方炳文有研究论文急待完成，遂改在 11 月 4 日启行。关于方炳文等采集之日程，《中央研究院院务月报》有如下记载：

> 方、常二君于本月四日自京动身，十五日抵四川重庆，在该城附近采集三日，二十一日到合川，二十三日赴泸江，二十七日达叙州，沿途采得鱼类及鸟类甚多。到叙州后，工作益力，方期数日之后，赴成都与岸上博士等会合，不意二十七日接成都来电，谓岸上博士于二十二日在成都领事馆病故，深为悼惜。本馆得噩耗后，即电知方、常二君，仍继续采集，勿因岸上之死，而停止工作。[③]

---

① 《社友》第三号，1930 年 11 月 25 日。

② 生物研究所消息，十八年十月十一月，《科学》第十四卷第五期，1929 年。

③ 《中央研究院院务月报》第一卷第五、六合期，1929 年 12 月出版。

其后，因季节已趋冬季，天寒冰冻，虽然博物馆仍然指示继续采集，采集鱼类已不可能。方炳文、常麟定即由叙州折回重庆，与前已在重庆采集之唐开品于 12 月下旬联袂返回南京。此行所得，因为时不多，只有鱼类五十余种。

岸上镰吉因急性脑贫血而突然身亡，致使日人之采集嘎然而止，仓猝携带标本，盘柩东下。到达上海，将标本放置在自然科学研究所，先将灵柩转运回国，以了后事。中央研究院对岸上去世，曾由院长蔡培元致函日本驻南京总领事署，表示唁意。

中央研究院于 1930 年 1 月初致函驻京日本领事署，请其遵守审查及留赠标本之前约。1 月中旬，日本对华文化事业局派日本东京帝国大学教授雨宫育作博士赴沪接洽检查事宜，中央研究院派自然历史博物馆主任钱天鹤、顾问王家楫、动物技师方炳文三人，于 1 月 21 日赴沪办理此事。日人将岸上镰吉所采集之水产动物标本六箱，送至中研院驻沪办事处实行检查。六箱之中，除肢体不全之蟹数只外，其余尽是鱼类，且保存方法不宜，大部分已腐烂生虫。其种类与方炳文、常麟定及唐开品在四川所采者，大致相同，至于种类与质量则多有不及，故只选留一箱，其余均封还日人。在办理过程中，双方态度诚恳，进行顺利。

此次调查由方炳文、常麟定采得长江上游鱼类标本，返回南京之后，即分由方炳文及在法国巴黎研究鱼类之张春霖、伍献文共同研究，在 1930 年即发表论文有：方炳文《长江上游鳟类新种志》，张春霖《长江上游鲤科志》，伍献文《长江上游鱼类志略》等，之所以这样迅速，亦为赶在日人之前也。

但是，此次中国生物学家据理力争，并未得到日本生物学家的理解，反而埋下嫉恨中国生物学家之心理，尤其嫉恨中国科学社生物研究所。此后，中日两国生物学家虽时有接触，但是，在抗战全面爆发之后，日军占领南京之时，即对位于成贤街文德里之生物所，予以烧毁，实是其狭隘报复心理之使然。秉志曾有这样控诉文字：

> 该所于前后廿年中，以工作之积极，颇为日人所注意。日本生物学家时与该所通函。日人来南京游历者，率来该所参观。日人研究生物学涉及中国之标本者，辄来该所参考。国内生物学消息往往流传于日本，日本专家与该所中人私人通讯者在抗战前二年，每每道及之。日本专家突然来华调查长江之鱼类，而该所十余年来，无日不在进行此项工作。中央研究院动植物研究所之同人，亦同时进行此项工作，而日人侵入同一范围。

迨后来该所与中研院加紧完成工作，在日人调查未竟之前，该日本专家又在重庆病故，于是日乃妄布谣言，谓该专家系为中国谋害。日本报纸极力鼓吹，对中国戟手怒骂，纵动日政府兴问罪之师。又以九一八后，该所同人因国难严重，欲尽救国之一份力量，连合中研院动植物所同人与静生所同人，轮流作警告国人，鼓吹爱国之文字，刊布于《科学》《国风》及《大公报》等，此等文字，亦多为日人所注意。

迨至七七事变，日寇入侵，未几八一三沪战又作，未及半年，南京沦陷。该所同人多避难入川，尽力将最重要之设备携去。率因人力有限，未能尽量抢救，百分之九十之设备，皆委弃于南京。同人临去时，曾派四五助理员，在该所看守，嘱其如至最危险之时，则人命为重，宁舍其所守而避去。日寇入城先后以兵驻扎该所，未几而纵火烧之。而该所所有楼房、平房(实验室、图书室、标本室、动物饲养室、药品仪器储藏室及同人宿舍)，尽成灰烬。盖日寇消息灵敏，区区一研究所，在他国家或不如此注意，而日本军队则注意之，为其帝国主义所不快、所嫉视者，其一兵一卒无不知之，无不夙昔咬牙切齿，欲毁灭而甘心。一言以蔽之，吾国人之文化机关，无不遭日寇之嫉视，必欲毁之催之而后快。①

秉志这些控诉文字写于1950年代初期，其时去岸上镰吉来华已二十余年，所述内容与史实虽略有出入，或记忆有误，或与事件之始末亦有未知。而所述因此事引发日本生物学界仇视中国，中国科学社生物研究所因而遭受重创，却不为后人所知。此事之原委在中国近现代生物学史上，当记录在案。

1929年，限制岸上镰吉在华采集事件发生之后，政府将国外学术机构来华采集之监管之务，交由自然历史博物馆执行，由来华机构代表与博物馆交涉，制订限制条例。如1930年美人斯密斯赴滇、黔两省采集动物，1931年德人韦哥尔(welgold)携员赴川、滇两省考察自然科学及人种学等，均与博物馆签订条约，并由博物馆监督执行。具体条约依照各自来华目的不同而略有不同，此录与德人韦哥尔所订条约如下：

① 秉志：被日寇摧毁的科学事业之一，《秉志文存》第三卷，北京大学出版社，2006年，第296—297页。

> 限制外人在华采集动植物标本条件：
>
> 一、不得采集或携带与我国文化历史古迹有关之物品出国。
>
> 二、所有采集之标本及物品须一律先行运至本院自然历史博物馆，俟经本院选聘专家审查后，方得运出国外。
>
> 三、在中国境内所摄之照片及活动影片，凡有关我国之风土人情者，须先送本院自然历史博物馆审查核准后，方得运出国外或公开展览或在报章杂志刊布。
>
> 四、本院的派采集员一人或数人参加采集。
>
> 五、所有采集之标本及物品经专家审查后，凡遇有与学术之研究有关者，须留存全套复本一份在中国，若无复本应将正本或标准标本(type specimen)留于中国，惟为便于国外学者研究起见，经本院及调查员所属机关之同意，得将正本暂时借给该机关研究，惟至久以一年为限，研究完毕仍将原物送回中国。
>
> 六、调查员及其所属之机关，如有违背上列条件情事，我国政府得严加制裁，并永远取消以后该调查员及其所属之机关在中国采集之权力。

限制条约针对所有国外学术机构，即便是与博物馆素有交往之哈佛大学阿诺德树木园，也是如此。1929 年 2 月，阿诺德树木园与金陵大学签订在中国境内采集植物标本之五年计划，由树木园每季供给采集经费五百美元，金陵大学负责野外采集，每种标本至少寄六份至树木园，金陵大学自留一份。采集计划及地点由金陵大学美籍教授史德蔚与树木园之雷德审查认可，选择贵州、湖南、陕西、甘肃、山东、四川、东北等美国人未曾调查过的地区。此项合作于 1931 年开始实施。[①] 开始之初，自然博物馆或者并不知情，待 1934 年史德蔚将率队赴湖南采集时，博物馆提出监管要求，向中研院致函云：

---

① 金陵大学《农林新报》1931 年第 8 卷第 1 期刊载院闻《植物系消息——五年之植物标本采集计划》："本系主任史德蔚博士在美时，曾与美国学术机关数处，相约合作，于五年之内，在中国中部举行大规模之植物采集；藉以充实本校之植物标本室，以备研究中国植物者之资考。并搜采各项经济植物，以备将来试种。现已筹备就绪，定于今春着手进行采集工作云。"

迳启者：

查本京金陵大学植物系教授史德蔚前曾与美国哈佛大学联合派遣采集人员往广西、贵州等省采集，植物标本悉数运往美国哈佛大学。本月三日《中央日报》载有金陵大学又派人往湖南采集标本，消息兹经查实，该校教授史德蔚与美国哈佛大学订有采集中国植物标本五年计划，此次往湖南亦在该计划之中，已决定六月初出发前往。此种情形与外国学术机关直接派人来华采集实无区别，依照向例，凡外国学术机关来中国采集，事前须与本院订定限制条件，如日人岸上镰吉、美人史密斯、德人韦哥尔、美籍华侨杨帝泽等均经先后遵办（事见本院十八、十九、二十等年度总报告）。此次该教授史德蔚之与哈佛大学联合采集，自不能有违向例，为此特函请贵处迅予致函该教授停止进行，或来院接洽订立限制条件。此致

文书处

自然历史博物馆　廿三年五月四日①

此事经博物馆提出，金陵大学遂派人到馆商洽，拟就六条限定条件，但未签署。至6月7日金大农科主任谢家声以私人名义致函博物馆，云此限定条件需征得哈佛大学同意，故迟迟未能签订。但是，其采集人员却已准备出发。博物馆认为谢家声是在敷衍搪塞，要求中研院阻止金陵大学采集队出发。为此中研院致函金陵大学校长陈光裕，请其督促植物系在签署条约之后，才能前往。如此反复，始才规范金陵大学之采集行为。

二、贵州采集

自然历史博物馆致力于中国动植物分布与分类研究，动植物标本之收集即为主要工作。成立之初，决定每两年举行一次大规模之采集。将1928年广西采集列为第一次，第二次则是1930年贵州动植物采集。

贵州介于滇、蜀、桂之间，群山连绵。又为长江、西江之上游，动植物种类至为丰富，于中国西南部动植物分布之研究，关系尤巨。然而贵州一省，向以

① 自然历史博物馆致中央研究院文书处函，1934年5月4日，中国第二历史档案馆藏中央研究院档案，三九三(264)。

交通不便,前往采集者甚少。博物馆有鉴于斯,早已着手组织调查团赴贵州作较大规模、较长时期之采集,按计划于1930年春开始准备,调查团分动物、植物两组,以常麟定和蒋英分别主持两组事宜。唐开品、唐瑞金为动物采集员,黄志为植物采集员,林应时为秘书,综理全团事务。调查团于4月11日由南京出发,往四川重庆转入贵州。该团入黔后,由桐梓赴贵阳,沿途采集,6月12日安抵贵阳,即设办事处于贵阳。其时,贵州省内治安颇为平静,惟西南部时有匪患。在调查团到达之前,已请得军政部长何应钦及中研院院长蔡元培分别电请贵州省政府主席毛光翔,嘱加意保护。抵达贵州省后,省政府又复严饬各属,妥为保护,故各厅厅长及各县乡镇官绅悉予以优待与保护,人身安全自可无碍,工作进行非常顺利。

图14 1930年3月贵州科学调查团出发之前合影,前排左起蒋英、林应时、常麟定。

调查团的到来,也激起贵州省有设立省博物馆之计划,于是派两名学生加入调查团,跟随其后,求得训练。调查团在贵阳附近略事采集之后,即分为三组,于6月24日由贵阳出发,分途采集。其一动物组,由常麟定率领唐瑞金,房子廉及一学生助手,东行龙里,经贵定、麻哈、都匀、八寨,南折三合、都江、荔波、独山,又西行经平舟、大塘、罗斛、册亨、安龙(即南龙)、兴义、兴仁、安南、关岭、镇宁、安顺、平坝而返贵阳。其二植物组,由蒋英率领黄志,其采集调查路线与动物组略同。其三动植物混合组,由林应时率领唐开品及一学生助手,其采集调查范围在中部及西部,自贵阳西行,经龙里、定番、麻哈、平坝、清镇、修文、黔西、大定、毕节、威宁、水城、织金、平坝，以返贵阳。动物组返回贵阳后，又往附近采集两月，于 1931 年 5 月返回南京。植物组在贵州时间约十个月，于 1931 年 3 月事毕返京。

关于此次贵州采集之成绩，未见全面记载。只是在调查进行之中，《院务月报》分别在第二期、第四期有一段记述，抄录如下：

> 第一组于七月初旬安抵都匀县，拟十五日离都，转八寨至荔波，共计得鱼类约六十余种，凡四百余尾，内新奇之种甚多。鸟类约九百只，足为本馆之新纪录者，凡三十余种，哺乳类、爬虫类、两栖类凡三十余种，此外尚有大鲵重可至三十斤；无脊椎动物收集凡多。植物之搜集亦大有可观，其成绩想当不能超出广西采集之上。①
>
> 六月中始抵贵阳，即分动植两组各二队，分途调查，以期于该省各区动植物之种类分布得一详细之研究。该团采集之成绩甚佳，计动物组所得：一、哺乳类五十余头，二、鸟类一千二百只，三、散、爬虫类一百一十余只，四、两栖类一百二十余只，五、鱼类四百余尾，约八十种，六、无脊椎动物二千余件，凡六百数十种。植物组得植物标本二千余号，计二万余份。②

贵州植物标本采集之份数，前期如同广西采集一样，每号 10 份。后期因考虑到广西标本与国内外机构交换甚多，以致难以应付，即将份数扩大为 20 份。所得植物标本，后经研究，著名者有在贵州与四川交界之梵净山海拔 2 300 多米高的山顶采得长苞铁杉(*Tsuga longibracteata* Chang)，此为松科铁杉属新种。在独山之丹林，还发现一种叶似漆树，果似榆树的乔木，采得花、果、叶标本，及木材标本。这种被誉为“千花树”“漆榆树”的树木，经鉴定是我国特产的马尾树(*Rhoiptelea chiliantha* Diels et Hand)，为新科、新属、新种。该树木为速生优良树种，是造纸原料。

贵阳省教育厅为组织成立贵州省博物馆，派邓世纬等两名中学生随队采集。采集结束，邓世纬又被派赴南京，在自然历史博物馆植物组随蒋英学习两年，参与标本室管理及野外采集工作。学习期满，1935 年返贵州，任安顺府志

① 《中央研究院院务月报》第二卷第二期，1930 年 8 月。

② 《中央研究院院务月报》第二卷第四期，1930 年 10 月。

图 15　陈少卿（中国科学院华南植物园提供）

局调查员，调查安顺附近各县植物。曾采新异之种颇多，经蒋英研究发表有夹竹桃科新种 *Trachelospermum tenax*，萝藦科新种 *Tylophora tengii*。1936 年，邓世纬与中山大学农林植物所合作进行贵州植物采集时，不幸染病身亡。

蒋英在贵州桐梓采集时，还曾在当地招募陈少卿加入调查团，协助采集。陈少卿（1911—1987），贵州桐梓人。出身贫寒，仅小学文化程度，据其本人所述被蒋英选中经过，略有戏剧性。他说：

> 有一天，我听说南京来了一些采花的人，住在武庙，我就跑去看，真的不错。里面有黄志和一个姓彭的工人，那天没有看到蒋英，听说出去采集了。当时黄志在换标本纸，工作很忙，黄志叫我帮他们烤纸。过了一天，蒋英问我在县城附近哪里森林最大，要我带他们去。第二天，我就带他们去木山采集了。后来，蒋英叫我找一间店铺做担保，我就找到一个开酒店的李正华。就这样参加他们的调查工作。①

贵州工作结束，陈少卿、邓世纬随蒋英往南京。作为博物馆采集员，陈少卿后曾往江西、云南采集。蒋英自博物馆调往中山大学农林植物研究所后，博物馆之植物采集遂告中断，陈少卿无所事事，去函蒋英，希望继续从事采集工作，遂于 1936 年 12 月被蒋英招至广州。其后陈少卿在华南采得大量标本，成为华南植物采集第一人。

在博物馆酝酿组团赴贵州之时，中研院化学研究所获悉此举，即以调查采集国产药材相托，以作分析药用成分之材料。博物馆认为此事不独于化学方面有精深研究之必要，于植物形态、生长速度及环境状况等，皆有考察价值。且中国药材，往往一物异名，或同名异物，亦应采取实物，携回栽培，以考订究为何物，故欣然同意。化学所开来一份 52 种药材名录，其中 18 种博物馆植物

---

① 陈少卿：我的交代，1968 年 12 月 5 日，中科院华南植物园档案室藏陈少卿档案。

标本室已有。植物组在贵州采集时,即遵照化学所开示办法,对药用植物特为关注,采得300余种。采集队返回南京之后,将化学所嘱购药材和采得药用植物标本予以整理,在交付时,博物馆主任钱天鹤致函化学所所长王琎,对标本情况予以说明。

> 敝馆贵州自然科学调查团在贵州所采之各种药材标本业已整理完竣,计药材共二百八十四号,药物标本共三百六十一号。药材系在贵州雇采药土人所采,或向药铺购得者;药用标本则系敝馆调查员亲自采得者。兹共装三木箱(第六号至八号),于今日托下关火车站运沪。附上提货单一纸暨药材标本清单一全份,至希查入。第六号木箱内有药材调查表四册,请查收并盼赐复为荷。中国科学社之药材及药物标本有否寄呈至贵所,该社如有普通植物标本(药材标本除外)送上,务请一律转赠敝馆,以资研究,无任盼祷。①

如此成果大大高出化学所之托,只是不知化学所为此支付多少款项。中研院化学所设于上海,故有火车托运之事。

三、江西、云南采集

1931年之采集地点选择在江西进行,然江西时局不宁,仅采集三阅月,未能尽兴。江西南部与湘、粤、闽三省毗邻,山脉错综,植物繁茂。此前由于交通不便,未有采集家作深入之调查。蒋英有鉴该区域地理位置的重要,乃率队前往。采集队成员还有采集员邓世伟和技工陈绍良。6月6日自南京出发,两天后抵南昌,与该省当局接洽,获悉赣南地区已为中国工农红军所占据,旅行多有不便,故采集区域改在赣东和赣西进行。在赣东到达临川、宜黄、南城、崇仁、新淦、清江、丰城等地。丰城境内有罗山,为当地名胜,树木亦盛。调查队在此采集两周,所得为入赣以来采集最多之区。赣东调查完毕,调查队返回南昌,稍事休息,即向赣西进发,到达高安、奉新、安义、靖安、武宁、修水、永修等

---

① 钱天鹤致王琎函,中国第二历史档案馆藏中央研究院档案,三九三(3409)。

地。返回南京时，途经九江，乃顺道登庐山，作为时一周之采集。庐山黄龙寺旁有著名之三宝树，一株为银杏，另两株当地人称为“宝树”，经蒋英鉴定为柳杉（*Cryptomeria fortunei*）。蒋英之行于9月5日抵达南京，此行未能达到预计之区域，即使所经之地，亦有大山丛林，却不便深入。且又在酷暑之中，采集未能尽畅。共得植物标本1 000余号，其中有不少新奇之种，另采得鱼类标本三大箱，尚属不虚此行。

1933年6月，自然历史博物馆派常麟定、蒋英、唐瑞金、林应时、陈绍良等组成自然科学调查团赴云南采集，预计为期十阅月。云南植物之丰富，早已吸引不少中外采集家深入其境，但云南南部尚少涉足，故此行决定自上海乘船至安南（越南）转入云南，先在云南南部采集。云南南部为热带北缘，其植物分布与种类属于另一番景观，当有不少新发现。“本馆对于中国西南部之产物收集较富，故对于云南之调查，不宜独缺，且以山川形势关系，云南物产每与中国之东南部悬殊，尤以南边各县所产之生物为内地所无也。”①

调查团临行之前，6月8日钱天鹤致函中研院文书许寿裳，请其以院长蔡元培名义致电云南省主席龙云和云南省教育厅长龚自知，请求云南当局予调查团以保护。龚自知毕业于北京大学，系蔡元培之学生，有此层关系，或者能予调查团更多便利。其后，不知云南方面是如何回复，也不知调查团在云南采集情形，在档案中仅有一通博物馆就调查团行李被盗致函中研院总办事处，从中可悉云南省教育厅曾派员加入采集。此录其函如下：

> 兹据本馆云南自然科学调查团职员林应时函称：“二十二年十二月六日本团团员蒋英及云南教育厅特派参加员杨发浩等由思茅出发，前往车里一带调查，托思茅县政府向伕行雇佣伕力挑运标本行李，行至中途，潜逃伕力一名，带走物件一担（所有失物另开详单），公私款项物品共值滇金八百六十一元八角，合国币五百六十元三角七分。当即请思茅县政府追查。现已由伕行赔偿滇金三百五十元，合国币二百二十七元五角，尚少滇金五百余元，应如何办法，请示遵行。”等语到馆。除已由馆迳电思茅县

①《国立中央研究院自然历史博物馆二十一年度报告》。

长，从严追查外，相应抄附失单报告贵处查照。①

教育厅之杨发浩，系1930年静生生物调查所派蔡希陶来云南采集时，教育厅为培养其自己研究能力，特派杨发浩等人跟随采集，后又将其送至北平静生所学习。蒋英来滇南采集，教育厅又派杨发浩参加，当属相同目的。蒋英被盗物品公物有药品、寒暑表、洋剪刀、电筒、照相软片、永备电池等，私物则有皮箱、衣服、皮鞋等。

1934年2月，调查团由云南经四川返回南京。离开昆明时，将所采动物标本三十箱，植物标本六十箱直接寄往南京，为寄此等标本还请财政部办理免税护照。从标本装箱数量看，可知此行收获还算丰富。调查团于五月回到南京。自然博物馆年度报告对此次采集作如下记载：

> 云南采集团曾于前年度末出发，由常麟定及蒋英二君分担动植物采集事宜，途经昆明、大理、蒙化、景东、镇沅、普洱、思茅、墨江、沅江、石屏、建水、曲绥、通海、江川、晋宁各处，更取道昭通、大关、监津入蜀，在二十三年五月间返馆。共得动物标本四千四百七十四号，高等植物约一千号，菌类约五百号。②

以上是根据档案材料，记述云南科学考察团之经过。关于蒋英此次采集，其后，多有不同记载，《云南植物采集史略》稍为正确，其云："1933年春，他与助手陈少卿经由越南到达昆明，云南省教育厅派杨发浩协助他们工作。在思茅地段采集期间，蒋英的行装被挑夫全部窃走，他便只身中途返回南京。陈少卿、杨发浩继续辗转采集，到1934年夏才回到昆明。据陈少卿回忆，采集植物标本约13 000号。"③这段文字引用甚广，对其出入之处，有必要予以更正与补充。①所言时间两者不同，当以档案记载为准。②陈绍良是否即是陈少卿？余曾阅读陈少卿档案，未曾有别名、化名。而其时，陈少卿确在博物馆，其之履

---

① 自然历史博物馆函中研院总办事处，1934年1月22日，中国第二历史档案馆藏中央研究院档案，三九三(299)。

②《国立中央研究院自然历史博物馆二十二年度报告》。

③ 包士英：《云南植物采集史略》，中国科学技术出版社，1998年。

历表，此段时间正在云南从事采集，笔者认同陈绍良即为陈少卿。③蒋英中途确实退出调查团，《二十二年度报告》未予言明，但在另一份档案，1934 年 4 月 6 日博物馆致函总办事处云："本馆云南调查团职员蒋英由云南返京，并因公往北平一次。"蒋英由云南返南京，而不是由四川返南京，可知提前约两个月返所。④所获植物标本数相差太大，当以《报告》为准。

动植物研究所

（1934—1944）

第一节　改组成立动植物研究所

一、改组经过

图 16　丁文江

1933 年 6 月 18 日，中央研究院总干事杨杏佛遭暗杀身亡，总干事一职先由丁燮林代理，至 1934 年 5 月才由丁文江正式继任。丁文江（1887—1936），字在君，江苏泰兴人。1902 年赴日本留学，两年后转赴英国，攻读动物学及地质学。1911 年回国，1913 年担任工商部矿政司地质科科长，创设地质调查所。地质调查所为中国近代第一个自然科学研究所，丁文江在担任所长期间，重视野外地质调查，提倡出版物的系列化，积极与矿冶界协作和配合，并热心地质陈列馆及图书馆的建设。其担任《中国古生物志》主编长达 15 年，在地学界极有影响，并具国际声望。此受中研院院长蔡元培之邀，出任中研院总干事。其到职之后，对中研院及各研究所实行改革，面貌为之一新。朱家骅在丁文江去世多年之后，写文记述其对中研院之贡献云：

因为他富有行政才干，接事后就把中央研究院总办事处加以整顿，缩小员额到十八人，减少行政经费以增加事业费，并且把各研究所的经费，都根据工作成绩作合理的调整，以提高行政效率。他自己更以实事求是的精神，夙夜匪懈，案无留牍，使全院同人为之振奋。他对人事的选择，十分谨慎，对预算的编制也非常仔细，人事定了，预算编好了，就一任主管的人放手去做。如何遇到困难，他总是尽力帮助协求解决，使大家都能安心工作。总之，自从他到了中央研究院之后，全院工作精神，显得更有生气。①

对于中研院各研究所而言，丁文江作出两项重要重组：一是社会研究所，一是自然历史博物馆。在丁文江到任之前，社会所人才缺乏。而在北平有陶孟和主持之社会调查所，在中基会支持下，发展很是兴盛。该所所址位于文津街3号，与静生所同用一幢楼房。丁文江遂主张南北两社会所合并，将所址设于南京，仍由陶孟和任所长。此为中基会干事长任鸿隽所赞同，却为陶孟和所反对。但在丁文江坚持下，最终还是实现了合并，改名为社会科学研究所。所内分法制、经济与社会三组，将原有之民族组划归史语所，并请中基会继续补助经费，延揽人才，提高水准。原文津街3号，则全归静生所使用。其时之自然历史博物馆也如同社会研究所一般，经费拮据，人才缺乏，即其主任徐韦曼也属兼任，且非专业出身，此在上一章多有记载。丁文江为重振自然历史博物馆，主张将中国科学社生物研究所与自然历史博物馆合并，拟成立中央研究院生物研究所，聘秉志为所长。此项主张也得任鸿隽同意，但不为秉志及生物所同仁之赞同，最终未能说服秉志。生物所为民办机构，其事业正处兴盛时期，秉志不愿为国立机构所吞并。但秉志同意派其门生，原生动物学家王家楫出任中研院新所所长，还愿调派多人到馆供职或兼职。关于此事过程，未见有文字记载，即不知变化经过，也不知方案几何，笔者编纂《秉农山先生年谱长编》，获得一些零星材料，稍可补此中阙如，故先公布于此。

其一，在丁文江尚未就职之前，生物所植物部主任钱崇澍自南京致函时在上海之秉志，告知静生所所长胡先骕将南下，商讨已为任鸿隽同意之合并之事，钱崇澍提出其不赞成合并之观点。函云：

农山兄鉴：

行后想当日安全抵申。顷接步曾来电，谓有要事将于明日动身南下会商。弟思此事乃或即系与中央研究院合并之事。若果为此事，可见叔

① 朱家骅：丁文江与中央研究院。欧阳哲生编：《丁文江先生学行录》，中华书局，2008年，第193页。

永意若坚决，有非办到不可之态度，如何对付，甚为难。与步曾固可无话不谈，若至必要时，弟或与步曾同至上海，与兄面商。如非合并不可，弟意研究所行政政策、经费必须分开，博物馆实仍用于博物馆，此为合并之必要条件。尊意如何，乞示之为盼。步曾来后，当再函告一切。并颂

日祉

弟 澍 拜 五月二日①

其二，胡先骕来南京，并赴上海，与钱崇澍、秉志几番商量合并之事，达成不赞成一致意见。返回北平之后，因丁文江对合并意见坚决，胡先骕来函相告。生物所钱崇澍等十二人联名致函中国科学社干事长杨孝述，对丁文江贬低秉志之能力，表示愤怒，希望科学社不要赞同丁文江意见。

允中先生大鉴：

敬启者：步曾先生北去后，以为研究所合并之事，大抵可以无事矣。今日得其快函，所称述者，大可诧异。谓丁在君先生以为农山先生不易于行政，而赞成仲济继之，同时仲济兼任博物馆馆长之职。不解此间行政事宜，在君先生以何资格可以作此提议，渠欲仲济任馆长，尽可商量，何以必须涉及本所之事。

此间事业可谓是农山先生一人手创，十年以来，几经困苦，略有成就，吾侪断不可见利忘义，谢创业者而他求。且一所卅余人，合心一德，坚奋向学，试问国内更有其他机关如此间之谐和无间者乎，则如何谓农山先生不易于行政耶？藉曰不易行政，亦无与丁文江之事。在君先生今日欲吞并此间，视科学社若无人，遂敢倡两处一长之说，以合作之名，图吞并之实，此间同人既已洞烛其谋，又爱护本社之惟一研究机关有玉碎之虞，决心无瓦全之委随，敬奉快函，藉布寸臆。若以此转告在沪诸理事，即在君先生有所动议，千万勿为所惑。是所至盼。步曾先生来函并为呈览，登阅即祈付还为荷。

此请

① 钱崇澍致秉志函，1934年5月2日，上海档案馆藏中国科学社档案，Q546-1-199。

大安

钱崇澍、王家楫、裴鉴、王以康、张孟闻、郑万钧、周蔚成、方文培、孙雄才、苗雨棚、何锡瑞、倪达书①

其三，由于秉志、钱崇澍、胡先骕等人之反对，丁文江不得不放弃合并之议，乃将自然历史博物馆改组成立动植物研究所，在生物所中挑选王家楫为所长。1958年，王家楫在写给党组织之《自传》，对合并之事回忆如下：

1934年7月以前，中央研究院在生物学方面，只有一个“自然历史博物馆”，只搞分类的工作，设备也很简单，不能和中国科学社的生物研究所比较。1933年该院的总干事杨杏佛先生被蒋介石暗杀后，丁文江于1934年到中研院来继任总干事。丁文江的第一个策略，就想把科学社的生物研究所和中研院的自然历史博物馆合并在一起，形成一个中研院比较大的单位。丁当然知道秉先生和当时中研院幕后操实权的历史所所长傅斯年是冤家，预料秉先生不肯与“傅斯年等同流合污”。于是丁亲自向秉先生提出，合并后的新单位由我来任所长，而秉先生为“太上皇”。无疑地丁还允许秉先生如果答应合并，秉先生可在中研院享有特殊的权利。结果秉先生坚决反对，并说“中央研究院如果要王某二人去，那是我可以放手的”。秉先生之所以不肯，不愿和“傅斯年等同流合污”虽然也是一个原因，但并非主要的原因。主要的原因，在秉先生看来，“他所自力更生所创立起来的基业，不愿意让公家或旁人并吞。”直到解放以后，他还想科学社永久存在下去，还想他所创办的生物研究所单独继续生存下去。②

由上述三则史料，可见问题之复杂，王家楫作为当事者，也未完整写出。最终合并不成，最有意见者为陶孟和，其理由是同在南京之两个生物学研究机构尚且不能合并，而将南北两个社会学研究所合并在一起，此说不无道理，然已无从改变。

① 钱崇澍等致杨孝述函，1934年5月，上海档案馆藏中国科学社档案，Q546-1-199。

② 王家楫：《自传》，1958年，中国科学院水生生物研究所藏王家楫档案。

二、所长王家楫及研究所研究范围之调正

丁文江欲将自然历史博物馆与科学社生物所合并之愿望未能如愿，只得将博物馆改组为动植物研究所；但对改组后之研究所研究旨趣却要有所更改，他认为博物馆过去无论是动物学，还是植物学，均过于重视分类学研究，今后应注重育种研究与病虫害及其他与农业生产有关之应用研究。他说："中央研究院最重要、最有实用的任务，是利用科学方法来研究我国的原料和生产。在我们工业落后的国家，要自己有新异的发明，是很不容易的。然而我们有我们特殊的天产，传统的技艺。假如我们能了解我们原料的质量，生产的原理，很容易利用新方法来改良旧的工业，或是开发新的富源。"①动植物资源适用于农业最为直接，故丁文江要求动植物研究所应解决实际问题。

将科学应用于国计民生之生产之中，本是秉志、胡先骕、钱崇澍等中国生物学家在中国推行生物学研究之同时，即已关注之问题，此时丁文江特别强调，实另有原因。秉志领导中国生物学研究已十余年，此时南北几个生物学机构和多所大学之生物系皆受其影响，开展动植物资源调查与分类学研究，实因中国幅员广袤，动植物种类极为丰富，非短时间内可以探明清晰。博物馆之创建与发展，亦深受秉志之影响。此后动植物研究所之发展，为减少秉志影响力，丁文江将学科范围扩大或转变自是方法之一。在动植物所所长人选上，不知丁文江为何选择了王家楫？此留待下文分析。但新任所长王家楫自然执行丁文江将研究所学科方向有所调整之意见。多年之后，1958 年社会语境已有颠覆性改变之后，王家楫说："最初丁文江对新的动植物研究所工作方向的指示，倒是叫我们必须做些切于应用的实际问题的。但他的所谓实际问题，只是名义上的实际，实质上当然还是远远地脱离实际的。而且所以叫我们这样做，目的在于骗取反动政府搜刮勒索来的钱。丁明明同我讲，你们如不做应用问题，将来就没有办法想增加经费。当时我们听了丁文江的话，就由伍献文进行渤海湾和山东半岛的渔业调查，由邓叔群进行农作物，像小麦、棉花等的植物病害等研究工作。"②王家楫作此类言说之时，正是其时之政治领导者已反复强

① 丁文江：我国的科学研究事业，《中华教育界》，1935 年第 8 期。

② 王家楫：《自传》，1958 年，中国科学院水生生物研究所藏王家楫档案。

调科学为生产服务之后，且其强度远远高于昔日。为紧跟新的形势，故王家楫在言辞之间有所表现。本书在引用这些材料时，曾将此类背景作过类似分析，请读者阅读至此时，当能鉴识历史之复杂。

王家楫(1898—1976)，江苏奉贤人。1920 年毕业于南京高等师范学校，1922 年 6 月入新创立之中国科学社生物研究所任助理员，在秉志门下开始从事生物学研究，1923 年补足东南大学本科学分，获农学学士学位。1925 年 1 月考取江苏省公费赴美国费城宾夕法尼亚大学动物系深造，1928 年获哲学博士学位。在此期间，即 1925 年 1 月至 1928 年 9 月相继被聘为美国韦斯特生物研究所访问学者和林穴海洋生物研究所客座研究员。1928 年 9 月，应美国耶鲁大学聘为斯特林研究员。1929 年 7 月回国，继续在科学社生物所从事原生生物研究，为该学科在中国之开创者，为秉志之得意门生，在研究之余，协助秉志和钱崇澍处理所务，并兼任中央大学生物系教授。此被丁文江聘为所长，即执行干事长之决策，又与秉志所领导生物学界保持良好之学术联系。且看其言：

图 17　王家楫(中科院水生所提供)

> 这场丁文江和秉志先生两个人之间的争端，当然秉先生胜利了，自己的“根本发祥元地”既没有动摇，而我是他的得意门生，又获得了一个“大有前途”的新的据点。我自己呢？居然也坐收渔人之利。我加入中研院以后，就把自然历史博物馆改为动植物研究所，我在科学社的时候，惟秉先生的命是听。秉先生在用人问题上和在工作问题上，我就是觉得很不妥当，也不敢有所建议。到了中研院以后，一方面自己有了地盘，有恃无恐，对秉先生就开始减少了顾虑，他所说的话，自己觉得不对，可以不必照办奉行，另方面为了巩固自己的“地盘”，更小心翼翼，特别在任用人员方面，不敢光是在南高、东大、中大的这个小集团内兜圈子。伍献文和邓叔群二人，都比我早一个时期到自然历史博物馆。我去了以后，无疑地就抓住伍、邓二人。在很长的一段时期内，我把伍、邓二人作为自己的左右手，伍负责动物组方面的工作，邓负责植物组方面的工作。当然在二人中间，

对伍更为亲信而接近。对自己的学生呢？曾先后选择过徐凤早、倪达书、朱树屏三人到动植物所做过工作。①

在王家楫此段自述中，基本可悉其何故被聘为动植物所所长。至于新聘人员，将在下节记述，此后动植物所即在丁文江所确定之方向发展。但是，丁文江并非一味强调应用工作，而抛弃纯粹研究，他说："国家是否应该花许多钱来提出没有直接经济价值的研究。世界各国，在过去与现在都有人提出这个问题。可是事实上凡是应用科学发达的国家，没有不同时极力提倡纯粹科学的。""中央研究院还有许多工作，一部分是没有直接经济价值的，如所谓纯粹的物理和化学。一部分是完全没有经济价值的，如历史语言人种考古。"②因此之故，其后动植物所并非成为一个应用型研究所，还是有不少纯粹研究的内容。关于研究所名称，在酝酿改组之初，定为"中央研究院生物研究所"，王家楫认为"为避免与中国科学社生物研究所名相混及切合本院组织法，本馆可否改称动植物研究所。"③特致电丁文江，得丁文江同意，所名遂为确定。

动植物所囿于财力，王家楫曾错过聘请谈家桢供职机会。谈家桢日后为中国著名遗传学家，其传记作者赵功民在《谈家桢与遗传学》一书中，对传主遭受动植物所拒绝着墨甚多，转述如下。谈家桢留学美国，师从国际著名遗传学家摩尔根，1937 年学成，即将回国之际致函王家楫，希望回国后在动植物所从事遗传学研究，但未获回音。谈家桢又请摩尔根助手，其指导和研究合作者司徒芬特（A. H. Sturtevant）和洛克菲勒基金会之 Gunn，分别致函王家楫，以为推荐。王家楫复 Gunn 函云："在我们研究所，确实面临着某些困难。研究所需的资金目前是很有限。我深为抱歉，从财政上来说，研究所在 1938 年夏季以后，不能录用谈博士为我们的正式成员，尽管在这一年中是没有问题的，因为您已非常友好地为我们提供了 2 000 美元的资助。如您所说，所里的研究课题主要限定于鱼类学、海洋生物学和植物病理学等方面，以集中我们的设备和工作精力。我们在遗传学研究方面既无文献，也无仪器。我们研究课题也涉

---

① 王家楫：《自传》，1958 年，中国科学院水生生物研究所藏王家楫档案。

② 丁文江：我国的科学研究事业，《中华教育界》，1935 年第 8 期。

③ 王家楫电丁文江，1934 年 5 月 23 日，中国第二历史档案馆藏中央研究院档案，三九三(499)。

及昆虫学、寄生虫学、原生生物学、藻类学等中的不同问题。在研究院和本所之间,也有一个协议,至少在未来三四年内,所里将不增加研究人员的数量和以前未有实验室进行的研究分支。简言之,我请求您原谅,基于上述困难,我不能接受你关于谈博士前来工作的很好的提议。”王家楫所言均为事实,但谈家桢传记作者则认为,这是秉志所领导经典分类学对中国生物学的把持,而对实验生物学的排斥。其云:“谈家桢之所以受到如此冷淡及不被中央研究院动植物所所接受,这并不是个人恩怨、好恶之关系,其原因是复杂的、多方面的。但有一点似乎可以认定,在30年代中国生物学界的分类学派和实验学派之争的大环境中,可以看到,实验生物学研究引入中国是困难重重的。除了用于实验的经费短缺外,更主要的是观念上的变更。谈家桢从事的实验遗传学想进入以形态、分类为主题的中央研究院动植物研究所,自然是一件不那么简单的事情。”①其时,中国实验生物学之代表人物中研院心理研究所所长汪敬熙,在此前之1934年,曾向秉志、胡先骕所领导的经典分类学问难,已引发了一场较大规模之争论。汪敬熙将实验生物学未能如经典分类学一样发达,归咎于秉志等人之压制和学术视野狭隘。谈家桢传记作者延续此种论断,将谈家桢遭到王家楫拒绝归咎为经典生物学者观念之落后。其实,一门学科之发展,自有其过程,尤其在创始时期,艰困自然难以避免。若将自己困难归为其他学科之排挤,未免失之偏颇。即便如此,在经典分类学中也并非是秉志所能统治,前已述王家楫任动植物所长后,已自有主张;动植物所也如王家楫回 Gunn 函所言,主要是应用方面研究,而不是原先之经典分类学。或者,传记作者有所不察,笔者走笔至此,不揣简陋,顺为补充。

王家楫入主动植物所后,其本人继续从事原生动物研究,并与中国科学社技师倪达书和动植物研究所助理员朱树屏合作进行,此录1935年《动植物研究所报告》之记载如下:

> 本年度已经结束之工作,有专任研究员兼所长王家楫与中国科学社生物研究所研究员倪达书之《新种稀种绒毛虫之报告二》,与助理员朱树屏之《拟眼虫之新稀种》。前者报告南京淡水绒毛虫五十一种及三族,中

① 赵功民著:《谈家桢与遗传学》,广西科学技术出版社,第70—78页。

有六种为新种。一族为新族。对于各种族形态上之特点、环境状况、生活习惯，亦加以讨论。后者记载南京拟眼虫十七种九族，其中五种八族为前人所未发现者。各种族形态上之特点、环境，亦研究及之。淡水原生动物之研究工作，尚在进行中者，有朱树屏之南京管毂鞭毛虫之继续调查，现在已得二十四种，中有七种为新种。朱君又从事扁眼虫状态之研究，对于此虫之体纹、银线系统，动线系统、叶绿体、核样体等皆有详尽之观察。①

改为动植物研究所后，原先博物馆之展览功能遂为取消。1934年8月，国民政府划拨南京中山东路以北，东近城墙，面积百余亩土地，由中央研究院与教育部共同筹设中央博物院，分人文、自然、工艺三馆，分别由李济、翁文灏、周仁担任主任。其中之自然馆即有取代自然历史博物馆之展览功能。国民政府外交部情报司所出《外部周刊》刊有一则“自然历史博物馆改为动植物研究所”消息，有云：“中央研究院自然历史博物馆原除陈列各种动植物标本，供人参观，嗣因中央决定拨款三百万，另建中央博物馆。故该馆之博物馆无设立必要，因改组为中央研究院动植物研究所，参观部分，业已停止开放，所有历史博物，除有关研究之动植物标本外，余均分类保存，俾移送中央博物馆陈列；所养之动物，如豹熊獐鹿猴等，多已死亡或被解剖。惟余少数大动物仍在饲养，再该所植物研究所需栽植之标本，现正建筑暖房两大间，最近可落成云。”②可见自然历史博物馆在改组之时，确实在衰败，大有变革之必要。

第二节　主要研究人员及其研究

7月1日，所长王家楫到所视事，两个月后，人员聘定，下列为人员名单及其月薪：

专任研究员兼所长一人：王家楫400元；

专任研究员四人：伍献文380元、邓叔群380元、方炳文250元、陈世骧300元；

① 《国立中央研究院动植物研究所二十四年度报告》。

② 《外部周刊》，1934年第35期。

兼任研究员二人：裴鉴150元、耿以礼150元；

顾问七人：钱天鹤、徐韦曼、秉志、钱崇澍、胡先骕、李四光、李济；

助理员五人：常麟定150元、唐世凤100元、单人骅60元、朱树屏60元、欧世璜60元；

采集员二人：邓祥坤55元、唐瑞金70元；

绘图员二人：杨志逸60元、徐叔容55元；

庶务员一人：杨培纶120元；

书记员一人：刘勋卓60元；

事务员一人：杨存德50元。

改组之后，所中人员除顾问之外，共计14人，与先前16人稍有减少，若将两位兼职研究员除外，减少比率则甚大。但人员结构则有所优化，研究水平有所提高，增加两位专任研究员王家楫和陈世骧，增加三位助理员单人骅、朱树屏、欧世璜，均是大学刚刚毕业。当时大学毕业难以找到工作，能找到每月20元工作的人不多，找到40到50元的人更少。中央研究院的助理员待遇，相当于一般大学之助教，起薪60元，比较起来算高。若省吃俭用，定有剩余。且在中研院还有出国进修机会，升职空间亦大。此后，动植物所之助理员，全部获得出国机会，且均成为各自领域之专家。需要指出的是，他们在读大学时，即表现优秀，为导师所欣赏，王家楫提携朱树屏、邓叔群提携欧世璜入研究所，只是更进一步帮助其发展。惟单人骅系中央大学生物系主任推荐于王家楫而入所，其入所之后则靠自已摸索门径。研究人员之职务名称，不再沿用自然历史博物馆时之名称，也是其脱离中国科学社生物研究所之影响又一例证。

第二年，所内人员有所调整，新聘专任副研究员饶钦止，7月到所，月薪280元；陈世骧夫人谢蕴贞被聘为通信编辑员；新招收研究生一名胡荣祖，月薪70元，与上年聘用助理员相同。可见其时之研究生即为助理员，均是在国内大学毕业后即到研究所工作者，资历亦相同。是年动植物研究所招收研究生，在北平请静生所代为办理报名事宜，结果只有清华大学张鼎芬报名；在南京仅中央大学胡荣祖报名。此两人经测试，以胡荣祖成绩较好而录取。而庶务员改由刁泰亨担任，月薪150元。是年职员，普遍加薪，所长王家楫月薪增至450元，增加最多；加额最少是绘图员为5元。是年开始，顾问改为通信研究员，且仅聘秉志、钱崇澍、钱天鹤、胡先骕四人。以下仅对所中主要研究人员及其研究工作再作一记述。

一、专任研究员邓叔群及助手欧世璜

关于邓叔群之生平，上章已述。其本是真菌学家，从事编纂《中国真菌志》已有多年，动植物所初期，在研究所出版之《丛刊》上又发表多篇真菌学论文，有些则是与夫人邓桂玲联合发表，有些则是与助手欧世璜共同研究。由于真菌与植物病害关系密切，故邓叔群曾言“我感觉中国人民是为何穷困，而我天天在做与国家经济、人民生活没有直接关系的工作。所以不久我要求兼做一些植物病理研究的工作，得到当时中央研究院总干事丁在君先生的同意。”邓叔群之工作当然也得到王家楫支持，除安排有培养真菌之房间，还新添一所新式温室，专为种植作物，试验植物病害之用。其在中央大学得意之门生欧世璜顺利入所，协助研究。

欧世璜(1912—2001)，浙江象山人。1934 年中央大学毕业，受邓叔群之邀入动植物研究所协助研究。抗日战争期间，赴美国攻读植物病理学，获威斯康星大学哲学博士学位。抗战末期返重庆，任中央农业实验所技正。后回南京兼中央棉产改进所及烟产改进所病理部工作，1948 年任台湾中国农村复兴联合委员会技正，1958 年应邀去伊拉克和泰国服务。1962 年，受聘任国际稻米研究所植物病理系主任，1978 年退休后应聘去美国任威斯康星大学教授。一生从事农业研究，对植物病研究尤为专长。在南京时期，欧世璜协助其师研究真菌，且看其晚年 1992 年所写回忆其师之文：

> 我入中大第二年，传说有一位很好的先生来兼课，授植物病理学。当时农院已两年未开此课，院方请这位兼任教授是为高年级学生，因为是毕业学生所必修，但听说他也接纳若干二年级学生，因此选修的学生很多，大约有四五十人。下午实习，实验室颇为拥挤，显微镜又不足分配，我常取得实验材料后离开实验室，待人少时再去做。一天助教金先生对我说：上次做实验你到哪里去了？邓先生找不到你。我一惊，以为是逃课被查到了。原来邓先生开课目的也想培养植病后生，他选了二年级的几个学生，基本课成绩要好，他也不要读分数的学生。以后他常叫我去中国科学社生物研究所里他的试验室，看看真菌标本及试验，谈谈植物病理，有意收我为徒，我受宠若惊，回到农院与高年级同学商量，大家认为能跟着一

位好教授,是上好机会。于是决定学植物病理,这是我修植物病理学的经过。

中大毕业后,我正式入中央研究院动植物研究所,与中大本部仅相隔成贤街。邓先生当时工作多在真菌分类,这也是各国植物病理研究的先导课题。但图书文献方面基础甚为欠缺,当时连 Saccardo 的 Sylloge Fungorm 都没有。邓先生常叫我去金陵大学农学院或中央大学图书馆查阅文献。还请一位叫杨先生的打字员,大部分时间是抄打借来的书。杨先生后来手艺很高,打字机出来的声音成了乐调。稍后图书馆增加。也有专人往各地采集标本,在大三那年,中国科学社在重庆开会,邓先生叫我去参加,去峨眉山采集标本。有人去边远地方,邓先生也请他们代采标本。邓先生的工作总是很努力,他对自己的要求很高,对别人的要求也很高,做他的助理也很辛苦。在一间大房子里,一张大桌子,两架显微镜,邓师和我对坐。桌上是几件待鉴定的标本和书籍。通常一天工作将完的时候,邓先生又取出五六件标本,叫我把每个的菌果、子实体、子囊及孢子形状,尺寸记录下来,明天他来时就可鉴定。所以我的工作时间很长,常常需要徒手切片,估计我做过几千次的切片,所以技术颇高,也获得邓师的夸奖。后来在威斯康星大学读书时,有一次实习看 Albugo 的 haustoria,助教先生带来的玻片很旧,且已褪色,可是他也带来新鲜标本,学生可当场切片观察,我的切片技巧大显身手,全班30余位同学、助教都称赞不已,取得一个好印象。平时下功夫,总有一天用得上。

邓先生对工作十分谨慎,我们也常争论。有一次看到一个孢子,很小,上有条纹,在显微镜下,我看到条纹是下陷的,而邓先生想是上凸的,争得面红耳赤,他一时发怒,叫我搬回我自己办公室。事后,当然还是一起工作。有一次我们鉴定一个真菌,生在小竹枝上,子实体像大胡蜂的腹,黑色,但徒手切片后,发现实是紫色,应是肉座菌目,鉴定不难。稍前,同样真菌被当时一位名教授误为黑色,则属鹿角菌目,该目又无相似的属,故认为是一新属。后知有误,邓师自己改正。邓师说,一个人的报告,一经印刷,黑字在白纸上,永远是洗不清的。这给我印象很深,以后写报告也十分小心。在南京中研院的一段时间,工作虽是辛苦,但学的东西也很多。这种经验对于我以后工作，很有帮助，我可以比别人多做些事。①

长段引用欧世璜之文字，是想借此可悉邓叔群如何培养后学，也可知邓叔群之于研究工作是如何努力、又如何谨慎。欧世璜还记其师是一位多才多艺的人，“他身材矮小，但十分结实，上山采标本，总是在前面。他臂力强，常常叫人跟他在桌上较量臂力。他手球打得很好，我们也常同去，我也学会手球。他会写歌词，依校歌或其他曲调配上适当歌词，他偶尔也自我欣赏，轻轻地唱。”研究科学之人，实有广泛之兴趣，而不是一味浸泡在书斋或实验室之柔弱书生。

至于邓叔群应用方面的研究，丁文江在1936年所作广播稿，其中介绍邓叔群获得一项棉花病害防治方法：

棉花有几种重要病害，叫做炭疽病、角斑病、苗萎病、立枯病，这都是因为细菌妨害棉籽的缘故。这种细菌，一部分附生于棉子的壳上，一部分藏在土壤里面。在外国都是在播种的时候，一面把棉子用药品消毒，一面把毒药撒在土壤里面。在中国这种方法都不能采用，一来因为药品要向外国购买，价钱太贵；二来因为我们的农民太穷，花不起这种消毒的资本。而这种病害，在我国极其流行。最近中央研究院动植物研究所邓叔群先生研究这个问题，得到了解决的方法了。他试验的结果，如果在播种以前，先把棉子放在滚水里面浸过，棉子壳上所附生的毒菌，都可以杀死。棉子壳子很厚，在滚水里浸过，不但无害而且可以使他早点发芽。再用氯化汞和草灰涂在棉子上面，然后播种，上面所说的病害，完全可以消除。据邓先生计算，用他的方法，每一亩地所用的棉子，只要用一两氯化汞，就可以发生效力。一两氯化汞照市价才不过一角多钱，比外国所用的旧法子经济得多了。②

防治方法看似简单，其实此中也有研究，邓叔群为之撰写《吾国重要棉病

① 欧世璜：怀念邓叔群老师。沈其益等著：《缅怀邓叔群》，中国环境科学出版社，2002年，第16—18页。

② 丁文江：我国的科学研究事业，《中华教育界》，1935年第8期。

之经济防除方法》一文。至于此项成果之推广,今不得其详,其时农业研究机构应为注意。不过邓叔群在1956年言,“我研究所得结果,国民党反动政府并不采用,以致对于农民不起任何作用”,则未必是事实,因为此时国民党遭到彻底否定,只有跟着说,才能自保。对于棉花,当时邓叔群还有《棉缩叶病之研究》;关于小麦,则有《小麦散黑灰病腥黑穗病及黑叶病之防治试验》等。助理欧世璜在邓叔群指导下,对蔬菜之病害予以研究,有《莴苣腐烂病及茭瓜黑心病之研究》《甘薯软腐病之研究》,至于其内容,恕不一一介绍。

二、专任研究员伍献文与渤海渔业调查

动植物研究所成立后,伍献文从事寄生虫研究,撰写或开展之题目如次:《象之寄生圆虫》、《南京赖第安属寄生圆虫之调查》(与中央大学助教陆秀琴合作)、《山羊及别种家畜家禽体内寄生圆虫之调查》《海南岛寄生圆虫之调查》等。除此之外,还曾率队开展渤海湾渔业资源调查,此亦响应丁文江开展应用研究之一项。其时关于中国领海缺乏海洋学上种种记录,而沿海渔业亦日渐衰落,故有开展调查之必要,本书对伍献文此次调查稍作详细之记述。

该项调查于1934年秋开始酝酿筹划,经丁文江与海军部第三舰队谢稚周司令接洽,借用定海号军舰,在渤海湾及山东半岛沿岸进行调查。自1935年6月开始,原定为期一年,因军舰另有任务,于当年11月提前结束,仅作五阅月之工作。调查由伍献文与中研院气象研究所专任研究员吕炯率领助理员即练习生共七人前往。工作区域,南起青岛,北抵北戴河,西至大沽,东出庙岛海峡。在此范围内,按经纬度分为31个站,每月每站工作一次,总计在海上工作约20天。航程平均每月约1 441海里。工作内容包括:海洋学、渔业、气象、海产生物等四项。借用军舰,海上调查,其时之境况,令人无从想象,此录伍献文于考察途中致王家楫一函,借以了解一二。函云:

仲济兄:

前在秦皇岛奉上快函,想已达览。舰停秦皇岛一昼夜,屡受日兵催迫,致不能尽装水而离岸。十三早晨在秦皇岛外海(第23站)工作,因稍有风浪,舰即东南行抵常山岛,致渤海西岸之第24、28、29、31、30五站废弃不做。舰长于舰到长山岛时,对弟说系奉谢司令电促南下,究竟如何,

不得而知。在长山岛时，士兵放假一天。

昨日（十五日）在19及17两站工作，今早即开抵烟台，或有二三日之停留，然后向青岛出发。据舰上人员说，在青岛或须有五六日之停留（因舰上人员有大部分人在青岛住家也），然后返威海。就弟等在舰前后十日云，观察舰上大小人员，因从前过于安逸，此次为我辈事，致连日工作，颇有不耐烦、不快之表示。从秦皇岛南下之时，风浪并不大，蕴明[①]、玉亭及弟均未觉大苦，而大副及少数士兵已晕船，不堪重苦矣。如在十日，舰在渤海中点22站停泊过夜，舰长以谓可以无患，而副舰长以谓大为冒险。其实当日天气极晴和，就舰上所收各处之气象报告，亦无遇险之可能也。

弟等上舰至今，关于弟等所做之事，从未烦舰上人员，其中惟dredge须士兵收放，故我辈与舰上人员均极客气，决无不能相处之患。舰长为人极诚谨，可士兵对弟等过于客气，故彼下属之意见未能尽为弟等言云也。现在第一个月除自威海至青岛各站尚未做外，在渤海中已不能照预定各站完全做了。以下月恐亦未必能完全做了。若是则记录终必残缺不全，院内所费之巨，与将来成绩相较，似先觉即不满意之处。我辈现时曾作一度之商酌，即以下各条陈拜请示奉商在君先生，使我辈下次之工作有所准绳。

一、照本月之情形，舰上行止不干预，舰之行程任舰中人员之意旨，不至满期而止（因舰长曾一再对弟等说渤海中情形，在九月以后风浪极大，即有不能工作之势）。

二、分为四季，一季完全工作一次，如能于一月中做完最好，万一不能，则于下月补充之，譬如六月份为夏季之代表，而24、28、29、31、30五站未能尽做，则须于七月份补做之，然后至九月或十月再做一周为秋季之代表，至十二月或正月做一周为冬季，三、四月做一周为春季。此办法之优点可适合舰上人员之性情，因不致使舰上人员过于劳苦；但其劣点则在我

① 蕴明，吕炯之字。吕炯（1902—1985），江苏无锡人，1928年毕业于中央大学地学系，后赴德国留学，习气象学、气候学和海洋学等。曾任中央研究院气象研究所所长、中央气象局局长、中国农业科学院农业气象室主任、中国科学院地理研究所气候室主任。吕炯为竺可桢之门生，1940年竺可桢续弦，新夫人陈汲，字允明。允敏与蕴明音相近，为避师母讳，吕炯将其字改为蔚光。

辈工作人员之安置，舰上津贴费用之计算，均有从长计议之必要。专此奉达，即请

大安

弟　献文　顿首　六月十六日①

关于民国政府之海军，本书作者孤陋寡闻，不知情形如何，在互联网上搜得，此定海舰系1923年张作霖东北军自苏联购来，原为破冰船，改装为军舰。此据伍献文之函可知海军之一二：①其时日军在中国已甚横行，可以驱赶中国战舰，令人震惊；②中国海军甚安逸，经风浪能力还不如从事科学者，且又如何能经历战事。此后，抗日战争全面爆发，就不曾有过海战，盖中国海军根本就无力参战。③中国近代科学之所以作出令世界瞩目之成绩，即在于有一批以科学救国之知识分子，在潜心力行；而在军中，至少在海军中，无这样志士，为之浩叹矣。

伍献文设计之调查，本按春夏秋冬四季在同一站点作四次调查，最后仅作两次，所得数据则不全，此即军方不愿作更多配合，只好作罢。即便如此，1936年将所获数据和标本予以整理，并分别请人研究，动植物所年度报告云：

现已将海洋物理学及化学两方面之记载，如海水温度、海水比重、透明度与水色水流方向及速率、盐分、矽量、磷酸含量、氢电子之浓度等，由专任研究员伍献文、助理员唐世凤整理完毕。……渔业部分，将由伍献文先鉴别在渤海湾所得海鱼之种类，然后分析其分布迁移情形，及各处产量之多寡，对于食用鱼类，尤为注意。于海面浮游生物，为鱼类之重要食料者，则由专任研究员王家楫从事整理。气象方面之记载，由气象研究所加以整理。鱼类及浮游生物以外其他海产生物，如海藻、环节动物、棘皮动物、贝类、甲壳类等，现分别整理，或由本所专任研究员及助理员加以整理研究，或分寄国内其他学术机关之专家，请其研究，预备于一、二年内可将研究结果，陆续发表。②

---

① 伍献文致王家楫函，1935年6月16日，中国第二历史档案馆藏中央研究院档案，三九三(165—2)。

②《国立中央研究院动植物研究所二十四年度报告》。

此次调查虽未达到预期,但所获尚称丰富,再加上1935年约请马廷英采集东沙群岛之珊瑚,由此带动动植物研究所加大对沿海海洋生物研究。无形之中,促使国内几个生物研究所之间有一大致分工,动植物所即注重海洋生物,科学社生物所注重长江流域生物之分类,北平之静生所注重北方动植物及云南之植物调查,北平研究院动物学所和植物学所则注重北方及西北之动植物调查;广州之中山大学农林植物研究所注重的是华南植物。此为抗日战争全面爆发之前,中国生物学界划定之研究区域。

三、专任研究员陈世骧

图18　陈世骧(中国科学院动物研究所提供)

陈世骧(1905—1988),浙江嘉兴人。1928年毕业于复旦大学生物系,同年赴法留学,到达巴黎之后,先补习几月法文,翌年入巴黎自然博物馆昆虫学实验室当研究生,同时在巴黎大学听课,1934年获巴黎大学博士学位,博士论文题目为《中国和越南北部叶甲亚科的系统研究》。随即回国,受聘于中研院动植物研究所,任专任研究员。回国之后,1935年获法国昆虫学会年度之巴赛奖(Prix Passet),为中国昆虫学赢得国际声誉。入动植物所后,1935年陈世骧完成之工作有:云南及安属东京跳蛳类昆虫全志、中国 *Corynodes* 属之金花虫、广西革翅目之一新种、中国 Enmolhidae 考察研究、亚洲角胫属金花虫之分类。其夫人谢蕴贞随其来所任编辑员,亦有多项昆虫分类学研究。陈世骧在动植物所设置昆虫标本室,所藏以鞘翅目金花虫科最富而享誉学界①。

如同邓叔群一样,真菌与植物病害有关,陈世骧研究之昆虫,则与植物虫害有关。在提倡应用研究之中,陈世骧也曾进行南京地区蔬菜虫害调查,发现为害最烈有三种甲虫和一种蝶类,即将这几种昆虫予以饲养,以观察其生活

① 刘淦芝:中国近代害虫防治史,《昆虫分类学报》,1983年,副刊。

史、为害之时期及为害之程度,然后试验得出驱除之法。至于南京之作物、果树之虫害,时实业部中央农业实验所正在进行研究,故陈世骧未曾涉及。

陈世骧于晚年言及其与动植物研究所,有云:“1934 年 6 月,得巴黎大学博士学位。8 月回国,进中央研究院动植物研究所任研究员。对我来说,这是一个理想的工作岗位,可以为发展我国的昆虫学事业出力。但不久我就失望了,研究所经费很少,设备简陋,图书缺乏,谈不到发展。反动政府根本不重视科学,开办研究院只是为了装饰门面,备此一格而已。”①动植物所诚然简陋,但陈世骧此时所言过于笼统,又简单予以彻底否定,失去个人判断。

四、兼职研究员裴鉴

裴鉴(1902—1969),字季衡,四川华阳人。1916 年入北京清华学堂出国预备班。在清华学堂 9 年,1925 年被选送入美国加利福尼亚州史丹福大学学习。1927 年 4 月,获得学士学位;1928 年 4 月,获硕士学位;1931 年 4 月,获博士学位,博士论文为《中国的马鞭草科植物》。之后,到纽约植物园跟随梅尔(E. D. Merrill)教授,研究亚洲植物,特别是东南亚木本植物以及我国海南岛植物。

图 19　裴鉴(夏振岱提供)

① 陈世骧:自传,1979 年,中国科学院动物研究所藏陈世骧档案。

1931年裴鉴回国，入中国科学社生物研究所任植物部研究员，1932年将博士论文修订，发表于《中国科学社研究丛刊》。1934年兼任中研院动植物研究所研究员。在动植物所，其研究课题为马鞭草科、毛茛科等及其他高等植物分类，1934年完成"铁线莲之探讨"一文，探究铁线莲在分类学上之地位及中国铁线莲定名之商榷；还完成"中国金粟兰属之分类"一文。金粟兰为药用植物，在国内发布甚广，该文将中国各种金粟兰植物分别研究，共记载12种，其中有2新种。

裴鉴留学归国后，即按导师梅尔收集资料方式，将所搜集到的资料，用英文打字机打在卡片上，按植物科、属、种排列。每见新的材料，随时加以补充。此卡片资料形成两套，一套存科学社生物所，一套存中研院动植物所，供所内外人员使用。其后，单人骅亦按此方式搜集，以至形成一份珍贵之遗产。

五、兼职研究员耿以礼

1933年秋，耿以礼自美国华盛顿大学获得博士学位后，即度大西洋，至英、法、德、奥各国标本馆，查阅植物模式标本。1934年初回国，被中央大学和中央研究院动植物研究所合聘为教授兼研究员。耿以礼自1927年开始对中国禾本科植物作分类学研究，在美留学也是专攻禾本科植物分类，博士论文为《中国禾本植物志》，载有160余属，约700种。耿以礼(1897—1975)，江苏江宁人，1926年毕业于东南大学生物系，出国之前曾任中国科学社生物研究所助理员及中央大学生物系助教，回国之后一直任教于中央大学，1949年后该校改名为南京大学，仍供职于斯，直至终老。

图20 耿以礼(南京大学档案馆提供)

耿以礼在动植物所兼职至1937年南京沦陷之前，其在此研究仍以禾本科为题，1934年完成《欧亚产禾本科之一新属 *Cleistogeues*》《竹类植物之新种》两文，皆刊于《丛刊》第五卷与第六卷上。前者记载草本植物5种2族，其小穗皆包含于叶鞘之内，遂定以新属，名之为 *Cleistogeue*。后者记述竹类新种,分布于浙江、安徽、江西等省。1935 年耿以礼利用动植物所所藏标本,完成中国西南诸省苦竹属新种之研究,发现新种六种,四川、云南、广东、广西各得 1 种,其余 2 种产自福建。1935 年,耿以礼受胡先骕推荐,加入美国农部罗列氏(Roerich)采集团,赴内蒙百灵庙采集标本与收集牧草种子。关于此次采集,《中国植物学杂志》有新闻报道如下:

美国农部以该国西南部多干燥平原,土壤含砂过多,不宜耕种,亟思有以改善利用之。乃于今春派定对中国沙漠旅行素具经验之罗霭利(Dr. Roerich)父子,及其他艺术家、言语家数人赴内蒙古一带考察沙漠中的植物状况及居民生活,以资有所借鉴。氏等复得胡步曾博士之介绍,邀请对于中国禾本科植物有专门研究之耿以礼博士及助教杨衔晋先生参加。耿、杨二君于七月初旬由南京出发,转道北平、张家口至百灵庙,始与罗氏汇合,开始采集沙拉木冷、铁木耳岩、雪里奥波、穆同尼阿马等地,工作凡四十余日,始行返京。此行所得,共计腊叶标本九百余号,该队复采有牧草药材及耐旱植物之种子二百余包,以备带回美国西南干燥平原试植。

据耿以礼博士云,内蒙一带,乔木甚少,仅一种榆树,常见于山旁道侧,灌木与草本则以菊科、禾本科、蔷薇科及豆科植物之种类为多,而耿君等所采,禾本科竟占半数以上,可见沙漠植物分布之一般。①

其时,国人对内蒙古之植物考察甚少,而作专题研究者则更少。耿以礼后于 1938 年在美国华盛顿科学院期刊(第 28 卷 7 期)发表《绥远百灵庙禾本植物之新种》一文。

六、助理员单人骅

单人骅(1909—1986),江西高安人。1934 年中央大学生物系毕业,由生物系主任孙宗彭推荐,入中央研究院动植物研究所任助理研究员。单人骅入所后,主要是在裴鉴指导下管理植物标本,经过一年多,始才树立起研究学术信

① 《中国植物学杂志》第二卷第三期,1935 年 8 月。

图21 单人骅(中山植物园提供)

心,以中国伞形科植物为研究对象,预备将该科植物作一系统研究。所长王家楫言:"单人骅一进所,就从事伞形科植物的分类研究,彼时这一所做高等植物分类的专家只有裴鉴和耿以礼两位兼职研究员,一位是马鞭草科专家,一位是禾本科专家,对伞形科都是比较外行,因此单人骅的工作没有人指导,完全靠自己下功夫摸索出来的。"伞形科植物在中国种类颇多,分布亦广,单人骅首先将动植物所已有15种伞形科标本,比较其形态之异同,并详为记载,以为初步工作。其后于1936年和1937年分别在动植物所《丛刊》上发表《中国伞形科植物之调查》(一、二)两篇论文。

动植物所成立之后,原先大规模之采集活动已中断几年,1936年12月中央研究院与中央博物院合组四川生物采集民族考察团,可谓是其继续。该团生物采集由动植物研究所单人骅、常麟定、唐瑞金承担,中央博物馆作民族考察,由马长寿、赵至诚、李开泽组成。生物采集民族考察团于12月下旬自南京出发,计划考察四川之宜宾、屏山、雷波、马边、峨边、越雋、西昌、监源、监边、会理、宁南、昭觉、汉源、荣经、雅安、天全、芦山、宝兴、懋功、灌县、汶川、里蕃、茂县、平武、松潘、康定、丹巴、泸定,为时一年。在中央研究院档案中仅有这样记录,让人怀疑是否仅是一项计划,而未曾实施。查1937年《科学》杂志,其"科学新闻"有这样报道:"成都电,中央研究院领导之四川民族考察团专员马长寿等,去年入川,赴川南考察,顷已返蓉,该团曾由宜宾转雷波入凉山考察该地猓夷来源及分布状况,暨文化言语风俗习惯等,旋出凉山,赴西昌转监源、监边,将两监九所土司所属各色民族详加考察,现该团俟在蓉整理材料后,又将赴松潘、里蕃、茂县继续考察。"①所经之地与档案所载相同,可以印证,但是《科学》上并没有生物采集消息。在其后文物界人士回忆马长寿之文章中,也有不少介绍此次四川考察。不知为何,均未有生物采集消息,是否成行,还有待进一步考证。

① 《科学》二十一卷第八期,1937年。

第三节　战乱之中西迁

一、初迁衡阳

1937年7月7日，北平卢沟桥事变爆发，日军发动全面侵华战争。8月13日，日军在上海金山卫登陆后，中日淞沪会战打响，同时，日军还出动飞机轮番轰炸首都南京。当中方在战场上处于劣势之后，10月29日，国民政府最高领导者蒋介石在国防最高会议作《国府迁渝与抗战前途》之演讲。11月19日，国防最高会议正式决定迁都重庆。从此，国民政府所属机构陆续移驻重庆，同时，一些工厂、学校、学术机构也纷纷西迁。此前，中央研究院为保存珍贵资料、仪器、标本安全，在上海淞沪会战开始之时，即已决定将其运至江西南昌莲塘江西省农业院保存，动植物研究所一部分标本随之先为运走。在西迁过程中，许多机构是随着战争蔓延而决定前往何处，在开始之时，并无明确计划，而是盲目和随意，中研院许多研究所均是如此。

1937年11月12日上海沦陷，战事更加紧急，中央研究院正式奉命西迁，代理总干事傅斯年碍于运输工具及交通困难，乃决定各所自行疏迁，京沪两地各所"除气象研究所迁至汉口外，其余各所均迁至湖南长沙及衡阳。继又将动植物、社会、心理三研究所迁至广西阳朔；地质、物理两研究所迁至桂林；历史语言、化学、天文、工程四研究所迁至昆明。"①动植物所之迁移，由于准备较早，重要书籍、仪器及模式标本，皆无重大损失。其他植物标本因数量庞大，运至后方者，不及全数之五分之一，致使大多标本尚留南京所中。留于南京所中，不仅有大量植物标本，还有甚多动物标本及昆虫标本。南京沦陷后，悉数被日人所办上海自然科学研究所接收，并运往上海。②

关于动植物所迁移衡阳南岳具体情况，现无从获悉，仅知其线路是先汉口，而长沙、而衡阳。抵达衡阳之后情形，有所长王家楫致中研院总务处王毅

① 《抗战时期迁都重庆之中央研究院》，重庆市档案馆藏重庆市政府档案，二九(275)。转引自程雨辰主编：《抗战时期重庆的科学技术》，重庆出版社，1995年，第48页。

② 《(汪伪政府)行政院保管委员会年刊》，1941年。

侯几通信函，可知一二。王毅侯，名敬礼，毅侯其字也。浙江黄岩人，英国伯明翰大学毕业，曾任北京大学讲师，中央银行监事。1937 年 2 月之前任中研院会计处主任，后会计处改为总务处，仍被聘为主任。王家楫之函云：

毅侯先生大鉴：

昨日下午回南岳尚早，刁君泰亨及邓先生夫妇与欧世璜已于九日（即楫等离南岳赴长沙之日）傍晚到此。敝所人马已全，楫略可安心。明日骏一兄将因青松兄事来长之便，与孟真兄商议一切，缉斋兄与楫意，此间同人十二月份薪水不妨先由骏一兄带来，诚可照办否？专此奉达，敬请

大安

王家楫　谨上　十二月十五日①

11 月动植物所自南京迁出，此函为在南岳稍事安顿之后，王家楫向总办事处请求发放员工 12 月份之薪金。是时中央研究院总办事处迁至长沙圣经书院，代理干事长为傅斯年孟真。缉斋为心理研究所所长汪敬熙，时与动植物所一同迁移至南岳。又，中研院院长蔡元培 1937 年 11 月 15 日《日记》所载，知王家楫抵达衡阳之后，曾作一工作计划，并寄于蔡元培。《日记》云：

接动植物研究所报告，于八月间开始在南岳工作：1. 湘省藻类之调查（饶钦止）；2. 衡山真菌之调查（邓叔群、单人骅、杨存德）；3. 湘省作物病菌之研究（邓叔群、单人骅、杨存德）；4. 湘省禾本科植物之调查（耿以礼、单人骅）；5. 湘省淡水浮游生物之调查（王家楫、朱树屏）；越冬稻根害虫之研究（陈世骧）；7. 湖南金花虫之调查（陈世骧、谢蕴贞）；8. 湖南果蝇之研究（陈世骧、谢蕴贞）；9. 洞庭湖及湘江鱼类之调查（伍献文）；10. 衡山产药用植物之调查（单人骅）。②

但是，动植物所在南岳仅是停留，12 月人员基本到齐，一月之后又迁广西

① 王家楫致王毅侯函，1937 年 12 月 15 日，中国第二历史档案馆藏中央研究院档案，三九三（2011）。

② 中国蔡元培研究会编：《蔡元培全集》第十七卷，浙江教育出版社，1998 年，第 112 页。

阳朔。这份工作计划,显然未曾实施,从中仅可知准备西迁之人员。其中耿以礼并未随所西迁,抗战之后,即脱离动植物所,而专任中央大学生物系教授。另一兼任研究员裴鉴,也未曾随所西迁,而是随科学社生物所西迁至重庆北碚。计划中有耿以礼之名,而无裴鉴之名,即可说明。邓叔群对于西迁曾言:“七七事变后,日寇占了上海,中央研究院随国民党政府西迁,我也于日寇迫近南京时离京,到湖南南岳,与研究院同人会合。我到达后不数日,研究院又迁往广西阳朔。此时我开始叫我的家庭准备过游击的生活,桂玲同小孩子都练习吃苦耐劳,作身体及精神上的准备,在实践中提高他们劳动的观念。”① 此是多年之后所写,亦不难体会到流亡给人带来之困苦,也可见出克服困苦之决心。邓叔群来南岳系与同人会合,可知在其之前已有人员先期到达。对此,未见其他文字,故略而不谈。助理研究员单人骅则比邓叔群早来衡阳,9 月间动植物所决定迁往衡阳时,单人骅先是告假回江西原籍探亲,且接携家眷一同自江西径往衡阳。

二、续迁阳朔

随着战事推移,国土连连沦陷,长沙也为前线,衡阳亦不安全。动植物所遂又迁广西阳朔,迁移时间据《王家楫履历表》获悉,在 1938 年 1 月。在阳朔仅一年,至 12 月又前往四川北碚。关于前往阳朔,欧世璜回忆文章曾言及搬迁经过,弥足珍贵,抄录如次:

> 中央研究院西迁,决定先在广西阳朔落脚。千百个大木箱,经几个月来分段搬运,我跟其他助理七八人驻长沙 3 个月做接运工作,部分木箱留在长沙的圣经书院,一部分必需的运往阳朔。到阳朔后,在一座中山堂里,几个研究所联合办公。除两架显微镜以外,没有什么设备可言。②

在欧世璜看来,在衡阳一个月,都未看作是落脚。因其到衡阳后,即被派往长沙接运不断到达的物品,待完成任务之后,即来到阳朔。欧世璜离开长沙

① 邓叔群:《自传》,中国科学院微生物研究所藏邓叔群档案,1958 年。

② 欧世璜:怀念邓叔群老师。沈其益等著:《缅怀邓叔群》,中国环境科学出版社,2002 年。

之后，中研院总办事处已从长沙圣经书院迁往四川重庆。

当动植物所在阳朔再次安顿下来之后，所长王家楫曾于2月赴香港出席中研院院务会议，会后转往上海，查看其奉贤家中情况。返回阳朔之后，研究所工作已开始恢复，然有些资料不在手边，仍派欧世璜前去长沙、汉口拿取。取出物品需要中研院证明，王家楫乃致函王毅侯，并就其他事项予以请示。函云：

毅侯先生大鉴：

敬恳者：兹有三事奉请先生斟酌赐示为荷。一、敝所存放于长沙圣经学校之书籍标本现仍在原处，未曾他移；其存放于南昌者，除书籍外（已运往昆明）标本仪器已迁汉口。刻同人等在阳朔研究颇为顺利，急欲参考存在长沙之一部分书籍及在汉口之一部分标本，拟即派助理员欧世璜前往两地打开箱笼，将急要者取出携回，请贵处给发公函两份，一致长沙，一致汉口，证明允许欧君前往取物，并望将此两函寄来，由欧世璜自己带去。汉口地址在何处，亦请见示。二、敝所《丛刊》向由上海科学公司印刷，战事以后，连续印完二期，样本已寄来，每期千本，则以运输不便，仍留在该公司。顾该公司屡来函发单，欲索印费共三千余元，是否可付清，请尊处斟酌。又丛刊以后仍拟续印（拟于香港印），但财力上是否能应付，亦恳先生将敝所经费一查为感。三、敝所谢蕴贞女士自动辞职后，疏散费尚未给发，下次发薪时，请乘便寄来为荷。谢仍在此间工作也。

此间诸人皆好，香港会议后，楫曾到沪一视，舍间上下皆好，不过奉贤老家已遭敌军劫掠一空云。蔡先生在港精神颇好，不过子竞先生之病甚为麻烦，孟和先生去西北矣。专此，敬颂

公安

王家楫　谨上　四月十二日①

谢蕴贞是上年12月，随同其夫君陈世骧抵达衡阳，眼见中研院经费支绌，而自愿向所长提出放弃薪酬，但请求继续利用所中设备而从事研究。此种选

① 王家楫致王毅侯函，1938年4月12日，中国第二历史档案馆藏中央研究院档案，三九三（2011）。

择,也令人敬佩。

中央研究院在阳朔几个研究所,因房舍不敷使用,挤在当地中山纪念堂办公,恰逢广西省在桂林与阳朔之间之临桂县之雁山建设科学馆,而建筑经费不足,中央研究院动植物研究所、地质研究所、心理研究所遂与广西科学馆合作,出资参与建筑。在中央研究院档案中,有此三所与广西科学馆合作事,系三所所长联名致函中研院代理干事长傅斯年,借此可悉该幢建筑之来由。

迳启者:

动植物、地质、心理三所自迁桂后,即深感无设备完好的实验室之苦。实验室之基本设备,如水、电、煤气及较小规模之修理仪器厂均难得到,以致研究工作方法稍为精细,即不能进行,欲联合设立一规模粗具之实验室,又非三所财力所能办到。广西交通至为方便,地方治安又极良好,且当局亦极愿合作,是以动植物所及地质所欲在桂设立一工作站,为将来在我国西部作生物及地质调查之中心,心理所神经解剖及神经生理之研究,均需要较高等之哺乳动物猿猴为研究之材料,广西瑶山为产猴之区,故亦欲在桂设一工作站。现适值广西省政府进行设立一科学馆,已在桂林附近之良丰划田亩作为馆址,并筹有底款,建筑图样业经绘就,兴工在即。楫等之意,欲与该科学馆合作,由本年度预算剩余款项内,动植物所拨一万二千、地质所拨八千、心理所拨六千元予广西科学馆,即在该馆内永久保留相当之房屋作为工作站。如此,则六个月后三所即能在桂有适当之实验室可用,将来可有永久之工作站;而在科学馆方面,亦可得本院人员之帮助。此事在三所工作上及提倡内地科学发展上,均有利益。不知是否可行,敬请裁夺。如尊意以为可行,即请令总务处将上述款额电汇桂办事处。

此上

傅代理总干事

李四光、王家楫、汪敬熙　谨上①

---

① 李四光等致傅斯年函,中国第二历史档案馆藏中央研究院档案,三九三(561)。

该函三位署名人即中研院地质研究所所长李四光、动植物研究所所长王家楫、心理研究所所长汪敬熙，而由王家楫起草。此函未具时间，查《竺可桢日记》，1938 年 7 月 23 日竺可桢曾到桂林，在环湖路 20 号中研院办事处与李四光晤面，“据云动植物及心理、地质与广西大学及省办科学实验馆拟在良丰公园附近造屋，省方可出两万元，余英庚款或可出资云云。”①三所联名致函代理干事长傅斯年，当在此后不久。盖英庚款未能出资，故有三所共同为之筹集。8 月 5 日中研院总办事处复函，询问具体情形，“三所与桂林科学馆签定合同，只言一方供给金钱之补助，一方供给实验室之房间，并未涉及其他约束”。三位所长再致函予以说明，云“该实验馆建筑计划关于水电、煤气设备甚全，建在良丰墟外山麓之中，空袭危险甚小。良丰地点距桂林、阳朔均不甚远，将来该实验馆建成之时，迁去亦无困难，在阳朔之二所，动植物所拟将昆虫、水产及植物病理三部分迁去，心理所拟将生理、心理及神经解剖二部分迁去，因此数部分均需水电煤气之设备也。”②该函写于 9 月 1 日，系呈朱家骅，此时中研院干事长已由朱家骅出任。

科学馆建成之后，不知动植物所和心理所是否有部分迁入使用。在动植物研究所年度报告中曾言，准备指导科学馆一些研究工作。“该馆馆址落成后，关乎动植物方面之工作，将委托本所直接进行，或间接指导桂省之植物病理、经济昆虫及水产三项研究。”③惜乎，动植物所于 1939 年 1 月迁往重庆矣。

图 22　广西植物研究所内之科学馆(胡宗刚摄)

① 《竺可桢全集》第六卷，上海科技教育出版社，2005 年，第 553 页。

② 李四光、汪敬熙、王家楫致朱家骅函，1938 年 9 月 1 日，中国第二历史档案馆藏中央研究院档案，三九三(561)。

③ 《动植物研究所报告》，1939 年 3 月。

而李四光之地质研究所在桂林逗留时间则更长一些,与科学馆合作则更深入,该所曾使用该建筑则无疑,不少回忆李四光文章均言之。如今该幢建筑依旧保存在广西植物研究所内,不过人们只知李四光曾在其中工作,至于其他则有不知。

动植物所在阳朔之一年,研究工作虽然继续,由于资料、设备大多不在身边,故研究工作只能是总结或者延续过去之一些工作,或者就近采集一些标本,作为以后研究之材料。

邓叔群将其十年来对国内真菌之研究予以总结,编辑形成一部 *Higher Fungi of China*(中国高等真菌志),载有 1 380 种及若干亚种,分隶于 76 科,3 806属,并附有索引。前谓欧世璜去长沙、武汉提取材料,即因其师编写是书需要查核相关资料。欧世璜言:"邓时在整理过去的工作,发现有少数标本需要再作考察,以资确定。他叫我去长沙从存在圣经学院地下室的木箱内,找出那几个小纸盒的标本。当时长沙已是前线,旅行不无危险,但标本在哪个木箱内,只有我知道。我取了回来,也并无事故。这表示邓师对工作的态度十分谨慎,一切查考到底。"该书后于 1939 年出版,全书 614 页,煌煌巨著是也。

A CONTRIBUTION TO OUR KNOWLEDGE

of the

HIGHER FUNGI OF CHINA

Published by
National Institute of Zoology & Botany
Academia Sinica
1939

图 23 *Higher Fungi of China* 一书之书名页

陈世骧在此继续其金花虫之研究。此项研究分三部分进行：①分类：金花虫在中国，其时估计在800余种，其有害于农作物者颇多，拟作全面调查，详为载述，以编著成专刊，供农业相关人员参考。②比较形态：注重幼虫之构造，成虫翅脉之分布，及雄性生殖器官之异同，俾得阐明其进化之关系，以为分类之根据。③金花虫与农作物：稻铁甲虫，蔬菜猿叶虫、黄条蚤等为害农作物甚烈，研究其生命史、幼虫去食取食方法、生活状态等，以试验防治驱除之法。此外，陈世骧还从事一些寄生虫学研究等。

西迁至湖南、广西本是采集当地动植物之大好时机，但受战乱影响，已难以开展大规模之采集，仅是就近采集。1937年9月初抵达衡阳，即在南岳附近采集，至12月共得高等植物270余号，菌类250号、藻类400余种、昆虫360种、鱼类120号50种。转至阳朔后，曾于1938年5月中旬至6月底，动植物所组织4人赴广西瑶山采集，计得高等植物标本190号、菌类100号、藻类200余号、昆虫1万余号2千余种、鱼类100余号、爬虫类30余号等其他种类之动物若干号。西迁之后，高等植物分类研究仅靠助理员单人骅一人支撑。单人骅可能是动植物所第一批抵达衡阳人员，抵达之后，即与其他人员开展采集工作。

三、再迁北碚

1938年10月，日军在广东登陆，随即广州沦陷。广州沦陷后，使广西暴露为前线，为策安全，在广西阳朔之动植物研究所王家楫与中研院心理所汪敬熙、社会科学所杨西孟一起筹划再为西迁。在迁移之前，先将家眷撤退至贵州贵阳。请看王家楫10月26日致王毅侯函：

> 广州陷落后，寇气深入华南，此间各所不能不未雨绸缪，先为布置，以备万一，必要时阳朔三所最贵重之公物须由此间设法车辆运贵筑，续迁重庆。缉斋、西孟两兄与楫已于距朔城十余里不靠公路之古座塘小村中，觅得适用之房屋数间，作为存放次要公物之用。盖全运重庆事实上颇难办到。而桂省府当吾等来时，备极欢迎，际此必不愿吾等捷足先走也。在此同人眷属妇孺共有六十余人，即将设法疏散，先送贵筑安顿，再作计议。若此，则同人单身在此，行动自由，较可以安心工作，至

万不得已时,然后前来重庆。敝所在此无存款,因此电请零用千元,以备不时之急需。

孟和先生想已抵渝,孟真兄亦必未回昆明,请先生分别转达,可勿顾虑。楫等自当尽力之所能,勿使公私两全,主客不至有所隔阂也。①

函中言"至万不得已时,然后前来重庆",乃是王家楫揣摩总办事处意见。其时,广西文教机关尚未作迁移之打算,王家楫认为其之举动会令广西方面不快。事实上,其已决定迁移重庆。一月之后,王家楫派饶钦止前往重庆,为动植物所寻觅适当房屋。11 月 27 日王家楫致函王毅侯云:

此间社会所决定迁昆明,敝所决定移蜀。饶君钦止刻已到柳州,即将先期回重庆,一方先与贵处接洽,一方至江津、合川、白沙等处物色工作场所。饶君倘须贵处帮忙,恳于可能范围以内,予以援助。不过现今两所车辆尚无着落,何时能动身,难以决定。倘有卡车可购,两所拟各购一车,昨与西孟兄电先生,即为购车事,同时且在他处进行。

之所以派饶钦止前往重庆,乃是因饶钦止为重庆人,易与当地疏通。饶钦止在江津等地并未找到适合落脚之所,不久王家楫也到重庆寻觅。此前不久中国科学社生物研究所得到中国西部科学院之援手,安置在重庆北碚之该院。西部科学院为民族资本家、长江民生公司老板卢作孚于 1933 年创办,其创办之时,曾得秉志、胡先骕不少帮助,该院之生物研究所,即是秉志、胡先骕为之建立。此动植物所亦找到西部科学院,得其同意,可在该院地亩上建造房屋作为长久之所址,1939 年 1 月遂决定迁至北碚。1 月 7 日,竺可桢在重庆晤任鸿隽与王家楫,获悉"动植物研究所决计在北碚,(距重庆)汽车三小时可达,汽船上水须六七小时云。"②1 月 15 日,王家楫在北碚致函在重庆之王毅侯,嘱托三件事宜,函云:

① 王家楫致王毅侯函,1938 年 10 月 26 日,中国第二历史档案馆藏中央研究院档案,三九三(2011)。

② 《竺可桢全集》第七卷,上海教育科学出版社,2005 年,第 6 页。

一、敝所第一批书籍、仪器共二十三箱，重约一千六百公斤，刻寄存于海棠溪东川旅馆，即欲运来此间，以便早些工作。仍请高先生向四川旅行社接洽，由民船直运此间西部科学院（以前曾由敝所伍先生与高先生同至该社接洽者，高先生已悉其详情）。现在海棠溪由欧世璜看管，欧如来此，由吴颐元看管，请高先生与两人接洽可也。二、此间新所址即将动工，需先交一部分款，其他开办费用，亦要用钱，请开一二千元支票（写私人名，以所章尚在刁处）寄楫，仍由科学社雨农先生转。三、饶先生十一、十二月两月薪水请面交本人，此外饶先生在贵阳事又垫付运费二百数十元（确数饶先生回渝后阅账可知）。

1月25日，王家楫又致函王毅侯，报告研究所物品运输来渝之繁琐与艰难：

前上一函，未识已邀尊览否？兹有诸事奉恳，分陈于后，敬希亮察。一、贵阳方面虽只买得一车，敝所公件三车尚在六寨，现拟雇用商车自六寨运往贵筑，所费颇昂。尊处寄筑买车之款，暂时不妨仍留刘君处，以补将来商运之不足。泰亨至迟于月初可来川，渠将一切情形报告也。二、据刘心铨君来信，近来车辆之统制不若月前之紧张，据西南公路局称，倘由本院总办事处向交通部交涉，可望缓缓拨车代运，贵处能否致一公函给交通部一商，写明动植物所须三车，由广西六寨运输；社会研究所须二三十车，由六寨运昆明。三、猷文、叔群、世璜、世骧欲领薪水，后学下星期一当来渝，为彼等乘便带回也。

2月8日，王家楫再致一函，还是为搬运之事。

午前阅报载有昨日贵阳被敌机狂炸，全市精华付诸一炬，后学颇为惊骇，已电函去筑问同人公件之有无损失矣。兹有诸事奉恳：一、敝所有植物病理标本四箱，三箱在海棠溪，一箱尚在贵阳，拟送赠美国农部，但无法寄出，可否由贵处向美国大使馆商量，由使馆取去运美或暂时保藏于使馆。二、现在海棠溪之吴君颐元，以前为敝所练习生（月给本只十八），但并不为正式职员，现在仍旧欲用渠，薪水名义待任先生回后，再行决定。

但渠在对岸开销不敷之时可否凭后学之信向尊处领款。三、离阳朔之时，敝所因人少押车不敷分配，遂由社所介绍另请于君一人，刻尚在六寨，将来敝所须津贴于君若干(运输完后，当然停止)，想可获贵处允许也。

函中所言四箱真菌标本，颇为完整。但在流亡之中，由于潮湿，保存设施所限，自知将难以长久保存。邓叔群认为如其损毁，不如赠人，遂决定送给美国农部，或者邓叔群早已与美国农部有学术交往，故请中研院总办事处与重庆美国驻华大使联系赠予事宜；但是，总办事处并没有联系上。后由动植物所于8月间直接以快函与美国农部联系，并提出以交换该部所有出版刊物为条件。9月，重庆美国驻华大使馆转来美国农部来电，接受此条件，云将有美国海防派遣一卡车来重庆运走此四箱标本。10月2日，欧世璜将标本押运至重庆南岸枣子湾美国大使馆。

以上所述动植物研究所移所经过，详略不均，实是当时之人未曾留下一篇西迁记，现在能大致勾勒出来，还应归功于档案中保存了一些函札，否则更有遗缺矣。

第四节　北碚六年

一、人员

抵达四川北碚之后，动植物研究所专任研究员没有变动，即王家楫、伍献文、邓叔群、陈世骧，仅饶钦止由副研究员升为研究员；助理员有单人骅、欧世璜、胡荣祖三人，先前几位助理员常麟定、唐世凤、朱树屏则已先后出国留学。此先对离所人员之行状，略作介绍。常麟定在抗战爆发之后，未随所西迁，而是留在扬州家中，第二年赴法国留学，入帝雄大学理学院动物系，获理学博士学位，1945年2月回国，曾在改组后中研院动物所工作一年，随后任教于西北大学、兰州大学，1956年去世。唐世凤于1937年9月即赴英国留学，入利物浦大学海洋系，获博士学位，1941年回国，任中国地理研究所海洋组副研究员，厦门大学教授，1952年10月任教于山东大学，1971年去世。朱树屏于1938年赴英国伦敦大学、剑桥大学学习和工作，获哲学博士学位，后在英国工作，1947

年回国，任教于云南大学、山东大学，1948年重回任中央研究院动物研究所，1949年后先在中国科学院青岛海洋生物研究室任研究员，后任水产部海洋水产研究所任所长，1976年逝世。朱树屏在英国留学与工作期间，其妻王致平在动植物研究所工作。

动植物所在北碚开展之研究，其内容也基本没有改变，只是研究材料改为以西南地区所产材料，一来是就近取材，较为便利；二来亦符合国家抗战建国之方略。1939年度提出预算如下：①西南诸省农作物病虫害之研究，每月400元；②西南诸省农作物害虫之研究，每月400元；③西南诸省水产物之调查，每月400元；④西南诸省药用植物之调查，每月200元；西南诸省寄生虫之调查，每月200元。共计每月1 600元。而改变最大的是邓叔群将其真菌学暂且放下，改而从事森林研究。

此时人员情况如何，先引动植物所到达北碚一年时，王家楫就人员加薪致函任鸿隽、王毅侯，藉悉一一。

叔永、毅侯吾师尊鉴：

敝所职员薪给原较他所略少，所幸同人等皆以研究学术为当务之亟，对于待遇素不计较，一所之中相处尤重情谊，从未以薪给之多寡而有所龃龉也。至下年度加薪与否？生自渝回，即加以考虑，现在拟定办法如下：

一、研究员陈世骧、饶钦止每月各加二十元。自抗战以后，成绩特别优良，当以邓君叔群为最；工作特别勤劳，当推伍均献文为冠。顾现在月薪比例，陈、饶二君较邓、伍两君少得多，而年内陈君之金花虫研究，饶君藻类之研究，皆有特别贡献，因此明年只加陈、饶，后年则拟加邓、伍，至方君炳文对于爬岩鲤科之研究，成绩卓越，为举世鱼学家所推重，但伊在外留学凡六年，所中帮忙到今，未曾中断，待遇不得为薄，明年毋需加薪也。

二、刘君建康，自研究生擢为助理员，其月薪自应加三十元，盖敝所助理员薪水最低之限度为六十元。

三、助理员去年已加过，且与事务员皆有生活津贴，因此未加。

四、明年拟加一昆虫学之助理员，有黄君其林者，刻在武功西北农林学院任副教授，训练颇好，而从未出版过著作，闻彼颇愿来此屈就助理，生已去函相报，如果能来，彼之月薪当为一百元。

又恳者：三年前，当骝先先生任总干事时，各所所长曾加百元，当时生以所长与研究员实同一体,何必得此额外之费,未曾接受。不过两年来,以时局关系,生亏八百元,而大家庭在沪,此时又月需三百元,因此明年拟暂领此额外之百元,以为补救,未识能获师等赞同否?

叔群兄晤詠霓先生后,即当回来,总处如能下榻,则较为方便;泰亨兄以购置物,行在渝或须多住几日也。专肃,敬请

大安

生　王家楫　谨上　二十八年十二月四日①

再以列表方式,列出动植物所人员之月薪情形。

专任研究员	王家楫(所长)	邓叔群	伍献文	陈世骧	饶钦止	方炳文
月薪	500	400	400	320(加 20)	300(加 20)	300
助理员	单人骅	欧世璜	胡荣祖	刘建康		
月薪	100	100	85	30(加 30)		
事务员	刁泰亨		技术员	吴颐元		
月薪	155			22		

中研院干事长任鸿隽对王家楫提出调薪方案,12 月 13 日签署"照准"二字。

刘建康(1917—　)江苏吴江人,1938 年毕业于苏州东吴大学理学院生物系,获理学学士,经导师刘承钊推荐,来动植物所随伍献文作研究生。

1942 年 1 月,添聘前中山大学植物学教授吴印禅为专任研究员,但其来北碚工作未久,即又离去。

动植物所在北碚时期,因限于经费,未曾作大规模之采集,依然是就近采集。1941 年主持森林植物研究之邓叔群与中央农业实验所合作,曾调查西康与滇北等地之森林,所采集到植物标本对高等植物研究也有相当贡献。

① 王家楫致任鸿隽函,1939 年 12 月 4 日,三九三(479—7)。

二、所址

动植物所迁北碚，是因有西部科学院在此，可以有所借助，前有中国科学社生物研究所、经济部地质调查所均因之迁此，而中央研究院气象所、天文所和工程所亦在动植物所先后迁来，诸多研究机构接踵而至，此外还有学校、文化机构在此，北碚一时成为中国科学文化之重镇。

动植物所人员到达之后，先是借用或租用民房，作为宿舍和堆放物品之所。安顿下来之后，急迫之事即是建筑所址。1939 年 1 月间，王家楫与西部科学院联系，借用该院土地，兴建所址。2 月动植物所在总办事处领得支票一张，4 370.00 元，交与西部科学院张博和经理，请其代建三层房舍一座。此账原可在上一年预算中报销，但王家楫有所顾虑，土木尚未兴工，而报销过于提前，万一发生波折，则有不妥，为慎重起见，还是归诸于当年账目。此亦说明，中研院是时经费还不是过于拮据，动植物所请款没有延迟支付。建筑房屋号称百年大计，头绪纷杂，外来之人，难以应对，请本地人士操办，可以省去不少繁琐。且其时之人，也值得信任，却是主要原因，因而请张博和代办。张博和，名世诊，江安县城区吉星巷人。1930 年卢作孚创建西部科学院，自任院长，1932 年起，聘张博和代理院长兼总务主任及兼善中学校长。

5 月，西部科学院将动植物所所建筑图样绘制出来，并与动植物所签订合同。其时，所长王家楫往昆明出席中研院院务会议后，经香港而往上海，回家省亲，所务由伍献文代理。伍献文考虑，时下重庆、北碚频遭日军飞机轰炸，考虑三层建筑体量过大，易为日军轰炸目标，乃请修改图纸，建筑降为一层，其致函王毅侯作如下说明云：

> 此房舍在地过近三峡工厂及西部科学院，实一北碚受敌机空袭地云，目标最大。同时此屋由张君设计承造，对于墙柱之结构，是未甚坚固，层数愈多，危险愈大，因此已请张君改为平房，将多余款项，另觅稍远地点再盖数间平房，为堆积公物及作宿舍之用，如是将来当另备合同及图样呈报，不悉尊意以识当否？经济部地质调查所在此建之新屋落成至今方三月，前星期三被风吹倒屋顶及二层楼，此屋亦由张君经理者，成绩如此，使

文独多戒心也。①

第一幢建筑约在九十月间交付使用，随即在毗邻彭家院子进行第二幢所址建设；又由于空袭加剧，防空洞也是必要设置，故同时建筑防空洞。重庆遭受空袭，自1939年1月开始，随后空袭迅速升级，轰炸愈来愈猛烈，1939年发生了震惊中外的“五·三”、“五·四”大轰炸，总计炸死市民3 991人，炸伤市民2 287人，炸毁房屋4 871间，损失惨重。1939年10月，王家楫曾言：“日来小鬼子发狂，空袭警报频传，每晚不得安枕。”为躲避空袭，动植物所拟在第二所址旁就近修筑防空设施，将先前之防空壕改为防空洞。请看王家楫向任鸿隽、王毅侯之请示：

> 曾于彭家院子临近物色，得一山岩，石坚致，下可凿洞，以为敝所预防敌机空袭之用。后商彭家家长，以该山上有宅，兆风水佳良，倘在其下穿穴，势须断其龙脉，将痛愈切身安旨，轻不允许。敝所同人当亦无从相强，遂改变方针，将原有防空壕再加开掘，盖建为洞。按原有防空壕本在彭家院子新所址旁小山坡上，高约丈余，阔可五尺，长则连同两旁曲折之进出口在内，约七丈有余。壕底距所址地基平行线在三丈以外，现在进行开挖，以达到所址地基为止，将来又盖三丈多厚之木条木板沙土石砾，则亦万分巩固。可保无虞。且工价较另凿岩洞为便宜，其利一也。工程可以速成，其利二也。距第二所址颇近，出入便利，其利三也。彭家院子新屋两月内即完工，将作为图书室、标本室、储藏室及宿舍之用。明年春后，此间即无机场，亦时有空袭之危险，一旦敌机威胁过甚，敝所五家眷属亦当迁往第二所址一挤，而酌收租金，俾先生们可少些恐慌，而得安心于公务也。万一第一所址被炸，第二所址尚有空房二大间，可作实验研究之用。刻在第一所址遇有警报，即将急用之重要书籍、仪器(其暂时不用者，仍存于麦子田农家)，装成三担，由工人挑至野外暂避。生等则入区所与大明厂间之第一号防空洞(原为通马路之山洞)，区所江边之防空洞较第一号更坚固，但尚有一月可凿通，现在工人荷公物躲警报余野外，事实上亦不

① 伍献文致王毅侯函，1939年6月6日，三九三(2011)。

妥，当待江边防空洞成后可多所容纳，生将商诸卢君子英，使所中公物亦可挑入第一号防空洞，则万无一失矣。上述各点是否有当，请尊意裁夺为感。附上草图二张，以资函丈等参考。①

其后日军对重庆之空袭长达五年，共有3万多人遇难。在重庆之中研院总办事处宿舍也曾遭到轰炸，幸无人员伤亡。在北碚之动植物所则于空袭中幸免，人员和财产均无重大损失。

动植物所址占用之土地，为西部科学院提供，无偿使用。1941年12月，政府按土地征收粮税，因动植物研究所与地质调查所同在一块地亩上，共计征收686.80元，由两家均摊。王家楫认为无法拒绝缴纳此款，平均分摊也为合理，虽然地质调查所房屋面积大得多，但动植物所占地面积却广，除房舍外，还有鱼池及病虫害实验用地等。

三、经费

中央研究院经费由教育部下拨，1940年通过各研究所迁建临时费为60万元，动植物研究所于9月收到各项经费10 077元，北碚房舍建设盖即此款。10月朱家骅任院长后，各所还有不少物品未运到所，而迁建费还有20万元教育部未曾下拨，为此朱家骅致函教育部长陈立夫，要求增加迁建费。函云：

立夫吾兄勋鉴：

本月四日手札敬悉，本院迁移费原案本列六十万元，已蒙贵部先拨四十万元，尚少之二十万元，务请立即转请，先行续拨，以应急需。因此项迁移费不敷太巨，必须增加，否则弟惟有即引退，以谢国人。盖弟本仅允勉为维持，实不愿中研院崩溃于我手也。现即就历史语言研究所而论，其在昆待运之古物善本图书，关系国宝者甚多，设以运费无着，而遭意外，则为万劫不复之损失，后世追问责任，悔将莫及。所以必请增加者，悉为国家之文史前途计，非仅为本院计也。

① 王家楫至任鸿隽、王毅侯函，1939年11月22日，三九三(2011)。

敬希赤悃，至希重察，切祷切盼。专此敬颂

勋绥

弟　朱家骅　拜　十月十日①

此函显然有施压成分，陈立夫在函笺批示于教育部下属机关云："再补二十万元，是否有处出账。"陈立夫本无计划足额拨付，遇此压力，不得不付。中研院正是有朱家骅这样在政府中任要职之人，才得以在抗战之中维持。是年年底，动植物所在此20万元迁建临时费中分得11 000元，其中1万元用来运输在昆明之图书仪器等27箱至北碚，500元为押运人员之差旅费，500元为杂费。

抗战全面爆发，国民政府最大关切乃是作战，将日本军队驱逐出去，故政府下达研究经费，主要是支持与战争有关之研究。如1938年国民政府设立四川省农业改良所，所拨经费几乎是中央研究院经费之十倍，而全部人员也是中研院之两倍有余。其后1944年植物研究所向社会募捐，四川农业改良所有能力捐助10万元，即是说明。台北"中研院"2008年撰写《"中央研究院"八十年》，对此段时期研究院经费总体情况作这样述评：

> 抗战最初三年，法币贬值不大，中央研究院尚可勉强度日。1940年朱家骅出任代理院长以后，预算虽然勉强增加到138万银元的基数，但是到1942年以后，法币贬值，犹如脱缰之马，一年中物价上涨达二十倍之多，朱家骅必须争取相当于50万银元的经费，并以188万银元为基数，根据物价上涨指数，不断调正法币预算，但是调整的速度仍然严重落后于物价，因此各所但求下属糊口而已，难有余力从事学术研究。文科研究靠书籍，还可以有成绩，理工和生物科需要仪器设备，就一筹莫展了。②

从中央研究院保存下来动植物研究所此段时期请款函札，可以见出经费逐步拮据，人员生活日渐困苦，而研究工作则少有大规模之开展。在前期确实还可维持，如建筑新所址，就未曾遇见经费迟延，不能下拨等情形；且还有能

---

① 朱家骅致陈立夫函，1940年10月10日，中国第二历史档案馆藏教育部档案，五(6785)。

② "中央研究院"八十年院史编纂委员会：《追求卓越："中央研究院"八十年》，卷一，台北"中央研究院"，2008年。

力，伸出援手，如中国科学社生物研究所系民办机构，迁入北碚之后，失去经济来源，陷入困境，1941 年 11 月动植物所为钱崇澍生活计，经干事长叶企孙同意，聘其为兼职研究员，发放一些津贴。只是不知此项兼职至何时，其后动植物所经费紧张，该项聘任肯定被终止。

动植物所印行刊物，也需资金甚巨。在自然历史博物馆时期，1929 年开始印行 *Sinensia*（《生物丛刊》），主要刊印所内人员研究成果，用于国内外学术交流和交换。每年一卷，共 12 期，往往单篇文章即为一期。改组为动植物研究所后，刊物名称不变，仍然每年一卷，只是一卷改为 6 期，即为双月刊。当时经费尚充裕，印刷未曾因经费而受到阻碍，故未形成一项需要反复请示，方能解决之问题，以致刊行之事了然不知。迁所至桂林时期，曾将两期丛刊稿件寄至上海，由一直合作良好之中国科学社所属科学公司承印。抵达北碚之后，由于与上海相距遥远，且已沦陷，通讯、托运均有很大不便，1939 年 4 月即将一期稿件交由当地印刷厂付梓，但是重庆印刷厂效率低下，六个月后，依然没有排印，只好再送上海。此后一直由上海承印，但至 1941 年 10 月，两期之印刷费用已达 3 500 多元，一年一卷，每卷六期，需款 1 万余元，即感经费吃紧。王家楫请款之函作说明如下：

> 昨接上海科学公司来函（系允中先生出面），催付敝所丛刊十一卷五、六期之印刷费三千五百九十元一角七分，生意出版乃所以发表成绩为各所重要事业之一，现在即于进加预算，尚未成功之时，似乎亦应设法早付。且十二卷一、二期，该公司已在排校，三、四期之文稿亦早已寄沪，生恐彼方以账目未清，稽迟排印，以为抵制，则出版更将误期。兹将允中先生来信附上，敬乞先生与企孙先生一商，是否可以先设法寄出。倘蒙邀许，当将账单另行送上。①

至第二年 4 月，丛刊还是改在四川印刷，但情况进一步恶化，印行两期，纸张即需 3 万元，王家楫采取先囤积纸张，以防进一步涨价带来之亏损。一年之后，5 月间，将十三卷第一期交由北碚天生桥之重庆印刷厂第二工场承印，此印

---

① 王家楫致王毅侯函，1941 年 10 月 5 日，三九三(652)。

一期,则需2万元,且须交付订金。为此,王家楫只得向总办事处请款,函云:

> 该场规定必须付给定洋半数,此次《丛刊》正文均须百页(即200pager),该场印价每页(即2pager),倘印五百五十份,为一百八十一元八角,即印一百页,需一万八千一百元,连同封面等等,将近二万元,现在该场坚欲敝所先付一万元,用特专函声请,恳总处直接汇一万元至北碚天生桥一〇一号重庆印刷厂第二工场为感。其所需要之估价单副单已由敝所签章直接送去,现在送上各件,先生等查阅,仍请掷还为幸。①

就这样磕磕碰碰至1944年,出版至第十五卷。是年动植物研究所分为动物所、植物所后,该刊名由动物所继续沿用出版,至1947年出至第十八卷,而植物所则另创办一种新刊。

至于动植物所经费使用情况,因无财务报表,不知确数。经费随着通货膨胀加剧,一年不如一年,至1944年5月,在动植物所被改组之前,已是捉襟见肘地步,请看,王家楫致中研院院长朱家骅之函,当有切身之感。

> 骝先先生大鉴:
>
> 敬恳者:敝所同人生活补助费自一月至三月共二万余元,研究费自去年八月至本年三月共三万二千元。去年七月至十二月之米货欠数若干元,迄无着落;而所中每月零用基金为数有限,公私俱感困苦。旬日前预备招待评议员来碚,总处曾汇二万元给敝所,结果以评议员另有宴会,二万元当时未用,乃将此款垫发一小部分生活补助费,以救济同人燃眉之急。不过时至今日,敝所费用又告罄,且已向他处借欠一万余元,一二日后如无另款汇来,将无以举火。今晨遂不得不通电话至叶啸谷兄,请其设法由总处或植物所暂借敝所二万元,孰知不获首肯,且听其语气,一若上次不应将二万元垫发同人,实出人情意料之外。谨按同人之薪水,每月有限,全靠生活补助费与米贴两项维持生活,今生活补助已数月未发,而仅求垫发少数,尚不得欲使其枵腹从公,努力研究,公谊私情,似皆说不过

① 王家楫致王毅侯函,1942年5月6日,三九三(2013)。

去。先生爱护学人，无微不至，自亦以鄙意为然。用特专函陈恳转嘱总处，即日垫汇二万元（可作动物所暂借植物所之款），以救一时之急。事出不得已，致冒渎清听，尚希原宥是幸。专肃，敬请

大安

后学　王家楫　谨上　卅三年三月二十五日①

此函系恳请朱家骅批准总务处借款 2 万元于动植物所，以缓员工生活之燃眉之急。此前王家楫曾向总办事处提请，却遭到办事人员之奚落，只好转而向院长呈请，假若不是员工无力举火，王家楫当不会让自己处于难堪之境。

四、研究

动植物所在北碚虽有五年之久，其研究受经费限制，进展无多，其主要人员变动不大，仅延续先前之研究而已。王家楫言："在整个抗战八年中，所的研究工作虽没有中断，但所做的工作，既无目的性，又无计划性，都是零星的枝节问题。"至于王家楫本人之研究，其亦有言："一进中央研究院，研究工作就大大地减少起来，特别在四川北碚，至少有两三年的时间，几乎一点没有顾问业务，专门醉心于做好古诗。"②王家楫没有继续其研究，无须苛求；但放弃研究，专务行政，总有令人惋惜之处。是时，王家楫将家眷留在上海，孤身一人在北碚，生活无人照料，"楫一人在此地，久欲购一二双袜子，两次皆抽签不到，货量过少，无可如何"。更重要者是面对民族巨大危机，一定有浩渺之情思，融入诗句之中，惜其诗作未曾流传，无从得读。

动植物所研究内容在北碚时期，主要是水产生物学研究、昆虫与寄生虫之研究、种子植物与森林学。水产生物学由伍献文主持，该项研究这时最重要成绩，当是培养出刘建康这样人才。此时，刘建康对鳝鱼进行全面研究，发表系列文章，其中关于鳝鱼性别之逆转，1944 年发表《鳝鱼的始源雌雄同体现象》③

① 王家楫致朱家骅函，1934 年 3 月 25 日，三九三(2013)。

② 王家楫自传，1958 年，中国科学院水生生物研究所藏王家楫档案。

③ 刘建康：鳝鱼的始源雌雄同体现象，《中央研究院动植物所丛刊》，第 15 卷第 1 期，1944 年。

一文,引起国际动物学界之关注。其后刘建康于1947年赴加拿大蒙特利尔麦吉尔大学留学,获哲学博士。1949年2月回国,任中研院动物所研究员。其后,中国科学院水生生物研究所成立,一直为该所研究员,曾任所长,1980年并当选中国科学院学部委员,为中国著名鱼类学家。

昆虫学与寄生虫之研究由陈世骧主持,其研究主要是解决当地四川实际问题,如树干害虫之研究、四川园艺害虫之调查(柑橘害虫、蔬菜害虫),四川蚕体寄生虫之研究。邓叔群在甘肃开展森林学调查,陈世骧也还曾派人赴甘肃岷县及洮河流域调查家畜绵羊之寄生虫,包括体外寄生虫和体内寄生虫。至于昆虫分类学研究则有对四川所产粉蠹标本和金花虫标本予以调查并予以整理等。

到达北碚之后,动植物所致力于高等植物研究者,一直仅有单人骅一人,且因其职位尚低,每年获研究经费仅几百元。研究内容仍然继续其伞形科研究。1941年得出旱芹亚科之邪蒿族有5属18种及3变种;1942年得出旱芹亚科前胡族有5属20种及1新变型,药用植物如当归、防风等均属本族。1943年对贵州、四川、云南所产石胡荽亚科及变豆菜亚科所属种类予以调查。

图24　1943年4月9日,中英科学合作馆馆长李约瑟来北碚,与动植物研究所和中国科学社生物研究所人员合影。前排左起王家楫、钱崇澍、饶钦止、刘建康;二排左起倪达书、陈世骧、杨平澜、王致平;三排左起伍献文、单人骅、贺云鸾;四排左起张孝威、徐凤早;最后一排左起黎尚豪、张灵江、吴颐元。(图来自李约瑟研究所提供,说明来自编赵进东主编:《著江河湖海新华章——中国科学院水生生物研究所建所八十周年纪念画册》,中国科学院水生所出版,2010年。

对于六年北碚，单人骅在其后是这样回忆：

> 在北碚居留六年，未曾他往。那时生活艰苦异常，平日经常见面的也仅限于在北碚的共事师友，如当时的所长王家楫、研究员伍献文、陈世骧、饶钦止，副研究员倪达书，助理员刘建康先生等。这六年中的生活，有如一盆静水，每天机械地上班下班，抱残守缺地捧着几本书和几张标本，偷渡时光。在此时期内，我看到一些教授和学者们如钱崇澍先生、王家楫先生、裴鉴先生等都艰苦朴素、淡食草履，在敌机疯狂滥炸与物价困人之下，仍坚持教学与研究工作，使我肃然起敬。①

中国生物学经此劫难，而得以维系，即是学者们对科学之不离不弃。在北碚期间，单人骅还与北京大学张景钺通信，获得一些植物形态学方法，对所得标本进行解剖观察，证明奥人韩马迪（Handel-Mazzetti）发表单叶邪蒿属应为似果囊芹属，予以更正。单人骅还对蒝荽、怀香、旱芹、胡萝卜四种幼苗进行解剖比较；对伞形科植物 70 余种花粉形态亦进行比较研究。以花粉形态之异同，考证出植物进化之关系，而此类研究在其时关于伞形科植物研究中尚付阙如。伞形科植物多为药用或食用植物，生长环境之不同，影响其产量和品质，为增加其经济价值，单人骅在进行分类学、解剖学研究之同时，还注重其生长环境之研究，以获得更多经济价值。诸项研究，分别作文，计有 5 篇先后刊于动植物所《丛刊》。

至于邓叔群则改为进行森林学研究，前在广西时，其在《中国高等真菌志》完成后，即准备结束真菌学研究，而将全部精力去作与经济建设有关的工作。当动植物所准备迁往四川北碚，其对中央研究院无计划反复播迁甚有意见，更加深其结束真菌学，而重拾森林学。假若不重拾森林学，即有离开中研院之意。他说："我觉得研究院当局无计划、无眼光，拟留在广西，加入五路军，到前线去。当局不允，我遂要求迁四川后，到西康川西各处调查森林，因中国林业最不景气，而林业对于中国人民的影响比植物病理还要大得多。"②抵达北碚，邓叔群即拟定森林调查计划，由于动植物所经费有限，遂与农林部中央林业实

---

① 单人骅：自传，1958 年，江苏省植物研究所档案室藏单人骅档案。

② 邓叔群：《自传》，中国科学院微生物研究所藏邓叔群档案，1958 年。

验所正副所长钱天鹤、沈宗翰接洽。该所认为此项计划合适可行，继而商讨实施方案，由动植物所和该所联合组织森林考察团，由邓叔群为团长，团员欧世璜、周映昌、姚开元，另有技工三人，1939 年 4 月自重庆出发，经成都、雅安、高林至西康、九龙县之洪霸村，归程则经峨边县之沙坪再从嘉定乘船东下。关于此次考察，当时王家楫向中研院代理干事长任鸿隽呈函中有所言及，“森林调查团在峨边时，以阻于季雨，不能继续工作，叔群兄遂于月前暂回西康九龙县。珙坝区之森林则已经调查完毕，成绩颇佳，其结果即将付刊发表。”①几十年后，程光胜作《邓叔群传》，于此记载云：

> 邓叔群领导的这个调查团，估测了林区面积、森林蓄积量、绘出了林区简图。在测定云杉、冷杉等材积生长量时，树的直径达 1 米以上，高至 30 多米，他们将样本砍伐后，锯断 10 余段，逐段计数年轮，使数据更为可靠。这是我国首次研究主要林木生长量之先声，测制了中国第一批原木材积表，用英文写出《洪霸森林之研究》，发表在 *Sinensia*。该文已成为中国林学文献之经典。与此同时，邓叔群还发表以“今日中国的林业问题”为题文章，对国家林业政策以建议。②

是年秋后，邓叔群继峨边森林调查之后，又往云南，先至昆明，即转滇北，朔雅砻江而上，经永宁而至康定川西之木里。雅砻江一带饶富森林，但向乏科学调查，此行当属第一次，其意义自然重要，对丽江云杉、长苞冷杉、红杉、落叶松、云南松、华山松、红桦、高山栎等七个树种的生态、蓄积量、生长量和病虫害情况予以调查。根据调查结果，提出经营方针、更新方式、保护措施以及营林策略等，写出《我国天然林管理法之研究(一)》一文，同样发表在动植物所之 *Sinensia*。

邓叔群在与中央林业实验所两年之合作甚为愉快，1941 年 4 月林业实验所有调邓叔群任该所副所长之议。钱天鹤特函王家楫，进行商讨。农林部部长陈济棠亦有信朱家骅，商请此事，恳院长允许。王家楫认为为发展国家森林计和发挥邓叔群个人所学之特长，其本人不能不同意，遂与朱家骅商决一通融

① 王家楫致任鸿隽函，1939 年 9 月 15 日，第二历史档案馆藏中研院档案。

② 程光胜：《邓叔群传》，中国科学院微生物研究所，2008 年。

办法，即允农林部借调。在借调期内，邓叔群全职在林业实验所，支其薪给，在动植物所仍挂一专任研究员名义。在中央林业实验所商借邓叔群之同时，甘肃省建设厅亦来函请邓叔群前往甘肃工作，并于 1941 年 7 月汇来 5 000 元全家前往甘肃之旅费。该省建设厅厅长张心一，与邓叔群系清华学堂和康奈尔大学时之同学，获悉邓叔群在西康林业考察之成绩，遂邀往甘肃从事林业建设。邓叔群允之，签订合同，而其在动植物所仍为名义研究员。当农林部获悉邓叔群已允甘肃省政府而往时，部长陈济棠重视人才，不愿放弃邓叔群，以在甘肃设立中林所西北工作站，请求邓叔群就近为中林所多少作一些工作。邓叔群勉强答应，但其抵达甘肃后，在岷县设立中央林业实验所西北工作站，但不久即请为辞职，经多次反复，始才获准，并退还中林所大部分经费。

当邓叔群举家西迁时，其将北碚之房屋出售，抵达甘肃之后，曾致函王家楫，嘱将售房之款寄往岷县，其函云："弟北碚房屋已出售，价款存泰亨兄处，区区之数，本不足启齿。惟弟秋后到甘后，天气骤寒，冬衣未至，添置衣服用品，亏累甚巨，得便时请费神代催泰亨兄设法汇下为盼"云云。由此可知，邓叔群西迁目的，纯是为了森林研究事业，而其在甘肃工作五年，将在下章细述。

第四章 DISIZHANG

植物研究所（1944—1949）

第一节　重组建植物研究所

1937年战争爆发之后，整个中央研究院都只是在维持，而动植物研究所更是日渐式微。在此维持之中，因所长王家楫本人是动物学家，故在所中动物学比植物学维持得要好一点，如种子植物学始终未聘得一位专任研究员主持其事，虽然研究员邓叔群也与植物学有关，但属于微生物学和森林学，且其后还被借调出去；研究员饶钦止研究者为藻类，也无种子植物学内容。新进人员仅1943年初调入黎尚豪。黎尚豪系中山大学助教，来所任助理员，亦研究藻类；故研究种子植物仅助理员单人骅一人而已。造成如此局面之根本原因，还在于经济原因，在上一章中，已对动植物所经济状况有所记述。但是动植物所之植物学部分不得发展，最终导致动物学与植物学之分离。在朱家骅执掌中央研究院之1944年，另为组建植物研究所。台北“中研院”出版《追求卓越——“中央研究院”八十年》一书将其分离归咎于“动植物研究所的内部龃龉，研究植物的学者始终认为遭受主持所务的动物学者欺压”，[①]则言过其实，从上一章引用单人骅之回忆文字，其对所长王家楫还是充满尊敬。

1941年朱家骅就任院长后，立刻将中研院预算呈送国民政府，同时签请国防最高委员会委员长蒋介石增加预算基数。蒋介石特准破例增加，因此，1941年度实支即较1940年增加37%，此时面临通货膨胀之压力，但经费总算有所增加。有了经费之后，朱家骅遂推动修正中央研究院组织法，扩大中研院研究学科领域，增设植物研究所，添设数学研究所、体质人类研究所、医学研究所等三处筹备处。

① 台北“中央研究院”：《追求卓越——“中央研究院”八十年》，2008年，第40页。

动植物研究所因植物研究人员不及全所三分之一，对植物研究不甚注意，朱家骅早有将植物学部分单独列出另组研究所之构想。此时动植物研究所地处西南四川，研究丰富之西南植物本有地利之便，朱家骅认为为推动西南植物研究，亦有成立植物研究所之必要，只是一直苦无适当人选主持。黄丽安著《中央研究院与朱家骅》言，1942 年 10 月心理所所长汪敬熙致函朱家骅，为植物学家罗宗洛谋事。罗宗洛为日本东北帝国大学植物生理学博士，朱家骅 1930 年在中山大学时曾聘其任教，此时正好延揽至动植物所任职。但是黄宗甄著《罗宗洛》一书则言，此系农林部蚕桑研究所所长蔡堡推荐之结果，"中央研究院既然决定将动植物研究所分离独立，自然考虑到所长人选问题。当时朱家骅向他的早年北京大学同期同学蔡堡征求意见，并请其推荐所长人选。蔡堡欣然推荐两位人选，第一位是北大植物系主任张景钺，第二位是罗宗洛。朱家骅接到蔡的复函，先向在昆明的张景钺征求意见，张表示不愿意脱离有悠久历史的北大，复函婉谢。朱按其顺序向第二的罗宗洛发出公函，拟端聘其担任所长职。"①此两说不知确切，但两者并不矛盾。黄丽安或在台北"中研院"近代史所查到汪敬熙之函件，而黄宗甄其时在浙江大学，且跟随罗宗洛多年，或有闻于罗宗洛本人，故并列于此。不过从档案资料所见，在中央研究院评议会决定另成立植物所之前，关于所长人选，朱家骅曾与罗宗洛直接联系，征询其意见，因有罗宗洛之复函，其云：

骝先先生钧鉴：

顷接读一月廿九日尊函，敬悉一切。猥以谫陋，辱承重寄，感愧无似。弟自离粤中大后，荏苒十余年，馆地屡更，为人事所困，未能有所建树，每念马齿陡增，事学无进境，中心耿耿，寝馈难安。今承不弃，赐于工作机会，敢不竭其驽钝，以效驰驱。钧命敬谨接受。至于人才如何延揽，工作如何进行，当详加考虑，俟正式应聘后缕陈，祇候裁夺。先此奉复，敬请

钧安

弟　罗宗洛拜　二月八日②

---

① 黄宗甄：《罗宗洛》，河北教育出版社，2001 年。

② 罗宗洛复朱家骅函，1944 年 2 月 8 日，中国第二历史档案馆藏中央研究院档案，三九三(404—1)。

图25　罗宗洛

此复函写于1944年2月8日。是年4月初，中央研究院评议会年会正式通过动植物所分设动物所与植物所之决议，并投票通过聘请罗宗洛为植物所所长。罗宗洛(1898—1978)，浙江省黄岩县人。早年就读于家乡私塾，1911年升入中学，先在杭州安定中学，次年转入上海南洋中学，1919年往日本留学，1922年考入北海道帝国大学农学部植物科，1925年3月本科毕业后，继续在该校大学院攻读博士学位，主要研究植物生理之根系对铵和硝酸的吸收，迟至1936年6月才获得学位，此时其已回国多年。罗宗洛回国在1930年，先后执教鞭于中山大学、中央大学和浙江大学。其时，中国植物生理学尚属起步阶段，而罗宗洛在该领域已崭露头角，但回国之后，在诸大学任教，其研究均未有所深入，甚不得意。中研院邀其独当一面，支撑一研究所，其研究或可得到发展，更何况领导一研究所，可以展现其行政才能，故其言"中央研究院院长朱家骅以评议会主席名义，来信征求我的同意。我认为这是一个机会，遂接受其聘请，于1944年4月到重庆就任中央研究院植物研究所所长一职"。①

在中研院酝酿改组动植物所时，所长王家楫向院长朱家骅呈函，对其所主持之动植物研究所之现状，及所内植物学部分不甚发达予以说明，其赞成将动植物分开，并提出分所初步方案。此后拆分基本上按此方案进行。

> 敝所现有职员除研究员三人、助理员一人，助理五人，其中习植物者，只有四人，不足三分之一(四人中，邓叔群兄尚借调于外，战事结束后方可返所)。此种状况当在南京成立之初既然。二是所中设备以人才为支配，自不得不侧重于动物方面。将来动物、植物分所时，图书属于专门者为多，动物图书归动物，植物图书归植物，自易划分。仪器之分配，则似应以所中原有研究人员之多寡为原则，否则必致发生障碍。比如将显微镜对

① 罗宗洛：回忆录，《植物生理学通讯》，1999年第1期。

分，动物所至少有半数人员将无从进行研究，此系实在情形。①

此函写于1944年元月，王家楫所言显然是在保护即将成立之动物所利益，未雨绸缪，先提出方案，他人便不好作过多计较。1944年3月中研院评议会正式确定新组建植物研究所，会后王家楫即致函时在贵州湄潭浙江大学之罗宗洛，告知评议会之议决。王家楫接罗宗洛复函后，又致函朱家骅，报告接洽结果。其云：

> 楫回渝即致函宗洛，将院务会议与评议会通过分所情形及动植物所过去历史，战后现况及此时设备，两所将如何分配等等，分别为之评述，并邀其速来北碚，以便早些实行已经决定之议案。昨晚得宗洛兄回信，颇不嫌原有设备之简陋，已决定接受先生之委托来长植物所，此间同人皆引以为喜。不过宗洛兄信中述及尚未接到本院正式通知，因此何时来北碚未能预定云云。楫意现在旅费及物价在继续上涨增高，宗洛以早来为妥，伏恳先生嘱总处速将聘书快邮寄去。先生如能另附一函则更好。楫亦当再函宗洛兄，促其早来也。②

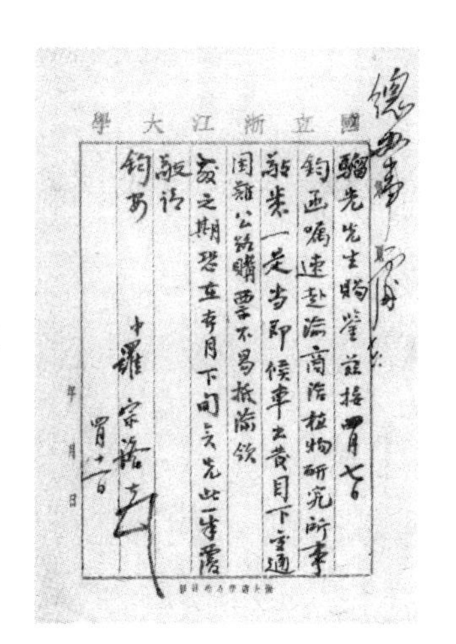

國立浙江大學

騮先先生賜鑒：茲接四月七日

鈞函，囑速赴渝商洽植物研究所事，

敬悉一是。當即候車出黔，目下交通

困難，公路購票不易，抵渝欲

發之期恐在本月下旬矣。先此奉覆，

敬請

鈞安

中 羅宗洛 上

四月十一日

图26 罗宗洛致朱家骅函

此王家楫致函罗宗洛，不知是受评议会或院长朱家骅之委托，还是主动所为。因为朱家骅在接到王家楫此函之前，已于4月6日致函罗宗洛，嘱其早来重庆履职。王家楫之所以致函罗宗洛，主要还是告知动植物所设备简陋，罗宗洛新来只好接受，此为王家楫精明之处。

罗宗洛接到朱家骅4月6日之函，于11日复一短函，云交通困难，不能立即赴约，估计于月底

① 王家楫致朱家骅函，1944年1月15日，第二历史档案馆藏中央研究院档案，三九三(2232)。

② 王家楫致朱家骅函，1944年4月13日，第二历史档案馆藏中央研究院档案，三九三(2232)。

才能抵重庆。月底之时，罗宗洛来重庆，与朱家骅会晤，遂往北碚，开始筹备，植物所于5月1日正式成立。罗宗洛之所长聘书于4月25日颁发。《植物研究所年报》第一号记载云：

> 民国三十三年三月，本院第二届评议会举行第二次年会于重庆，由院长提议，将固有之动植物研究所分为动物研究所及植物研究所。三月十日，经第四次会议议决通过。四月，本所所长罗宗洛到任，当即开始筹备，五月一日正式成立。①

第二节　植物所之所址、人员、经费

一、租用民居为所址

动植物所之动物部分与植物部分拆分为两所，动物所沿用先前在北碚之原址，而植物所则在离北碚三华里之金刚碑另租房屋办公。“动物所因有动植物所之根基在，故先天尚佳，植物所分开时，仅有植物标本、植物图书及显微镜与双管显微镜各一架而已。”②《植物所年报》第一号对此记载甚详：

> 成立伊始，开办费及经常费皆极端微少，既无法自建房屋，又无力购买现成民房，不得已出于租赁；几经奔走，于三十三年七月底始租得北碚金刚碑五指山杨氏民房一座，因陋就简开始工作。旧动植物所植物部分工作人员，随即迁入。
>
> 本所迁入北碚金刚碑所址中后，高等植物分类学及藻类学二研究室即恢复工作，同时新设植物生理学研究室。旧有之研究室，尚有若干图书

① 中央研究院植物研究所编印：《国立中央研究院植物研究所年报》第一号（1944—1947），1948年1月。

② 单人骅致朱树屏函，1946年2月17日。日月、朱谨编：《朱树屏信札》，海洋出版社，2007年，第175页。

> 仪器与标本,足资应用,新者则一无所有,时值国难,经费支绌,购置仪器药品,亦多困难。而实验室之基础设备,尤无法建设,所址位在山顶,四无人烟,虽面临嘉陵江,水源奇绌,不得已以竹管自缙云山山腹接水来所,竹管蜿蜒二三里,中途泄漏,水量无多,且无法接至室内。电气虽经多方设法,直至还都时为止,未能接线到所。至于图书,则完全依赖英美接济。蒸馏器、高压杀菌器等,亦以燃料关系,未能应用。故除户外工作外,实验概不可能。如是者垂二年。在此期内,生理部分之工作,大半在浙江大学生物学系举行,人分两地,事倍功半。①

动植物所原有两处房舍,此次分所,全归动物所所有,植物所只得另租民房,有失公平。对于所址情况,黄宗甄也有记述:

> 经过植物所研究员饶钦止(他是四川人)的介绍,他们得知在北温泉附近的金刚碑五指山上,有一幢聚兴成银行老板杨某的别墅和几间零星的小平房,别墅大厅前,有很大的园圃,除种有几十株苹果之外,尚留有十几亩空地,上下的金刚碑镇,临嘉陵江,这座别墅孤零零地建在山巅。这山顶与北温泉至北碚镇的公路高度相等,有小经可通此公路,山下的金刚碑镇有小学,附近有一中学叫勉仁中学,如植物所租下此别墅,则员工子弟的入学问题迎刃而解。罗宗洛便与房主签订典约。罗宗洛单枪匹马进入重庆市,由他内侄张福禄陪他向银行领取典屋巨款,奔赴北碚付款。所长亲自送款,当时就是这样艰难创业的。②

植物所租定房屋在7月,黄宗甄8月自浙江大学来植物所,即生活、工作在此,其说当属可信。此屋首次租期为一年,一年之后续签半年。在中研院档案中,有一通续签之时罗宗洛致中研院秘书王懋勤(字勉初)函,云:"本所租赁杨姓房屋已于六月底期满,须续订租约,一年以来房东对于本所管理彼之房屋、庭院非常满意,已声明决不加租钱,仅负担修葺之费,二项估计约需十万

---

① 中央研究院植物研究所编印:《国立中央研究院植物研究所年报》第一号(1944—1947),1948年1月。

② 黄宗甄:《罗宗洛》,河北教育出版社,2001年,第117页。

元。弟意本年度本所修缮费,已支出不少,虽已'租房'名义报销,故请房东在收据上开明三四年七月至十二月房租十万元,不知可行否?"植物所于 1946 年 6 月在上海复员,此后又租住半年,才始离开。

二、成立三个研究室

条件如此简陋,罗宗洛还是对建所怀有信心,且有较为宏大计划。所下设立多个研究室,扩大研究范围。所作《计划纲要》云:"国内研究植物学之机关,如北平研究院植物学研究所、中山大学农林植物研究所、静生生物调查所、中国科学社生物研究所等不一而足,其研究中心大都集中于植物之调查与种类之鉴定。此种工作固甚重要,但不足以代表纯正植物学研究之全体,至于各所设备,除显微镜、标本及图书外,罕有作近代实验室之布置者,本所之设置弥补此种缺陷,注重于生理学、生态学、细胞学、遗传学等之理论探讨,为达此目的计,必须排除万难,设置若干规模粗具之实验室。"①计划中不仅设置多个研究室,还有试验场和高山植物园之建设。但是,眼下中研院院部限定植物所员额却只有 10 名。其时,中研院号称有 14 个研究所,全院总人数不过 307 人,总办事处和评议会就有 46 人,而最大研究所如历史语言研究所为 58 人,大多研究所在 20 人左右,动物所 16 人,气象所 19 人。② 植物所新成立核准仅为 10 人。员额如此之少,只能让罗宗洛且做且行,先据原有人员成立高等植物分类学研究室及藻类学研究室,再就其本人之专业,成立植物生理研究室。

高等植物分类研究室

该室又请裴鉴回所主持。抗战之前,裴鉴为动植物所兼职研究员。抗战之后,其随中国科学社生物研究所在北碚已多年,此时,该所经费更加拮据,本书上章曾言,王家楫为援助生物所所长钱崇澍,将其纳入动植物所名义研究员,发放一点薪金,补贴生活,即可说明该所困状。裴鉴亦属中央研究院之旧

① 《国立中央研究院植物研究所三十四年度工作计划提要》,1944 年,中国科学院档案馆,S015 - 1。

② 《国立中央研究院三十三年度各处会所名称地址编制人数总表》,1945 年 2 月 6 日,中国科学院档案馆档案,S015 - 10。

人,故罗宗洛将其延聘回所,主持高等植物分类学。其时,中央研究院各所聘请研究员,需要经过院务会议投票表决。聘请裴鉴以通讯表决,共发出21票,收回17票。同意16票,不同意1票。不同意者,为人类体质研究所所长吴定良所投。裴鉴其本人在此期间,研究川康所产经济植物,后刊于《植物所汇报》。

长期在此从事伞形科研究之助理员单人骅,1945年初晋升为副研究员。是年,教育部下达选派年轻学者出国进修,中央研究院获得十个名额,单人骅名列其中。所长罗宗洛推荐之评语云:"单君自始迄今,一人摸索,独立研究,成绩斐然可观,实不可多得。近又接美国加州大学Constance L.教授来函专索其论文之摘印本,其内容必有新颖可取之处。又以德行品性论,自某某起,至某某、某某等人,以单君第一,从未与人计较,公私分得最清,而事事肯负责,尤为难得,所中植物标本皆由其一人保管。"①罗宗洛素来瞧不起植物分类学,此推荐单人骅,实是因为单人骅一心向学,在同仁之中声誉颇佳;再则植物所新成立,人员甚少,也无人可作推荐,若推荐新近入所之人,则会招来非议,单人骅则是唯一人选。单人骅1945年10月离所启程,经印度,过欧洲,越过大西洋,在美国东海岸纽约登陆,最终于1946年初才抵达美国西海岸加州大学伯克利分校。

单人骅期待出国留学,可谓由来已久。首先是希望通过"中英庚款"以获得公费留学机会,但等待几届,均未有植物学专业,未能如愿。此期间单人骅发表几篇论文,被美国《生物学文摘》(*Biological Abstract*)收录,为美国加州大学伯克利分校植物系副教授Lincoln Constance所注意,其亦作伞形科分类研究,在1941年太平洋战争爆发后,曾几次来函,要求与单人骅交换论文,由此建立学术联系。单人骅又托其在加州大学设法申请到"留学补助金",但没有成功。1944年下半年,国民政府教育部发表派选85名专科大学教授副教授出国考察,中央研究院获得10个名额,单人骅再请Constance向加州大学联系,并准备论文和进修计划,并向中央研究院提出申请,终于获准,实现多年之梦想。中央研究院其他研究所选派者是斯行健、张文佑、柳大纲、倪达书、张宝堃等。

来美之后不久,单人骅有函致朱树屏,谈及其在美研究计划,可以获悉其来美之初情形,摘录如下:

---

① 转引自:佘孟兰等:难忘的风采——记裴鉴、单人骅两位先生科研和生活片段,《江苏省·中国科学院植物研究所纪念文集》,2009年。

弟来此后已近三月，而住址仍未定，盖此时旧金山伯克利一带早已人满之患，房价奇昂，弟近四日连移二次，尚无结果，两星期后又要迁居，故现时生活不安定，更无法从事工作。弟来此主要目的是做研究，但弟个人又想念“学位”，以现况而论，“研究”“学位”恐无法兼顾，念“学位”则“研究”时间受影响，专“研究”则不能得“学位”，中研院给予弟在国外时间有限——一年至二年——在此期内随时有唤回之可能，故弟在此计划亦难决定。弟在抗战期内等于虚度八年。在这八年中，新知识无法吸引，旧知识早已遗忘殆尽。弟之工作还是偏于高等植物分类，近年来渐有兴趣于植物解剖，加州大学 Foster 教授为有名解剖学者，植物标本室教授 Mason 及 Constance 二位教授，一则为分类学兼植物分布学者，一则为北美伞形科植物分类之权威。弟在国内曾与 Constance 教授通信多次，弟为便于整理旧的知识与吸收新的知识起见，故入加大，弟个人希望在此留二年，但能否如愿则须看环境而定！高等植物内水生者众多，Arber（Annes）（University of Cambridge）曾有专书问世，弟在国内曾有一时期想做，后因标本参考书有限终未着手，今兄提及于此，又动心矣。①

图 27　刘玉壶（中国科学院华南植物园提供）

是年单人骅已是 37 岁，进入壮年，于专业尚有犹豫，究其原因，乃如所言，抗战八年，条件艰苦，致使学业进展无多，令人唏嘘。好在未曾放弃伞形科研究，终得出国机会，故而甚为珍惜，于三年后获得博士学位，重回中研院植物所服务。

在单人骅准备出国之时，植物所新聘刘玉壶为助理员，从事植物标本采集。刘玉壶（1917—2004），广东中山人。1938 年考取重庆中央大学农学院森林系，师从中国林学前辈李寅恭，对植物分类学甚有兴趣，其云：“当时我很在意念书，尤以树木学、造林学成绩最好，我也决定此后集中精力以此作终生研究工作。1940 年夏，我利用暑假独自到北碚缙云山采

① 单人骅致朱树屏函，1946 年 2 月 17 日。日月、朱谨编：《朱树屏信札》，海洋出版社，2007 年，第 175 页。

集标本,专做树木学的探讨;1941年夏我和三位同学到四川峨边中国伐木公司实习一个月,此后独自留在峨眉山采集树木标本一个多月,天天观察,兴趣非常浓厚,回学校后,师友对我非常赞美。”[①]1943年刘玉壶毕业,留校任助教。1945年夏,由导师李寅恭推荐于罗宗洛,来中研院植物所。刘玉壶来所后,至1946年东还前,在一年多时间里,曾进行了两次采集,一赴金佛山,一在缙云山。金佛山采集是由饶钦止、裴鉴率领,经费预算25万元。关于采集,刘玉壶写有游记,摘录如此:

> 金佛山位于四川南川县川黔接壤之区,海拔一千八百公尺,峰峦重叠,草木繁富,实足为华中植物分布种类之代表。昔曾有德人Bock-vonda Roshorn氏居此采集,发表新种甚多。此次除将金佛山植物之蕴蓄作详尽之采集外,对于各新种Topotype之采集特别注重。然而荒山辽阔,樵夫滥伐,农民开垦,林相地况极受摧残,植物分布已失其天然状态,至德人所采之各新种亦不易多见矣。惟山间气候得宜,雨量充分,虽有岩石暴露森林破坏之迹象,然犹重峦叠翠,山势雄厚,清泉飞瀑,风景绝佳,故不独为采集之要区,亦游人墨客欣赏之胜地也。
>
> 本采集队于三十四年八月准备就绪,自重庆乘川黔长途汽车抵南川县,八月六日由南川县步行四十里到三泉乡。抵三泉乡后,全队人员暂住于一乡村小学,采集该地附近植物,其地环山苍翠,清溪游鱼,田园农舍,互相映照,天然景物幽雅壮丽,更有温泉数井,可供入浴。金佛山景物之胜,悉在于此,故不少达官贵人结宅其中,本队于此择数山作普遍采集,其间林木不甚稠密。
>
> 在三泉乡采集一周后,本队于八月十八日侵晨雇力夫挑运行李、食粮及采集仪器等,沿溪上山,行四十余里,涉水登山,且兼程采集,标本负重沿途增加,山势亦愈走愈险,及抵洋芋坪,天色将晚,本队始得整理行装,围炉取暖,以恢复终日疲劳,当晚整理及登记是日采得标本,翌日赶路二十里,此段路程斜坡逶迤,从容采集,乃至金佛寺。庙宇已破坏不堪,四周林木亦受极度摧残,前闻此地产苦槠(lithocarpus sp.),巨木成林,今仅见

---

① 刘玉壶:我的历史,1955年,中国科学院华南植物园档案室藏刘玉壶档案。

残余小树耳，遍山所见尽是滥伐之后，矮丛林及零星阳性灌木。据云昔日此山盛产方竹，今亦不见矣。本队在金佛寺附近采集三天后，决定转移别地，十五日步行二十里，经古佛洞到凤凰寺，庙宇较完整但为气象台所据，十数队员只得挤住于一小茅棚，席地而卧，当时高山气候潮湿寒冷，地上跳蚤肥而且多，本队终日奔走疲劳，跳蚤何幸，每于我等呼呼入睡时，彼可得以饱餐矣。

当在三泉乡采集时，已得日本投降，抗战胜利之确息，此地气象台又收得重庆及各地胜利之新闻广播，全体队员莫不欢喜欲狂，几全忘身心之劳苦已。①

刘玉壶等此行采集历时月余，得标本六百余号。本书之所以长段抄录刘玉壶采集游记，实因其文笔雅训。刘玉壶以木兰科专家闻享誉学界，但获睹其游记之读者可能无多。其次，所写景致今日或已不复存在，此亦为自然历史之记录。再次，昔日野外之艰辛，还有今人难以想象之处，借此或有更多了解。最后，其时之人盼望抗日战争之胜利，是何等急迫。刘玉壶返回后不久，即开始就近在缙云山采集，同样写有游记。其云："缙云山之采集，乃继金佛山采集之后，由十月八日起至卅五年六月廿日，在此期间，每月至少上山采集两次，当时山僧对余颇相友善，招待食宿，故采集甚便，采集地域包括北碚附近白庙子观音峡，远至相梁县之巴岳山，是期所采集之标本花果完整者计六百余号，惜此后奔走复员，无暇采集矣。"可知刘玉壶乃潜心采集之人，惜未以采集家闻世，最后以木兰科专家终老于中国科学院华南植物研究所。

图 28　饶钦止获得密执安大学博士时留影（中科院水生所提供）

藻类研究室

该研究室自 1936 年 7 月饶钦止来动植物所时即为设立，本书此前未曾细述，现为补充。饶钦止

① 刘玉壶：金佛山纪要，《国立中央研究院植物研究所报告》第一号，1948 年。

(1900—1998),字考祥,四川重庆人。1920年毕业于成都高等师范学校博物学系,1922年毕业于北京师范大学研究生科生物学系,获学士学位,留校任助教,兼任讲师。1932年赴美国密执安大学研究生院植物学系学习,先后获文学硕士和哲学博士学位,1935年先后在美国西海岸的华盛顿大学海洋实验室、哈普肯海洋工作站、斯克里普斯海洋研究所以及夏威夷大学海洋研究室从事藻类研究,1936年回国任中央研究院动植物研究所副研究员。当时动植物所时派人赴东海采集,获得海藻甚多,饶钦止即以研究海产藻类为主。但在研究之初,所需之仪器书籍,一无所有,仅希望以后逐年购置。但限于经费,历年所购,一直无法提供最低限度之所需。抗战军兴,书籍仪器更是无从添置,不但研究上不能按计划进行,即已进行之研究也被迫中辍。但西迁过程中,由衡阳至阳朔至北碚,一路采集。抵达四川之后,也曾往川康一带采集,所获材料较多。但未曾往云南,云南之材料,则请云南农林植物研究所代为采集。

1943年,另有黎尚豪加入藻类研究,任助理员。其来时,携带不少广东藻类标本。黎尚豪(1917—1993),广东梅县人,1939年毕业于中山大学理学院生物系,获理学学士学位。1939—1943年留该系任助教。黎尚豪入动植物所想必是其中山大学植物学导师吴印禅推荐于王家楫,至于此中经过,未见文字记载。当1943年1月吴印禅在动植物所短暂工作即将离开时,王家楫已决定聘任黎尚豪。在致中研院总办事处之函云:“印禅兄现在想已动身赴李庄,其欲离渝之前,未识曾否将植物标本交给泰亨兄,若已交留总处,请于便中寄来。中山大学之助教黎君尚豪已决定来敝所为助理员,其自广东坪石来渝空陆两线之旅费,均需几何,亦恳泰亨兄即为调查,以便早些寄去。”①石坪位于广东之北,战时中山大学迁徙在此。黎尚豪在中山大学已是讲师,来所任助理员,甘愿低就,乃是希望能从事研究,其于4月1日到所。在多年之后,黎尚豪云:“在1942年秋,前中

图29　黎尚豪(中国科学院水生生物研究所提供)

① 王家楫致王毅侯函,1943年1月5日,三九三(2013)。

央研究院动植物研究所所长王家楫来函给中山大学生物系主任，要调我到所工作，自己当时正热衷于科学研究工作，希望将来在学术上成名，便不计较目前地位(所里给我的职位定得比大学里低)，欣然应聘，在授课完毕后，于1943年春就道到了四川北碚工作。”①所言可以互为印证。

重组植物所后，成立藻类研究室，仅饶钦止、黎尚豪两人。黎尚豪跟随饶钦止整理所得各省藻类标本，研究题目有北碚附近蓝绿藻之研究、四川鼓藻之研究、嘉陵江藻类之研究、粤北淡水藻类之研究、池沼浮游藻季节变化之研究、中国淡水红藻之研究、中国茸毛藻科植物之研究等，均有论文发表。植物所组队赴金佛山采集，即由饶钦止率领，黎尚豪也一同参加，采得藻类标本亦多。

植物生理研究室

罗宗洛在晚年写有《回忆录》，就其在中研院植物所开展植物生理学研究如是言之：“我是专攻植物生理学的，自然把植物生理学看成比任何学科更为重要的学科，而且早早把在中国发展植物生理学作为自己毕生的事业。在创办植物研究所时，也曾求得中央研究院当局的同意，不再发展分类学，今后将大力发展实验植物学方面，意即指植物生理学和细胞遗传学等。说明有此决心，在植物研究所这块招牌之下，大搞植物生理学。我认为植物的各分科中，除了植物生理学以外，别的部门需要设备是有限的，只要我尽先满足这些部门的需要，以后再来满足植物生理学研究的需要，就可免旁人说闲话。”②其实，在北碚时期，罗宗洛即是这样，新聘人员中，仅两位是从事高等植物，两位从事藻类，余下几位即是跟随其研究植物生理。但是在北碚受实验条件限制，植物生理学研究几乎无法进行，但罗宗洛还是建立起植物生理研究室。

1944年8月3日，罗宗洛聘请助理研究员黄宗甄、助理员倪晋山到任，其薪金分别为180元、160元。黄宗甄抵达之前，罗宗洛致函中研院秘书王勉初云：“所中诸事已渐上轨道，可以告慰。弟研究室人员日内可望到齐，‘完事皆足，唯缺东风’，敬恳孔明先生有以助我。”可见其满怀信心。其后又聘助理研究员柳大绰、金成忠到任，但他们薪金未见记载。其时，院部给植物所之员额共十人，罗宗洛主持之研究室连其本人就占有五位，可见还是大力建立自己领

---

① 黎尚豪：自传，1958年9月，中国科学院水生生物研究所藏黎尚豪档案。

② 罗宗洛：回忆录，《植物生理学通讯》，1999年第6期。

地。如同动植物所时期,王家楫大力发展动物分类学一样,罗宗洛发展植物生理学亦无可厚非。只是在金刚碑所址中,几乎无法进行实验,第一年主要是读书学习。黄宗甄记载甚详:

> 金成忠、倪晋山使用微量元素处理过农作物种子,然后播种在别墅前的园圃中,观察其生长发育情况,虽有些效果,但在统计上和工作的精密度上,尚欠火候。又如做些花粉萌发试验,只能评判其效果,还不能到达应有的精密度。除了水源之外,接下来的消毒、玻璃器皿的洗涤、高级仪器何处可求,也是难题。这些年轻人曾到北碚中国科学社生物研究所、中央工业试验所、有关玻璃厂等处搜购,所获却不太多。
>
> 当时随着罗宗洛来到植物研究所的学生,仅有 4 人,既然实验室工作不能进行,只好把主要力量集中于阅读书刊。书报讨论会,每四周每人要轮到一次。图书室几乎没有植物生理学的书刊,当时从外国引进杂志的方法是将外国杂志上论文予以照相,制成缩微胶卷运至中国,分赠各主要学术单位、图书馆、少数大专院校,供应有关人员阅读。科研人员只能使用幻灯扩大镜,一面阅读胶卷上的论文,一面做摘录。五指山上没有电灯,不可能使用幻灯,只能把缩微胶卷置于显微镜下阅读,速度很慢。也只能通过缩微胶卷,来了解西方新近科学研究的进展,尤其是基础科学的最新内容。这样的阅读,应付每周一次的书刊讨论会,已是足够了。既然没有电灯,只能每人守一盏煤油灯。长夜青灯,夜静更阑,五指山脚,凭临嘉陵江峡口,激流湍急,声震寒窗,却荡漾着莘莘学子的青春气息。

研究所毕竟不是开读书会场所,一年之后,罗宗洛将一些研究,安排在浙江大学进行。然而,这也只是不得已之安排,其成效有限。再一年,复员上海,才有一些实验开展。

三、募集经费

植物所成立之时,毫无设备可言,而年度经常费不过 40 万元,则是杯水车薪,无从购置。然而罗宗洛心仪已久之植物生理学研究,所需基本仪器,必须配备,否则其枉来中研院。故其在就任所长之时,朱家骅已允其为向社会募捐，计划募得法币100万元，且嘱罗宗洛拟定植物所工作计划，以作向社会发布告启。1944年5月14日罗宗洛拟就捐款启，其云：

国立中央研究院植物研究所募集应用研究捐款启

本院于民国二十三年七月将十八年春季设立之自然历史博物馆改为动植物研究所，十载以来，经所内同仁不断努力，在学术研究方面已有不少之贡献。本年三月间，本院评议会第二届年会在渝举行，以动植物两科随研究工作之进展，有分立两所，使得齐头并进之必要。爰议决分为动物研究所及植物研究所。本所依据此项决议案，遂于本年五月一日正式成立，所址设于北碚。

本院为中华民国最高学术研究机关，其主要之任务自属纯粹科学之研究，而纯粹科学之研究，并不斤斤如何应用为其所追求之鹄的；惟际此抗战建国，兼筹并领之秋，亦应配合国家之需要，以纯粹科学为基础，并研求实际之应用。基于此种理由，本所现在及最近三年内之工作，除纯粹学理之探讨外，并拟在应用方面对于国计民生尽最大可能之贡献，例如食粮、蔬菜、果树、木材、颜料、纤维、植物油、有机碱、酵母、蜡脂、橡胶，以及维他命等等，其材料之搜集、类别之鉴定、品种之改良、培植方法之改进、生产数量之增加，与夫利用方法之精益求精，泰半属于植物学之研究范围，尤其食粮之增产、茶产之改进、人工肉类之制造，启有成效。

本所已依据上述原则，拟定研究计划纲要，为实施此项计划，应需之设备必不可少，但自抗战军兴以还，政府揞抗战建国大业，财政艰难，早为国人所共悉。本院以有限之经费，维持十余研究所工作之进行，已属匪易，更无充分之余款可应用于此学设备之完成，为谋本所工作之早获进展，乃不得不切望各方面经济之资助，期收众擎易举之效。兹特将本所研究计划纲要另印附奉，敬求指教。倘承惠赐赞同，予以经济上之援助，俾实验设备早现厥成，研究工作得照预定计划逐步进行，则对于学术工作之赞助及有关国计民生重要问题之解决，无论直接间接均属功不可没。本所此次募集应用研究捐款一百万元之缘由，略述如上。敬希查照。

寻求社会支持，以其时之中国，外敌当前，一切均以决解目下之问题为出发点，故罗宗洛并不奢望有人出资支持植物所从事纯粹之研究，而是以解决应用问题为能事。所列诸多领域，是希望在实际生产中，遇见此类问题者，需要解决而又无法解决，即请出资，邀植物所予以解决，但此中无明确协订属性。

在募集之前，中研院暂借30万元于植物所，作为设备费，用于购买所需之仪器，准备将来以募集所得，予以归还。募捐实施将近一年，效果并不理想，所借30万元，无从归还，故罗宗洛要求院部对此30万元作报销处理①。其后不久，不知朱家骅经过怎样努力，响应募捐者有所增加，共得九十余万元，其中记录在案之募捐者及款项如下：四川农林公司10万、邓华民10万、陈介生4万、黄应乾10万、杨晓波10万、除中齐10万、钱子宁3万、吴晋航5万、刘鸿生5万、周均时5万、闵陶笙5万，②基本达到预期目标。在捐款期间，植物所经费依然吃紧，1945年4月罗宗洛即要求动用此捐款，其云："据云院中经费已达山穷水尽之境，无法垫借，因思六日当晚已有多人将捐款数额明书于募捐，此款不妨先行取用，敢情先生向院长请示，可否派员前去领收已捐之款，以作购买仪器之用。"③其后即委托李约瑟之中英科学合作馆在印度购置显微镜及仪器药品，约计美金1 200百余元，于是植物生理学研究得以开展。当然并非全部用于植物生理学，如金佛山、缙云山标本采集费20万元有缺口，即以此款填充。募集所得对植物所而言，可谓是久旱逢甘霖。有此之款，不知前借院部30万元是否予以归还耳。

第三节　复员上海

抗日战争以日本宣布无条件投降而结束，时在1945年8月。在此之前，日本战败已成定局，国家即将转入复员时期。以罗宗洛对日人在华占领区所办科学文化机构之了解，认为中央研究院在复员之时，应当接管这些机构，乃致函中研院院长朱家骅。其云：

> 兹有一事，欲请百忙中加以注意者，即如何接收敌人在国境内所设立

① 植物所致函中研院总务处，1945年2月23日，三九三(2015—2)。

② 同上。

③ 罗宗洛致王勉初函，1944年4月12日，三九三(149)。

学术机关是也。敌人在上海设有自然科学研究所，在旅顺有产业研究所，在长春有大陆科学院，在台湾有台北帝国大学，其规模宏大，设备完善，成绩亦在人耳目。经费除台北帝大外，皆依赖庚款及胶□赔款。战后似应续办，台北帝大应改为国立大学，上海自然科学研究所应由本院接收，改为本院上海分院，或本院自然科学研究所。惟接收甚易，接收后欲使其成绩与日人主办时比美，则非易事。弟意宜集中人力物力，缩小范围(例如上海自然科学研究所内共有物理、化学、地质、生物、药物、病理、卫生等七科，设备较佳，而有成绩者为化学、药物、地质，故可留三科，其他予以裁撤)，重质不重量，方不致为日人所讥矣。此等小事，向不为人所注意，但影响及于我国学术界之声誉者则大，故不揣冒昧，贡其愚者一得，愿予詧焉。①

罗宗洛之建议得到朱家骅之重视，随即在日本宣布投降后之8月31日，朱家骅在重庆举行中研院在渝评议员及所长谈话会，决定如下数事：①所有收复区内敌伪所设教育文化机关，由教育部提出，行政院会议决定，一律由教育部先行接收，后再将研究机关交中央研究院接收。②中央研究院指派化学所所长吴学周、动物所所长王家楫、气象所代所长赵九章等先赴京沪，加入教育部接收人员。③日人在上海所办自然科学研究所，由教育部即先接收，以免其他机关争用，教育部接收后即转交中研院。谈话会议还初步确定中研院各研究所复员地点。其时，朱家骅已回教育部任部长，故能作此决议，并指派蒋复璁为教育部京沪区教育特派员，负责接收事宜。当教育部接收人员因一时难以获得东下飞机之机位时，朱家骅还于9月13日致函教育部，“日人在沪所办之自然科学研究所设备较佳，觊觎者多，拟请贵部先行分电中国陆军总司令部及上海市政府，声明应由贵部接收，以免其他机关争图占用。”②意欲获得自然科学研究所者，有中国科学社，曾向国民政府提出申请接收，但该社社员在政府中无类似朱家骅这样得力之官员，无从获得。

自然科学研究所位于祁齐路320号，系日本以其退还中国之庚子赔款而成立文化教育基金所建造，并以该基金作为常年经费，所中包含天文、物理、化

---

① 罗宗洛致朱家骅函，1945年8月11日，中国第二历史档案馆藏教育部档案，五(1620)。

② 朱家骅致教育部函，1945年9月13日，中国第二历史档案馆藏教育部档案，五(1620)。

学、地质、医药、动物、植物等学科,建筑宏伟,设备精良,研究所管理和主要研究人员皆为日人。在自然科学研究所设立之前,美国、英国已在退还中国庚子赔款,设立中美、中英庚款委员会,在华兴办科学文化事业,但这些事业主要由国人主导,与日本退还庚款有性质上之不同。中央研究院此请,经教育部呈请行政院,行政院院长宋子文于1945年10月31日令教育部,"上海之自然科学研究所核准该部意见,交中央研究院接办",于是中研院顺利接管。上海自然科学研究所所在之祁齐路名(Route Ghis),源于1912年上海法租界公董局修筑此路时,以法租界公董局董事之名命名。1943年汪精卫政府接收上海法租界,改为岳阳路,并一直沿用。至于罗宗洛担心接管之后,中研院研究能力将比日人为差,或被日人讥笑,此后则未有人顾及。

图30　上海岳阳路320号原中央研究院

抗战胜利之后,国民政府还收复被日本占领达五十年之久的台湾。日本在台北设立研究所之研究重心在农林业,朱家骅在北碚与中研院诸所长谈话之时,还派罗宗洛为教育部台湾区教育复员辅导委员会特派员赴台接收。之所以委罗宗洛以重任,还是在于罗宗洛有留学日本背景,与日籍人员易于交涉。罗宗洛于10月9日离开重庆赴台,在完成接收任务之后,又被教育部任命代理台湾大学校长。台湾大学原名台北帝国大学,创立于1928年,是日本继东京、京都、东北、九州、北海道及京城之后,设立之第七所帝国大学,学校设立五个学院、三个研究所,规模庞大且完全。罗宗洛在此任上仅八月,即为辞职。其辞职之函,写得甚为谦逊,其云:"窃宗洛于三十四年九月奉命赴台湾,接收台北帝国大学,旋接收后,成立国立台湾大学,奉命代理校务,荏苒八阅月。旧日帝大之规模完全无缺，而接收后弦诵未辍，研究如恒，尚无负托付之重，深自庆幸。台湾孤悬海外，环境特殊，宗洛一介书生，不娴事务，八月以来，不无应付为难之苦，勉强支撑，心力交瘁。窃思国立台湾大学规模之大，内容之美，实为各国立大学之冠，理应简派大员专司其责，庶可保持现状，开发将来，若以宗洛滥竽充数，势将贻误公私，为此恳切陈词，敬求俯鉴愚诚，准予辞职。”①其实，罗宗洛之所以辞职，是因与台湾省主席陈仪意见不合，陈仪将台大视作自己势力范围，派人来校担任院长、教授，被罗宗洛拒绝。乃对罗宗洛施加刁难，停拨台大经费，致使罗宗洛愤然辞职。罗宗洛在呈送辞职函之同时，还致台大诸同事一电，云“弟不屑与强暴之流周旋，已呈请辞职，部院正在简派大员前来接替，希勉维校局，完整移交，不胜感激”。则可见其刚毅，故摘录在此，以见昔日学者之行事风范。

罗宗洛辞职函言，为免“贻误公私”之私，是指其所任中研院植物所事业。其时，北碚之植物所所务交由饶钦止代理，正等待复员于上海。因罗宗洛无暇顾及，致使动物所并未在南京复员，也迁往上海，此意味将挤占植物所之房屋。在台湾之罗宗洛闻讯后，给时任干事长萨本栋和院长朱家骅各一函，此摘录致萨本栋函：

> 闻动物所已搬入上海自然科学研究所，不胜诧异。本院各所以集中首都为原则，新立各所如医学、人类、数学等，因无原有所址，故可暂时迁入工作。此事当举行评议会及所长谈话会时记录在案，当时仲济兄亦均在座，并无异言。今动物所忽扬言放弃南京之房屋，捷足先登，达成既成事实，为院之纪律计，殊为可惜，弟甚反对。闻化予兄言，上海自然科学研究所之房屋仅足容化学、植物、医学、人类、数学诸所，于今动物所挤入其中，各所必将吃亏。弟为国奔走，反受其害，殊觉寒心，应请兄主持正义为幸，否则势必至于打架也。②

此前在动植物研究所分家时，植物所已经吃亏不少，故在植物所文件中，

① 中国科学院档案馆藏上海分院档案，S015－15。

② 罗宗洛致萨本栋函，1945年12月3日，中国第二历史档案馆藏中央研究院档案，三九三(2232)。

仅言其所创建于1944年5月1日。此时复员在即,植物所不能再次吃亏,而所长罗宗洛远在台湾,不能如动物所所长王家楫亲赴南京、上海物色房舍,故作此言。萨本栋之复函云:"上海自然研究所已由动物所迁入一节,实为谣传。动物所与化学等所虽均欲迁入祁齐路之请求,弟因复员经费无着,此等事尚需各方多所讨论,故尚无决定。八月卅一日后虽闻谈话会之第七点记录,在决定之时,自当视为一极为重要之意见,兄虽远在台湾,弟必不至使植物所同仁有所失望也。释念为荷。"[①]朱家骅也作类似回复:"传闻动物所迁入自然科学研究所一节,并无其事,因院中总办事处与各所迄今未还都,动物所亦仍在北碚未曾迁移,而自然所亦因尚为美军借住,该所之动物研究所实验室图书室等均未启封,须俟美军移出后方能分配,届时决不使植物所吃亏,弟可保证。"[②]事实上,王家楫在9月间,受命东下查看房屋之时,即提出动物所迁上海之要求,其函萨本栋云:"窃谓国家值此人才缺乏,经济窘迫之候,事事更当相互合作,以收事半功倍之效。抗战前本院各所往往各守门户,难得往来,战后虽增加互通声气之机会,但于彻底合作仍未有所表示,是则吾人当引以为憾者也。自然科学研究所所留仪器书籍属普遍性者颇不少,即属专门性之期刊,譬如以生物化学而论,医学、化学、动物、植物、心理五所,皆有参考之必要,五所如在一起,则皆可得而利用之,大可节省物力。至研究问题之得彼此合作更为当务之急矣。闻骝公将于下星期内莅京,先生如能一同莅临,观察京沪两处,则百闻不如一见,自可解决许多问题,楫当扫榻而待也。"[③]王家楫所言,自有其理。其后,不知经过如何,动物所还是迁入上海,与植物所同在岳阳路320号楼内北头,植物所在楼下、动物所在二楼。该幢建筑共三层,其余由中研院化学、心理等所使用。植物所对动物所此举颇有怨气,但也未有"打架"之事发生。不过,罗宗洛抓住院长、干事长之承诺,在植物所申请经费时,不依不饶,请看其后1947年致朱家骅之函:

---

① 萨本栋复罗宗洛函,1945年12月15日,中国第二历史档案馆藏中央研究院档案,三九三(2232)。

② 朱家骅复罗宗洛函,1945年12月,中国第二历史档案馆藏中央研究院档案,三九三(2232)。

③ 王家楫致萨本栋函,1945年10月26日,中国第二历史档案馆藏中央研究院档案,三九三(2232)。

骝先先生赐鉴：

去年十二月中，弟曾函告动物所私自取去上海自然科学研究所生物学之普通生物学杂志二十九种，储藏室中仪器、药品全部不与植物所平分，乞主持公道。其后总处对此似有若干措施，但结果杂志并未移置于公共图书室，储藏室则已搬运一空矣。此等行为原在弟意料之中，盖动物所蓄意移沪，用意即在于抢夺物质。当时(三十四年十二月三日)弟在台湾闻讯，即函请先生及本栋兄注意。先生回音谓决不使植物所吃亏，今不幸而言中。

弟于去年四月到沪，知局势已成无法补救，植物所须从头起，故于编造三十六年度预算时，列入美金九万余元，以作购置图书仪器等基础设备之用。昨接总处公函，知本院预算美金部分政府减削甚多，不能照各所要求数分配，此举影响本所前途最大，爰召集同仁商议，咸谓本所所列之数，为最必要者，今为顾全大局计，只好将一年完成之计划分作四年办理，本年度希望能得美金五万元，已将此意函达总处，敬祈先生鉴察本所之困难，鼎力护持，使植物所早日走上轨道，全所同仁咸戴大德耳。专此奉恳，

敬请

钧安

弟　罗宗洛　拜　二月四日①

罗宗洛此次申请获得2万美金，虽与最初愿望相差甚多，但在其时，如此数目，亦甚可观，此当归功于敢于向上司施压之勇气。此再回到罗宗洛辞台湾大学代理校长事，决定辞职后，罗宗洛于1946年5月20日抵达南京，向朱家骅面谈台大相关事宜，朱家骅曾反复慰留，但决心已下，还是坚决辞职。罗宗洛重理植物所所务在9月10日，9月6日其致函中研院总办事处，告知即将回所任事。其时，植物所在饶钦止主持下已完成东迁，至于迁运过程，则未见文字记载。罗宗洛任事后，即扩大研究所先前之研究范围，设置新的研究室，招聘网络研究人员等。

迁所至上海一年后，所之基本情况，《植物所所务简报》记载如下：

① 罗宗洛致朱家骅函，1947年2月4日，中国第二历史档案馆藏中央研究院档案，三九三(2015－1)。

> 去秋九月复员完毕，即着手于实验室之布置。分配与植物所之房屋，除标本室在岳阳路大厦地层之北，或经破坏、或空无一物，而一二大房间且被充作堆置物品之用，几经交涉，始行移出，于是粉刷修补装配水电气等管，搜罗被人遗弃之木器家具，加以修缮，至年底居然各室焕然一新。旋即开始工作，至年底为止，岳阳路所中共有高等植物分类研究室、藻类研究室、真菌学研究室、森林研究室、植物生理研究室、植物形态研究室等六部分，工作人员十八人。
>
> 细胞遗传研究室主持人研究员李先闻先生前为工作便利起计，得院方同意，在成都工作，三十六年七月携眷来所；又新聘专任研究员魏景超先生亦于七月初旬到所，成立植物病理研究室。于是工作人员激增，房屋大感不敷；且因新研究室之成立，工作人员之增加，各部分工作之进展，经费之开支甚巨。本所成立于国难时期，物质之基础本极薄弱，三年之间成立五研究室，工作人员自四人增至三十人，进度过大，经费太少，遂至支出超过预算远甚，目前不但无力再事扩充，即维持现状亦感困难也。①

植物研究所在罗宗洛筹划下，仅一年时间，扩展为八个研究室，规模粗具，且各研究室均聘得其时国内该领域一流人选主持其事，此时研究所共有各类研究人员30余人。如此规模，在其时国内同类研究所中堪称第一，不仅超过同院之动物研究所，即便是战前最具规模之北平静生生物调查所也高出许多。静生所在战前有50余人之规模，战后复员受经费影响，仅恢复植物部，而植物部人员尚不及10人。其他如北平研究院植物学研究所、中山大学植物研究所等，虽为复员，均在艰难中维持。而中国科学社生物研究所，由于所址在日军占领南京后被焚毁，自北碚复员至上海，由于没有房舍及经费甚微，几为解散，仅秉志率领数人在明复图书馆之三楼继续研究，勉强维持。稍事比较，即可见出罗宗洛之领导才干，初步实现其在担任所长之初所订立之计划，虽然于经费“亦感困难”，实因其事业较大。此再引1947年《植物所年报》所载关于经费之综述：

① 国立中央研究院植物研究所所务简报——自民国三十五年十月二十日至三十六年十月十五日，中国科学院档案馆藏中国科学院上海分院档案，S015-2。

> 还都后，所址迁上海岳阳路，接收日人所遗植物标本及关于植物学之图书。三十五年冬，院拨还都费一万万五千万元，除一部分用于修缮房屋，购置家具，钢书架、钢标本柜外，大部分作为购置仪器药品及图书之用。三十四年冬本所申请外汇美金四千元，委托中央信托局在美订购杂志图书。本年度由院拨到外汇美金二万元，已向美国订购仪器药品，半年以后，订货到所，则各研究室当可改观。①

植物所拥有美金，动辄几万，此为其他研究所羡艳。有此经费，虽差强人意，还是能将实验植物学诸部门如生理、细胞、遗传及病理、形态等学科之同仁聚集于一所，罗宗洛意在“造成近代优良的研究环境，以促进学术之进步。”然此环境仅持续两年许，尚待完善之处仍然甚多，却遇山河鼎革，中央研究院被新成立之中国科学院接收。中国科学院重新组建各研究所，原先之植物研究所被解散。假若予以时日，植物所之成就定能在中国植物学史上写下辉煌之篇章。假若只能是假若，对于罗宗洛而言却是壮志未酬，其晚年撰写《回忆录》，称植物所此种变迁为“瓦解”。笔者此前在撰写《静生生物调查所史稿》时，写至四九年时，静生所被中科院接管，与北平研究院植物学研究所合并为植物分类研究所时，仅以中性词“终结”而言静生所历史之结束。在此若细加体会“终结”与“瓦解”之区别，可见罗宗洛失望与愤懑。诚然中研院植物所在诞生不几年，尚未作出彪炳史册之成绩，就被瓦解了，以至于其短暂之历史也被淹没，此再摭拾史料，以各研究室为题记述之。

一、高等植物分类研究室

该室复员之后，依然由研究员裴鉴主持。副研究员单人骅还在美国，赓续其在加州大学之学业。助理员刘玉壶继续从事采集。新增人员则有助理研究员周太炎、技士韦光周、技佐王克辉。

自北碚运回标本 6 万余号，此又接受日人留下之植物标本，共计约 20 余

① 中央研究院植物研究所编印：《国立中央研究院植物研究所年报》第一号(1944—1947)，1948 年 1 月。

万号。因此,分类室在复员第一年主要是购置标本柜,对现有标本予以整理。裴鉴云:

> 本所移至上海后,接收物件以高等植物分类学门为数最多。前动物植物所存留南京之标本,中日战争时间全部由日人移至上海,战前本所在各地采集收藏之标本,可谓失而复得矣。全室人员大部时间用作整理工作。本暑期本室得青年会三助派来救济工作学生十余人,装制标本二万余张,其余未装制者,尚有六万余张。

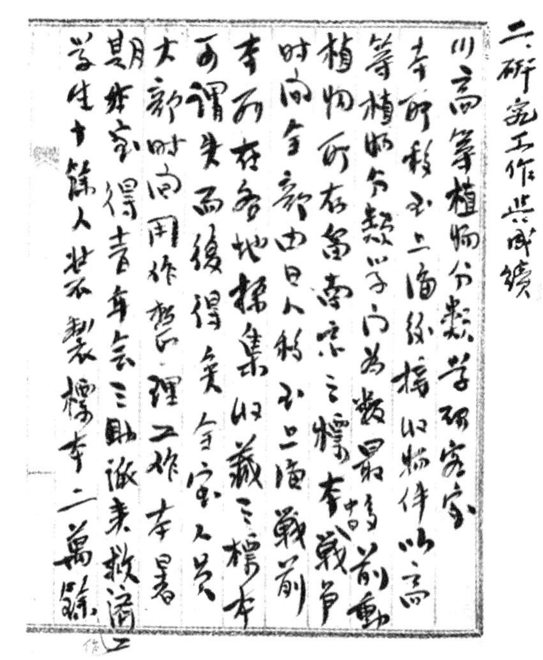
二、研究工作与成绩
川高等植物分类学研究室
本所移至上海后接收物件以高
等植物分类学门为数最多前动
植物所存留南京之标本中日战争
时间全部由日人移至上海战前
本所在各地采集收藏之标本
可谓失而复得矣全室人员
大部时间用作整理工作本暑
期本室得青年会三助派来救济工作
学生十余人装制标本二万余张

图 31　裴鉴手迹

复员之后研究工作,因所址所在地关系,转而注意中国东部高等植物。鉴于江苏植物尚未有详尽之报告,故求精细调查,以期在短时间内完成之,此项研究由裴鉴承担。裴鉴还对中国所产毛茛科、柽柳科、猕猴桃科、桑科等予以专题研究,在《植物所汇报》上发表有《川康经济植物录》《中国东部之三白草科及金栗兰科植物》《中国东部之胡桃科》《中国东部之榆科植物》《中国之柽柳科植物》等。

单人骅之于伞形科研究,一直列为分类室研究内容之一,此时在美国加州大学植物学系留学,所作博士论文亦以此为题,以植物形态与分类研究方法,理清该科之亲缘关系。单人骅留学计划原为两年,至 1947 年两年期满,其研究尚未能告一段落,故申请延期。单人骅在美工作勤奋,为该大学植物学系诸教授称许,10 月间该系主任 L. Bonar 致函中研院干事长及植物所所长,希望将单人骅留美时间展期至 1949 年 6 月,以便完成预定之工作。经植物所所务会议议决,似应照准,罗宗洛遂与萨本栋函商,10 月 26 日萨本栋函复准予延长。单人骅本人也多次致函罗宗洛,报告其在美研究情况,提出延期申请。罗宗洛将其中两通保存下来，录之如下。

其一，写于1946年3月，单人骅来美已有一年，其时主要攻读学位之必修课程，而随Constance作伞形科香根芹属(Osmorhiza)分类研究尚属次要，故还未探悉到研究内容之全貌。单人骅自知留美机会难得，欲滞留一年，是想往美国东部访学，此仅为愿望而已。因其家庭经济困难，妻儿均在国内，生活来源是其出国之后植物所按七折照发之薪金。函云：

洛师道席：

敬肃者：本年年底，呈上一函，谅蒙□□□□，时气象所张豹昆先生、地质所斯行健先生来美，路过此间，均获会晤，藉知院中各所已复员就绪，工作已可如常进行，下怀甚慰。职生在此已一整年，时光瞬息即逝，工作则诚有限。上年大部时间用在选读课程，一部时间则协助Dr. Constance作*Osmorhiza*属之分类研究。本学期已于上月开始，职生仍照常注册选课，拟于本年内，仍拟继续在加大研习，明年春间如有机会，或经费许可，拟赴东部华盛顿之美国国立植物标本室、哈佛之Gray植物标本室、Arnold森林植物园及芝加哥Field museum与St. Louis之植物园等地分别停留数月。惟此为职生个别计划，师座尊意以为如何，乞便指示。

近闻教部选派出国研究人员办法略有改变，凡于卅五年六月以前出国人员，许可继续至今年六月止，其费用亦按月补发，并须将到美日期呈报教部，以便核发云。吾院来美研习之同仁中，职生与化学所柳大纲先生及工程所周行健先生，均于卅四年(即前年)十二月二十八日抵达美国，未悉能按照教部新近规定向教部请领本年六个月之在美生活费用否？抑吾院中之出国人员十名，另案办理？敬烦师座致函总务处询明，若可照教部规定，则职生等三人本年度六个月用费，应烦院中致函教部证明出国年月及抵美日期，并请按月发寄来美。盖此间教部派选人员均得个别通知，嘱向驻美大使领取该项费用，而职生等则尚未获此项通知。上月职生曾函华盛顿大使馆询问，亦未见复，深以为憾，故恳师座便中以此事向院中提及，并乞早日指示为要。

前时得美国国立植物标本室Walker氏致职生函，询问师座之英文名拼写法(原函奉上，乞便查阅)，渠对我国植物界工作人员甚为关心，所中最近如有工作方针及现况报告(英文稿)，可寄彼一份，日后与外界交换著作或通讯，可有助也。近时国外重要杂志，所中可收得否？敬烦便知。专

此奉上,敬候

研安

职生　单人骅　上　三月十六日

其二,写于1947年9月,此又过去一年,单人骅随导师开展之研究已深入进行,开始发表论文,而课程学习则转为次要,为求一个圆满结果,拿到学位,只得正式提出延期申请。同时加州大学植物系主任也致函罗宗洛,为单人骅说项。单人骅致罗宗洛函云:

洛师赐鉴:

敬肃者:六月间赐示,早经拜悉,所中出版之 Botanical Bulletin,此间已收到两期,均陈列于生物科学图书馆内。展读之下,甚为喜慰,便知所中情况已上轨道,此后如经费充裕,大局平定,则各部门工作均将有大展图。职生本学期仍继续在加大注册,上学期结束时,曾应 M.A.之试,已获通过,与 Constance 合作之"The Genus Osmohiza (Umbelliferae), A Study in Geographic Affinities"论文一篇,亦将于最近在加大植物丛刊内发表。职生本人亦写出"the Genus Sanicula in the Hawaiian Islands"一稿,将来拟送 Madruho 植物杂志发表。暑期内大部时间用在作北美 Sanicula 属之 Mapping 工作。Constance 今夏应 Harvard Univer.之借聘,任 Gray Herbarium 之代理主任,在加大请假一年,明夏将仍返加大任教。临行前劝职生继续在加大研读,研究工作则委托 Dr. L. H. Mason 指导,盖 Mason 氏现任植物标本室主任,一切指导工作,例由彼担任也。职生来美,连由印至美旅行期在内,至下月末,期即届两周年,照教部规定,应返国复职。惟职生个人以为,在美时间有限,所获不多,且工作尚未告一段落,拟恳师座与骝先院长相商,许可在此继续研读。在继续留美期内,国内薪金请照常拨给,职生眷属负担甚重,国内生活费用全靠薪给维持。至于职生个人在美费用,教部所批准之数,迄今尚未领到,若数于本年内寄到,则明年个人在美用费可有着落。职生自知来美机会难得,在美期内幸能利用时间精力,选课、研究两者兼顾,如蒙师座俯察下情,再加提助,感激之情自非语言笔墨所能申达者也。

又职生护照已由旧金山领事馆延期至明年七月,闻此后官员护照延期手续须向外交部呈请批准，由外部通知驻美大使馆延期，故明年延期，总办事处请去一公文至外交部，请求护照延期。兹特便中奉告，明年二三月间当再函请也。专此奉上，敬候

道安

职生　单人骅　敬上　九月二十七日

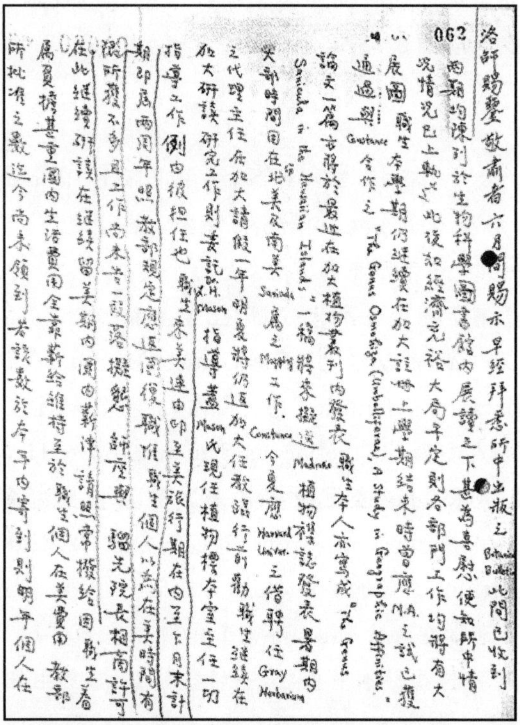

062

洛師賜鑒敬肅者六月間賜示早經拜悉所中出版之 Botanical Bulletin 此間已收到
兩期均陳列於生物科學圖書館內展讀之下甚為喜慰便知所中情
況情況已上軌道此後如經濟充裕大局早定則各部門工作均將有大
展圖 職生本學期仍繼續在加大註冊上學期結束時曾應 M.A. 之試已獲
通過與 Constance 合作之 "The Genus Osmorhiza (Umbelliferae), A Study in Geographic Affinities"
論文一篇亦將於最近在加大植物叢刊內發表 職生本人亦寫成 "The Genus
Sanicula in the Hawaiian Islands" 一稿將來擬送 Madroño 植物雜誌發表 暑期內
大部時間因在北美及南美 Sanicula 屬之 Mapping 工作 Constance 今夏應 Harvard Univer. 之借聘任 Gray Herbarium
之代理主任在加大請假一年明夏將仍返加大任教臨行前勸職生繼續在
加大研讀研究工作則妥託 H. Mason 指導盡 Mason 氏現任植物標本室主任一切
指導工作例由彼担任也 職生來美速由印至美旅行期在內至下月末計
期即屆兩周年照教部規定應返國復職惟職生個人以為在美時間有
限所獲不多且工作尚未告一段落擬懇 師座與 騮先院長相商許可
在此繼續研讀在延長留美期內國內薪津請照常撥給因職生眷
屬負擔甚重國內生活費用全靠薪給維持至於職生個人在美費用 教部
所批准之數迄今尚未領到若該數於本年內寄到則明年個人在

图 32　单人骅致罗宗洛函之一页

至 1949 年初，国内时局急剧变化，单人骅为避免与家人将长久相隔，乃匆匆回国。关于其回国时之情形，单人骅 1956 年有言：

从 1946 年初到 1949 年 4 月，一共三年零四个月，我一直居住在 Berkeley，没有去过其他州，因为我去美的唯一愿望是念书，做论文，争取学位，所以将我的全部留美时间，放在念学位上。1949 年 3 月我要求举行博士学位的口试，口试及格后，照例应有一年的在校注册期，完成论文的

工作,但我急于归国,由于我的论文稿子,曾利用1948年的暑假把它写成,因此有关学位的结束工作,如抄打论文、注册等,都获得加州大学植物系的同意,委托L. Constance办理,当时虽劝我再留一年,但我归意已定,他也不便阻留。

我留美期内的生活用费,全部是由前中央研究院向伪教育部领拨,由于我一直就在美国西部,没有去任何地方考察,加上有几个学期的学费免缴,因此在回国前,我的存折尚有余款美币2 096.17元。当时急于回上海,但美国轮船公司和海关规定,旅客携款(连旅行支票在内)不得超过500元,因之存折上的余款没有提出。①

关于单人骅回国之情形,后人所写纪念文章,却云"为了避免意外和麻烦,除了Constance教授,他没有让任何人知道。存在银行准备购书的钱也没有去取,博士学位证书也等不及拿,毅然决然地,悄悄地登上美国旧金山开往中国最后一班客船,在上海解放前10天,回到了上海。"与单人骅所写之事实有些出入,盖其来源系传言。单人骅回国随身携带物品只是两箱书籍、一台英文打字机和一台120型照相机。单人骅依旧回到中研院植物所,但植物所很快终结而被改组。单人骅之研究还待中国科学院植物分类研究所成立,在该所华东工作站才得以展开。至于单人骅博士学位证书及其他物品,由Constance保管,直到30年后,1980年他们重新取得联系,通过邮寄才拿到。

图33　周太炎

助理研究员周太炎,系1946年6月到所任职。周太炎(1912—2003),字慕莲,江苏常熟人。1935年毕业于金陵大学,后任职于药学专科学校。抗战时期该校设于重庆歌乐山,1938年夏周太炎曾赴峨眉山调查药用植物,历时数月,采得标本共计600余号。此次考察报告,在多年之后,周太炎入植物所后,始才刊于植物所之《汇报》,题名为《四川峨眉山之药用

① 单人骅:留美动机及其经过,1956年,中山植物园档案。

植物录》,记载可供药用者207种及数变种。1945年周太炎由农林部选派赴美国耶鲁大学研究生院进修,后往美国农部麦迪逊木材利用研究所实习。

关于农林部选派人员赴美国进修,为近代中国农学史上重要事件,周太炎在其自述中也有记载,摘录如下:

> 1944年下半年至1945年2月,经前国立药学专科学校校长陈思义推荐,参加农林部赴美实习考试,先笔试,后口试,都在重庆举行。录取后,重复检查身体合格。护照是农林部按专业分给我们各人,封面为黑色,上印有黄色"官员护照"四字,我们集体去美国驻渝大使馆签证。约于1945年3月集体乘飞机由重庆先到叙州,再转机飞至印度北部屯姆屯碑,膳宿美国驻印军营内约二三月,待轮赴美。在军营时,发给我们每人军用皮鞋一双,黄卡机布衫裤各一件,灰黑色军毯两条和餐具一套。同年5月集体至加尔各答乘戈登号轮经大西洋到达华盛顿。我们森林组一行14人,我记得13人是一起走的。我们到达华盛顿约一周后,即先分配到康纳翟克特州私立耶鲁大学林学研究院读书,不久又来了一位小广东,名叫岑保波。他们是陶玉田、周映昌、杨衔晋、郑止善、周太炎、贾铭钰、陈桂陞、江良游、邓先诚、张楚宝、申宗圻、杨敬濬。在耶鲁大学学习六个月,分两期上课,也有实习,每期三个月,中间出外参观旅行一周。在威斯康辛林产研究所实习四个月,实习期满后,我们森林组14人又集中在一起,到美国南部、东北部及西部诸州参观山区造林、抚育、伐木、锯木厂、三夹板厂以及其他林产利用加工厂,为时二个月。有关交通工具、膳宿及其他生活上的安排联系,完全由美国扶轮社(Rofary Club)负责统一办理。1946年夏由美国旧金山乘轮船经太平洋回到上海。①

美国之考察学习,于周太炎之学业而言,裨益并不甚大。其归国后,先回药学专科学校任植物学系副教授,不久由裴鉴介绍改入中央研究院植物研究所任助理研究员。其技术职务不升反降,实是因为其在学校不能得到教育部之研究补助费,故愿改任植物所之助理研究员,其薪金从340元降到320元,

---

① 周太炎:周太炎的历史材料,1968年1月15日,中山植物园档案。

虽然减少 20 元，但其他津贴，每月实际上多得数万元。在通货膨胀之下，每月津贴远远高于每月之薪金。入所后，周太炎就近开展江苏、浙江两省药用植物之调查，并对国产十字花科予以专题研究，发表《华东十字花科植物志》一文。

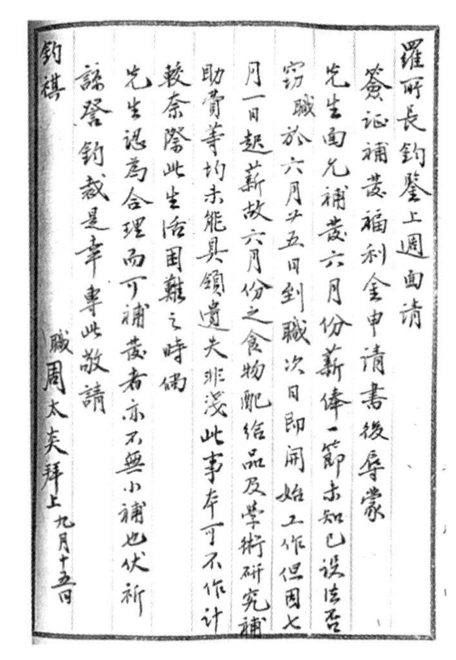
羅所長鈞鑒上週函請
簽証補發福利金申請書後辱蒙
先生函允補發六月份薪俸一節未知已設法否
竊職於六月廿五日到職次日即開始工作但因七
月一日起薪故六月份之食物配給品及學術研究補
助費等均未能具領遺失非淺此事本可不作計
較奈際此生活困難之時倘
先生認為合理而可補發者亦不無小補也伏祈
諒詧鈞裁是幸專此敬請
鈞祺
職周太炎拜上 九月十五日

图 34　周太炎致罗宗洛函

助理员刘玉壶主要从事植物采集之事，1947 年 6 月与周重光及动物所两位同人前往上海西南之佘山采集。“据云战前该地山野蔚然成林，惜于战时几经战阵，仅残存教堂附近林木，余皆破坏后之小丛林耳。……佘山附近无旅舍，我等为采集方便计，借宿于山麓农家，但须自备伙食，故费用至省。”①此次采集为时仅六日，采得 200 余号。9 月刘玉壶又往著名之天目山采集，有一名工友随从，共计 20 余日，得标本 500 余号。刘玉壶善写采集记，此行也不例外，今日读之，饶有趣味。节录如次：

> 余于本年九月廿二日乘火车抵杭州，翌日乘杭徽长途汽车，下午二时至藻溪，藻溪距天目山三十余里，虽有公路但未通车，故雇独轮车一辆载运笨重行李及采集用具，余随从工友一名亦帮助推车。因山路崎岖所载太重，车行不易，夕阳西下犹未抵达，幸初月东升以照行程，是晚九时抵禅源寺。余敲门投宿，知客僧余为采集而来，仅稍事招待。翌晨早起，偶晤一僧，道貌岸然，自思此僧或许深明哲理，遂与之谈“四圣谛、十八空”。山僧以我亦敬佛，是乐为我助。山间空气，寂寞宁静，采集期间至为艰苦，如能与山僧相友善，藉此可解不少烦琐，余此次采集实借助于僧众不浅。

① 刘玉壶：佘山之采集记要。

……

山间林木以银杏、马尾松及柳杉及与桦木科、壳斗科、樟科、大戟科、灰术科等科,阔叶树混交成林,茜草之香果树亦其常见,其中以柳杉生长最为旺盛,离老殿西侧不远处有柳杉大树一株,形状古雅,于右任先生曾书“大树王”三字刻碑其下,据说清季乾隆皇帝曾游至此,以双手围曰,是树亦是王矣,故名。山中古迹甚多,但无暇顾及,林下及道旁以兰科、百合科、唇形科、蔷薇科、豆科、山茶科、省沽抽科、忍冬科、菊科等科植物为最普遍。计在老殿附近采集十七天。然后下山采集禅源寺附近植物六天。此次共得标本五百余号,所中旧存天目山标本多为春夏季之有花标本,而此次采集时间适在仲秋,故多为果子标本,因此标本完整研究较为便利,余于十月十七日乘车返所。①

至1948年因各地战乱,且经济困难,植物所未能派员外出采集。刘玉壶在植物所还管理植物标本室,1948年与国内外植物标本室交换往来较为频繁,即有:将千余号江苏、浙江、四川、云南、贵州标本寄往英国邱园植物标本室,交换 Hookers Icones Plantarum 一套;云南大学徐永椿来上海携云南木本植物标本百余号与植物所交换,标本室检出江苏、浙江两省标本140号寄往昆明;金陵大学寄来标本1 200余号,标本室提出江苏、浙江及四川等省之标本与之交换;浙江大学吴长春携来杭州一带标本300余号,标本室将在天目山所采标本给其带返,以作交换;与台湾大学生物系、福建研究院、广西大学经济植物研究所、厦门大学等均建立交换关系。刘玉壶在采集标本、管理标本之余,也从事研究,以裸子植物为题,写出《华东裸子植物志》一文。

复员之后,中美之间还曾有一项大规模合作计划,由美国国家研究委员会出资,由中美两国植物学家共同编纂《中国植物志》,经胡先骕提请中央研究院评议会议决,第二届第三次评议会决定,由中央研究院植物研究所与北平研究院植物学研究所、静生生物调查所合组《中国植物志》编委会,规划进行办法,再与美方商定编撰办法。编辑出版《中国植物志》可谓是中国植物学家梦寐以求的心愿,他们在中国开创植物学研究之初,便立志实现这一目标。今有美方

① 刘玉壶:天目山采集记要。

人士出来赞助，当然甚佳，故而于 1947 年 7 月 21 至 22 两日在上海中研院植物所召集会议。北平研究院植物学所所长刘慎谔、静生生物调查所研究员唐进、中研院植物所研究员裴鉴为代表来沪出席是会，商定中美合作编纂《中国植物志》草章四条、中美合作原则三条。然而，当时中国社会之动乱日甚一日，此项合作计划未能实施。

二、藻类学研究室

1946 年迁上海，藻类学研究室仍由饶钦止主持，黎尚豪由助理员晋升为助理研究员，另聘黎功德为助理员①。研究工作则继续在北碚未竟之工作，主要为全面整理中国西南淡水藻标本，意在撰写《中国西南淡水藻志》一书，详细记载所有之种类。抗战之前，饶钦止曾研究海产藻类，现所址又毗邻东海，故对海产藻类重新予以研究，计划分段采集与研究。而于淡水藻类，以华东、华南为主，选择主要地区，详为考察。

关于其时研究室之设备，饶钦止在《植物所年报》(第一号)宣述云："经近年之补充，已略具雏形，其他必需之书籍仪器，一二年内当能添置，现有者，计仪器约四十余件，书籍一百四十余册，单行本近一千二百余份，干制标本五千余份，液浸标本四千七百余号。此外研究人员私人收藏之书籍及单行本，借供本室参考者，计有书籍四千余册，单行本二千余份。"由此可知，该研究室基本形成，得益于多年之积累。

饶钦止为纯粹之学者，1949 年后一直在中科院水生生物研究所工作。1989 年其九十寿辰，其家人为之刊行《纪念文集》，开篇之文，由饶钦止之门生夏宜琤执笔，有如下赞誉之词："饶老在漫长的学术生涯中，历尽沧桑，饱尝炎寒。他生性耿直，刚直不阿，从不趋炎附势，他是只借着自己的真才实学才从人际狭缝中艰难地走过来的科学巨匠，因此在人们的心目中备受爱戴。"对水生所历史甚有研究之张晓良云："我当时在水生所办公室工作，蒙饶老赐《纪念文集》一册。饶老告诉我，他很欣赏夏的这段文字。"饶钦之于此赞誉，欣然接受，此中当有不少事例可为佐证。在拜访张晓良先生时，获知在水生所盛传抗

① 此前助理员改称为助理研究员，此前助理改称为助理员。

日战争期间，动植物所迁往北碚，因饶钦止为重庆人，在迁所过程中，出力不少。此后，饶钦止技术职务由副研究员升为研究员，据说是为表彰其对迁所之贡献。对此，饶钦止甚不乐意，认为研究归研究，事务归事务，不能混为一谈。笔者在撰写此书所见材料中，有一通饶钦止致朱家骅函，写于 1947 年，也可印证其耿直之个性，且看其函文：

骝先先生赐鉴：

宗洛兄顷亲致聘，得悉最近院务会议之决，凡研究员月薪在六百元以上者，不能依年限及考绩加薪，需经出席院务会议诸先生举手表决某人加薪与否。果尔，必须出席院务会议诸先生均系全才，对于科学之任何部门均至精通，方能胜任评判全院中每一研究员之研究工作何如；否则出席院务会议诸先生决不能知某一研究员之研究工作为何如，而加以品评。以上只对于此种方法实施之结果，是否公正甚为怀疑。古今中外，无全能之科学家，出席院务会议诸先生恐亦非全能者，用现行办法以评定某一研究员研究工作优劣，恐只能凭一己对某某之印象以为何如而断定也。薪金收入之多寡，本不值一谈，但薪额之高低，实与个人研究工作之评价有关，若从事研究工作者轻视一己之成绩，又何必从事于研究，更不必努力于工作。先生主持本院，对于现行办法自有极合理之卓裁，盼能有以见教也。专此，敬颂

勋安

饶钦止　拜　七月十九日①

中研院对高级研究人员聘任、加薪和晋升，均以院务会议投票决定，无法开会时，即以通信投票。科学不仅有社会科学与自然科学之分，即使在自然科学中，也是学有专攻，隔行如隔山，不同学科者难以彼此评判高深优劣。历史学家陈寅恪在是否聘任植物学家于景让时，仅写一“可”字，没有任何说明，想必是敷衍。假若长此以往，此种制度将导致怎样之偏离，参与院务会议投票者，或者有切实感受，但是他们没有指出此中弊端，惟有饶钦止予以指出，且向

---

① 饶钦止致朱家骅函，1947 年 7 月 19 日，三九三(1673)。

院长直接进言,此中即有西方之科学精神,又有中国传统士人之谔谔。

藻类研究室将中国沿海所产种类,作分段采集与研究计划,1947年夏有海军舰船赴南海,获此机会即派黎尚豪乘舰前往海南岛、西沙群岛、南沙群岛、香港、广州、台湾等地采集。黎尚豪如同刘玉壶一样,写下《西沙群岛采集记》,此为摘录。其中写道永兴岛,甚为有趣。

> 三十六年三月下澣,奉命随海军部派赴西南沙群岛,接济军粮之军舰,前往西沙群岛集采藻类标本。于四月二日偕工友一人,并国币五十万元,自上海乘中基军舰首途,先经过香港至广州,与海军部驻广州西南沙前进指挥部接洽,接洽赴该群岛之详细情形后,即乘原舰至海南岛之榆林港。在该港停留三天,采获榆林港及三亚港沿岸之海藻标本不少,尤以绿藻中管枝藻及管藻之种类为最多,所有种类大都为热带及亚热带所特产者。二十一日下午中基舰自榆林出发向南行驶,二十二日上午九时许西沙群岛北边之七岛乃在望焉,十一时许绕七岛而达群岛中面积最大之永兴岛,该岛原名林岛 Woody Ialand 或译称树岛,为纪念抗战胜利后接收该岛之永兴舰,始改今名。中基舰于距岛数公里处停泊,改乘岛上驻军来接之木舟渡海,扁舟一叶,飘摇于怒涛汹涌之大海间,亦颇壮观。登陆后即先行从事此岛天然情况大略之考察,以便从事采集。岛为珊瑚礁所成,岛上无真正之土壤,仅有由珊瑚贝壳及藻类之残骸破片所成之白沙(非石英砂),及堆积甚厚之鸟粪层,岛之中央部阔叶林颇密,其下亦有不少羊齿植物生长,近海岸则多为矮小之灌木丛,此与二十年前中山大学利寅教授调查时之景象大不相同,盖彼时岛上一片荒凉,仅有树木数株而已。
>
> 二十三日十时许,风稍定,即承登陆艇至岛上,开始采集,同行有本院调查地磁及其他机关派来调查地质、土壤、高等植物及海产动物者数人,颇不寂寞。至卅日登舰北返。五月一日晨舰启碇向东南行驶,正午抵达西沙群岛之另一岛曰林肯岛(Linclon Island),或译称林康岛。此岛面积与永兴岛相埒,此系一荒岛。因军舰必须于夜色来临前离此,乃在烈日下匆匆工作数小时,采获若干岸边海藻标本后,即登舰北返。二日下午五时抵榆林,三日至五日在榆林红纱及三亚灯塔等处,采集海藻及淡水藻类。八日舰泊香港,乃登陆采集香港九龙之淡水藻类,得标本不少。十一日随舰抵广州,即在黄浦、长洲、石牌、鱼珠、西村、黄花岗及白云山等

地采集淡水藻类。军舰因机器损坏在穗修理，需停泊一月始能开行。六月十六日舰离广州至台湾左营基地，在其附近采集，因台湾淡水藻类，此前尚未有人详细之采集也。七月二日返沪，此九十余天之旅程乃告结束。

此次采集三阅月，得标本四百余号，二千余份，随即进行鉴定，黎尚豪以此行所得曾撰写研究报告予以发表。

三、真菌学研究室、森林学研究室

此两研究室均为邓叔群主持，故一并记述。邓叔群原本对真菌、森林皆有研究，在抗战之前，主要在真菌学领域肆力，动植物所迁至重庆后，深感中国森林问题更为迫切，乃暂时放下真菌学和就森林学。其时，中研院经费有限，在所中难以施展，而接受甘肃省建设厅张心一之招，前往甘肃从事森林工作，关于此中经过，前已有述。邓叔群在甘肃，属于借调，动植物所一直将其列入所中人员，其在甘肃之工作也归于所之工作一部分，故有进一步记录之必要。邓叔群在甘肃情况，还是摘录其《自传》所言：

到甘肃时，甘肃省政府与中国银行合办甘肃水利林牧公司，张心一要我在公司内主持林业部门。我本计划到甘肃调查并研究西北的森林问题，不拟接受这个工作，但因为我的薪金若由北碚中央研究院汇来，很不方便，所以不得不正式在公司内担任工作，而且这个工作能给我“理论联系实际”的机会。但我同公司约好，我是为森林而工作，为保护黄河上游的森林而工作的，决不为银行的利润而工作；若我经营林业所得的利润必须用在发展林业上。他们同意后，我就到洮河流域的卓尼开辟我的新园地，叫做洮河林场。我带了我的家庭到那里与番子相处，与土豪、劣绅、奸商、土匪作坚决的斗争。结果我将公司所划予洮河林场的资金大部分用作购买森林之用，一共买了约五百方里的森林，保护了它，免掉落入奸商之手，被他们滥伐破坏。林场同人并将全部林区详细调查，立科学管理的基础。林内所积已破坏倒伏的木材，一律清出，由洮河运至兰州销售，以维持林场之开支。我在甘肃最后二年中，调查过甘肃所有林区，包括祁连

> 山。调查的结果已经发表,但当时国民党统治下的甘肃省政府,也未能利用我工作的结果,未整顿甘肃的林业。①

需要指出的是邓叔群所写其与中研院的关系与事实有些出入,何以至此,不得而知。其余均为事实。邓叔群研究所得不被政府所重视,在抗战末期,已生去意,重回中研院。抗战胜利之后,植物所所长罗宗洛为壮大研究所,在1945年7月即致函甘肃省政府主席谷正伦、甘肃省建设厅厅长张心一,联系招回邓叔群。谷正伦经与甘肃多方商议,至9月1日始才复函,云"本省森林应行调查研究者尚多,非邓君主持不能举办。目今抗战胜利,贵所即迁返首都,在迁移任务未行就绪以前,即邓君返渝,恐亦难立即进行工作。拟请吾兄仍派邓君暂留甘研究,俟复员就绪,再行调回,庶可双方兼顾。"②张心一在此之上,提出具体办法,其复罗宗洛函云:"一、邓君可即刻脱离公司职务,而以中央研究院名义专任研究工作,以后由院方支薪;二祁连山工作即毕,可再至其他林区调查,其费用由省府供给;三、冬季不宜野外工作时,由省府资送邓君返院,俟在院事毕,明春仍恳再派甘工作。至研究工作报告,当嘱呈报院方。"③此后,即按此办法办理。邓叔群自10月份起由中研院支薪,月640元。在甘肃再工作约九阅月,即为返所,直接移家上海。植物所为其向院方申请移家川资,"本所专任研究员邓叔群前因甘肃省政府借调,派往兰州工作,现值复员在即,该员拟由陇海路,迳行还都,其眷属除依规定声请自行还都,请发给票价三十六万元外,该员本人自无来渝再行还都之必要,亦请发给票价十一万。"④邓叔群抵达上海时间大约在1946年6月。邓叔群离开甘肃之前,在林区调查,可能返回兰州不久,即为启程赴沪,甚为匆忙,留下书籍资料仪器等请甘肃省建设厅代为寄运。其后,建设厅认为这些物品其亦有保存之价值,提议邓叔群确实需要者,即为寄运,余下或赠送、或作价均可。这些物品大多数属于植物研究所者,为邓叔群当初赴甘肃时运来。此时植物所鉴于多年之合作,由邓叔群开

① 邓叔群:自传,1958年。中国科学院微生物研究所藏邓叔群档案。

② 谷正伦复罗宗洛,1945年9月1日,中国科学院档案馆藏中国科学院上海分院档案,S015-15。

③ 张心一复罗宗洛,1945年9月9日,中国科学院档案馆藏中国科学院上海分院档案,S015-15。

④ 植物研究所致总办事处函,1946年6月28日。三九三(2013)。

具寄运物品目录，余则悉数送于建设厅。运回之物品共 13 箱，于 1947 年 5 月运抵上海。

重回中研院，邓叔群应罗宗洛要求重组真菌学研究室，该室仅其一人。其工作乃是重检真菌学，即补充 1939 年出版之《中国真菌志》。1940 年邓叔群尚在重庆北碚动植物所时，曾对其在四川、云南考察森林时所采到真菌标本予以鉴定，发表《中国真菌补志》一文。此则整理在甘肃岷山及祁连山所采标本，发表两篇《中黏菌及真菌补遗》论文，内有 63 种系以前未曾记载，其中有一新种，曰盘果菌，发现于祁连山，生长于刺柏之枝条之上。

战前离开南京时，真菌标本室鉴定之标本，已达万余种。迁所之时，仅运出一部分，因辗转多地，保存条件有限，损失霉烂甚多。故到达北碚时，将所余部分，赠予美国农部，藉以保存。而留在南京部分，一部分被毁，一部分转至自然科学研究所。邓叔群此来上海，也接收一些，但零乱霉腐，需加以整理。除此之外，再加上战时在中国西部所采，真菌标本共计 3 157 号。

至于森林学研究室，除邓叔群外，还有助理研究员周重光、助理员喻诚鸿，共计三人。在上海主要将在甘肃时期森林调查记录予以整理，撰写成论文，刊于《植物学汇报》。其中《甘肃森林之分区及其生态》一文，在统计甘肃省境内森林面积和考证森林变迁之余，邓叔群对当下之仅存之森林甚为担忧，以下所引一段文字可与前所引其《自传》相对照。

> 河西因气候限制，无森林生长，黄土高原，系人力破坏至童山濯濯，森林恢复，已感非易；其他诸区，现均有森林，尤以岷江之白龙江洮河为最丰，唯滥伐甚炽，宜速制止，否则非仅优良林种将行绝迹，计较劣林木，甚至灌丛草山亦将荡然无遗。①

1947 年四五月间，邓叔群应农林部之邀，赴台湾考察林业一阅月。1948 年 11 月，福建省政府曾来函、来人，邀请邓叔群往福建调查森林，终因战乱，未能成行。复员上海之后，邓叔群实未曾赴野外考察森林，对此其似有失落之感，云“抗战胜利，复员东来，因从事林学工作已历多载，倘使废弛，殊属可惜，

① 邓叔群：甘肃森林之分区及其生态，《国立中央研究院植物学汇刊》，第一卷第三期，1947 年 9 月。

且目前中国森林学之研究,尚在萌芽时期,更须加倍努力,使能跻足于世界学术之林。”不能忘怀于森林,于此可见一斑。

四、植物生理学研究室

植物所迁上海岳阳路后,利用日人留下之设备,对于实验室要求甚多之植物生理学而言,研究条件可谓大为改善,水电煤气供给齐全,仪器、药品及图书亦接收一些,再加上新为添置,有些仪器还新自美国订购而来。有实验室两大间,可容四五人在其中工作。1947 年又设培养室一间,细菌学的设备亦粗备,故实验之进行,甚为便利。由此可知,植物生理室在植物所诸研究室中较为完善。在岳阳路所址中,日人还留下温室两个,且空地甚多,均为植生室在使用,本拟进行修缮,却被励志社占用,温室中之植物,仓皇移出,经冬大半冻死。生理实验遂无温室,大为不便。

图 35 罗宗洛与黄宗甄

植生室人员依然还是复员前之旧人,即研究员罗宗洛,助理研究员黄宗甄、柳大绰、金成忠、倪晋山。此时开展的研究题目有两项、一为微量元素、生长素及秋水仙精对于发芽小麦种子中糖类新陈代谢之作用;一为微量元素、生长素及秋水仙精对于四季豆叶中糖类新陈代谢之作用。在研究之中,写出多篇论文,发表者有 7 篇。除此之外,1947 年该研究室还开始作根端之无菌培养,1948 年更扩大研究范围,探讨微量元素等对小麦种子及四季豆叶中氮化合成物新陈代谢之影响,亦发表论文多篇。

五、植物形态学研究室

罗宗洛为开展植物形态学研究,通过罗士韦邀请时在美国留学,行将回国之王伏雄担任其事。王伏雄(1913—1995),浙江兰溪人,1936 年 9 月获清华大学学士学位,同年考取李继侗研究生,开始对苦苣苔科植物,多年生草本药用

图 36 王伏雄

植物牛耳草之个体生态学研究，一年后，抗战爆发，辗转南下，1939 年在云南昆明清华大学研究生院复学，旋由李继侗推荐于北京大学张景钺，改学植物形态学，两年后完成硕士论文《云南油杉有性生活史》，获得硕士学位。此后应聘到清华大学农业研究所植物生理室汤佩松门下，从事大麦多倍体细胞学研究，同时与该室罗士韦合作，研究云南松和云南油杉等针叶植物幼胚离体培养等。1943 年往美国伊利诺伊大学，在 J. T. Buchholz 指导下攻读博士学位，1946 年 6 月完成《玉米杂交和自交胚发育》博士论文，并通过答辩。王伏雄在论文答辩之前，罗宗洛已与其联系，拟邀其加入中研院植物所，当即获得同意，此录一通王伏雄呈罗宗洛手札如下：

宗洛先生大鉴：

昨接士韦兄来函，蒙先生询及晚返国行期，甚以为感。晚愿随先生之后，继续研究所学，前已函达，晚事未悉是否已获贵院通过，爰此函达先生以待决定。晚盼于六月中结束，如届时无意外事故，当即买舟言归。兹有数事，拟请示先生，暇时如蒙赐示，不胜感激。一、如晚进贵所无问题，请将聘书赐寄，以作决定，并于办理回国手续时有助；二、最好请贵院出一证明函件，以便凭此向大使馆请优先权订船票，现时候船车行者逾二千，如无政府机关证件，候船殊费时日；三、研究所是否可负担或补助回国川资？如无先例，亦请示知，以便晚早日自行筹措。晚明日将去圣路易参加植物学年会，拟提出论文一篇，关于自交及杂交玉蜀胚胎发生比较研究，在会中或可遇见在美研究植物学之同行。专此，即请

研安

晚　王伏雄　敬叩　三月廿五日①

① 王伏雄致罗宗洛，1946 年 3 月 25 日，三九三(1673)。

王伏雄如期于1946年6月回国，中研院聘其为副研究员，自7月起开始支薪。经过数月之布置，添设仪器设备，植物形态研究室于12月正式成立，勉强作一些解剖制片等工作。1947年向美国订购显微镜及药品一批，第二年夏运到，至此实验室设备才大致完备。该研究室人员还有助理研究员何天相、助理员唐锡华两人。研究内容分两个部分：第一着重于裸子植物之形态，尤其关于胚胎发育研究，1947年夏自广州采得水松材料约百瓶，后又采得多种裸子植物材料，以此作胚胎学研究，此由王伏雄主持，完成论文多篇。第二部分，系关于国产木材解剖研究，由何天相承担，计划就国产裸子植物之木材以系统研究，1948年完成论文一篇。1948年受中研院历史语言研究所考古组之托，为其鉴定周汉遗物中木器之木材种类，所提供均为木器残片，经鉴定为25种木材。1948年7月，中央研究院院务会议通过王伏雄晋升为专任研究员。

六、细胞遗传学研究室

1945年6月，抗战尚未全面胜利，中央研究院已开始酝酿复员，此时之罗宗洛即邀请李先闻在复员之后，加入植物所从事细胞遗传学研究。《李先闻回忆录》对此有鲜活之记载，此为文字连贯，节录其文字如下：

> 1945年6月在钱天鹤先生那里，看见矮胖与我一般高的罗宗洛先生，此是我们第三次晤面。罗博士以微哑的浓重浙江口音约我去吃小馆子，晚饭后，约我到中央研究院植物研究所工作。罗先生的意思是想我战后加入植物所的，所址在上海，我暗想，我是学农的，上海人口那么多，地方又小，恐不能发展我的所学，于是我正式问他："假若罗先生真要我的话，工作地点可否由我选择？"罗先生就把这个要求推到总干事萨本栋身上。本栋是清华1921年同学，福州人，是我一生佩服的一位学人之一。本栋约宗洛及我吃便饭，宗洛把我的要求提出来讨论时，本栋慨然赞成，他说：中研院是要请人工作，工作地点当然可以由工作人自己决定。于是我答应加入中央研究院植物研究所，暂时仍回成都工作。我的本意，还是想留在四川为桑梓服务，与美国的工作者的"守"看齐。①

① 李先闻：抗战胜利前后，台湾《传记文学》，十六卷五期，1970年。

研究人员可以自行选择工作地点,实为学术佳话。李先闻提出此项要求,或是恃才自傲,而中研院为吸引人才,居然有胸怀打破常规,予以接纳。李先闻(1902—1976),四川江津人。1915年入清华留美预备学校,1923年赴美国普渡大学留学,学习园艺学,1926年毕业。旋又入康奈尔大学专攻遗传学,1929年获博士学位。回国后,先后任教于中央大学、东北大学、河南大学、武汉大学。入植物所之前,任职于四川省农业改进所粮食作物组主任、稻麦改良场技正,1941年任场长。对小米、小麦、水稻育种研究卓有成效,是中国粟类作物研究的先驱。研究主要涉及粟的细胞遗传、多倍体系和进化途径,小麦矮生性的遗传,小麦联会基因消失的作用结果以及秋水仙素诱变植物多倍体研究,在川北一带推广"金大2908号小麦种",为战时四川粮食的生产做出贡献。

图37　李先闻

李先闻来植物所不仅自己选择工作地点,还要求四位助手随其一同而来。由于植物所拟成立多个研究室,其空额职位有限,此让罗宗洛为难,只得写信给萨本栋,请其援手。现将罗宗洛致萨本栋、萨本栋致李先闻两函一并抄录在此,藉之可悉事情原委,对研究院内部人事管理或有进一步了解。

本栋吾兄赐鉴:

弟来渝月余,结果仍须回台北,院务会议不能亲自出席矣。今聘先闻兄事,通信投票结果,已多数通过,但先闻要求聘其干部四人,鲍文奎、张连桂、冯天铭为副研究员,石钻钊为助理研究员。弟告以植物所名额空者不多,先闻兄之外,拟聘段续川为研究员、王伏雄为副研究员,而邓叔群兄亦要求一助理员,故先闻兄之名单中只能聘二人。鲍有著作,皆与先闻兄共著,无独立之著作,应以助理研究员任用;石毕业于大学仅年余,应以助理员任用。张、冯二人年事已大,地位已高,过去从事于育种技术,未有著作,似应暂缓进院,待将来植物所农场成立,延为技士或技正。弟以此意函告先闻兄,但先闻兄仍执前意,不稍让步。先闻兄之性情,兄所素知,若弟坚持己意,势必至于决裂。弟实盼先闻兄能来所工作,不敢再去信议论。然院中规律亦不能不守,事实上先闻兄之要求必难通过于院务会议也。兄与先闻感情素洽,希望婉劝先闻略行让步,并劝先闻于还都时,毅然来所,不胜感激之至。此请

旅安

弟　罗宗洛　拜　三月廿六

先闻吾兄大鉴:

弟自美返国后,得悉院中出席院务会议人员已以多数赞成票通过敦聘吾兄为植物所专任研究员,聘书前已经植物所专奉,至深欣慰。顷得宗洛兄来函,藉谂吾兄推荐鲍等四人,望所中分别聘任为副研究员及助理研究员,俾利工作进行,为展开植物所之研究计,钦佩之至。惟植物所在卅四年度分配之员额为十六人,敦请吾兄后,业已满额;卅五年度预算所列员额一仍卅四年度之旧贯,并未增加,现虽已由院函请政府揆诸实际工作之需要,准许本院追加一部分员额,但能否邀准及就可追加若干,则尚未得政府方面之复文。纵使可以追加,亦恐难达院中所希望之程度,故将来植物所究可分得几额,现在殊难预定,在目前即添任大批人员,必须提经院务会议审查通过,在不开院务会议时,则以通信投票表决之,审查时非常认真,倘所提出人员过多,而不获全部通过,恐不甚妥。为兼顾事实起见,可否就吾兄所推荐者,先聘鲍文奎与石锁钊两先生为助理研究员,院中服务规程助理研究员,不必经院务会议表决,其余两位先生俟诸异日再为罗致,尊见以为如何?仍请便中示及。毋任感幸。专此

大安

弟　萨本栋　敬礼　卅五年五月十日

李先闻自1946年4月份起薪,月640元。6月,中研院批准聘请鲍文奎为

助理研究员，月薪 260 元；石锁钊为助理员，月薪 160 元。在正式聘任李先闻时，因其不能到所工作，罗宗洛还专函向院长报告，其云："李先生之专攻为农作物之细胞遗传学，需要广大之农场，本所无是项设备，上海岳阳路院址中虽不无隙地，然究不宜改作农田，栽植作物。故暂时应以不兼薪为条件，准其在四川稻麦改良场工作，一俟本所园圃成立，即行来所。"院长朱家骅于此，批"照准"二字。[①]

李先闻在四川工作一年，1947 年 6 月移往上海。《植物所年报》第一号有云："三十六年七月，研究员魏景超、李先闻二先生先后到任，植物病理学研究室与细胞遗传学研究室相继成立。"而《李先闻自传》言"那时中央研究院植物研究所早已离北碚东迁上海，宗洛所长常常有信来催我前往。我为研究材料需要，暂留成都继续我的小麦的细胞遗传研究，等小麦收获后，在一九四六年六月初，就携家到上海。宗洛兄很表同情，于是我继续留在成都到一九四六年五月底。"《李先闻自传》又记载其抵达上海情形："到南京时，宗洛兄在江岸来接，把我们送到兆丰公园对面的一个研究室内，我们的宿舍是第三楼的一间大的空化学实验室，全家都住在这一大间内。这是一九四五年六月十五日左右，从这时候起，我就正式加入中央研究院了。"所引后一段其言抵上海时间在 1945 年，显然是笔误，按照文意，作者原想写作 1946 年。又文中还将上海误为南京，因为兆丰公园在上海，显然有误。现在需要考证的是李先闻抵达上海时间是 1946 年 6 月，还是 1947 年 6 月。前记述植物所在上海安顿下来在 1946 年 9 月；罗宗洛辞去台湾大学校长回所时间也在 1946 年 9 月。由此可知，李先闻来上海时间，应在此之后，否则研究所还在东迁之中，罗宗洛不在所内，又如何接船。李先闻 1946 年 4 月开始在中研院领薪，6 月即到所工作，也就无自行选择研究地点之说，显然是李先闻记忆不够准确所致。笔者之所以于此稍加考证，是因为《李先闻自传》在台湾《传记文学》连载之后，又出版单行本，又以《李先闻自述》为书名出版大陆版，流传甚广，有必要予以更正。

李先闻乐于移砚于中研院，是其希望改变其自己学术方向，由应用研究转为纯粹研究，中研院植物所洽能提供这样条件。其时，国内几乎没有可以提供这样条件的机构。其云："抗战在川九年来，我由青年进入壮年。觉得国家已

---

① 罗宗洛致朱家骅，1946 年 7 月 1 日，三九三(1673)。

进入承平时期,改良种子的工作可以暂时告一段落,我今后可以照我原来的理想,在中国发展理论的研究,这是我一九二九年返国时就抱着的理想。当时能进入全国最崇高的研究机构,以它为根据地,我这个宿愿该会不难达到的。”或者此即是李先闻才智过人之处,此亦为植物所能聚集诸学科之精英,建立八个研究室之原因,无与其比。李先闻来植物所,不知何故,植物所允其携两名助手,均未来所。其来之前,罗宗洛为其先选一名助理员夏镇澳,其来后又聘得助理员李整理。开展之研究有:小米及小米属之研究,1947 年即将六十余株 Amphidploid 之染色体数目测定,并做属间各种杂交约数十穗,大部收获;高粱之研究:分别杂交,并记载其杂种势;小麦及小麦属之研究:1947 年将世界小麦杂交种及鹅冠草分别进行播种,发芽良好,为第二年研究材料。又以小麦之根,观察其染色体,获得结果。1948 年李先闻受屏东台湾糖业公司邀请,访问台湾。后与该公司合作进行系列甘蔗研究,有甘蔗属间杂交之研究、甘蔗芽变种之研究、甘蔗数品种及杂种减数分裂之研究等。李先闻访台时还搜集研究材料,回所研究。

在《李先闻自传》中,还有不少关于植物所之记述,此类史料为当事人亲历,甚为难得,此在摘录几段,以见李先闻及同仁们工作、生活之点滴。

植物研究所在最下一层,第二层是动物研究所,三楼是医药。见罗所长后,他带我到我的办公室,室内又是一桌一椅,与我在东北、河南、武汉及成都时一模一样。不同的,这是在一个建筑华美的西式楼房中,有地板,旁边有一大间研究室,还有一个助手夏镇澳(夏是中大毕业,宗洛兄代我聘请的)。我是从事细胞遗传的工作者,在这个情形下,从医学研究所冯德培博士处商借了一架 Leitz 研究显微镜。上海有水有电,不再“克难”了,图书方面有动、植、医学的存书及新书很多。因此最初几个月是尽量翻读书籍,温故而知新,人生一乐事。似乎所中并没有真正学术讨论会,只不过偶然有几次特别演讲。

我为栽培小麦计,与宗洛交涉,在院中草地开辟了半亩地,用人工一锄一锄辟出来的。开出来后,自己亦感觉很满意。从此在“鸽子笼”中,另有新天地似的,我心中暗自欣慰。同仁们也羡佩。于是同夏君监工,下种。第二年春天,清华生物研究所毕业得硕士的李整理君来帮忙。李是北方人，块头大，带眼镜，一九四八年夏去美深造，得博士学位。①

在上海这个大都市内，我们就好像住在鸽子笼里一样。幸好当年的秋天就搬到院中的一座两层的洋房内住。内中住四家，还有几位单身的。我家住在楼上，和邓叔群及沈君同住，共用一个厕所。三家的厨房是在上楼处临时搭成的。我们分到两间房，每间有八个榻榻米那样大，有地板。但是上海天气冷，有时到零下几度（摄氏）。当时苦难情形，可以想象得到的。院中的公寓很多，都住有美军，公寓区拉了铁丝网，与院中交通隔绝。院中草地很大，有时同事们还是童心未泯，在草地上踢足球。院中樱花有几百株，四五月樱花怒放，非常美丽。

七、植物病理学研究室

图 38　魏景超与家人合影

早在丁文江出任中研院总干事时，动植物所为响应丁文江提倡应用研究，在所内即开展植物病害之研究，由邓叔群主持。及抗战发生，各项笨重之研究设备，多未能内运。其运出部分，则仅留存于汉口，未被利用。在北碚之时，邓叔群研究兴趣在森林学，该项研究未能继续。至 1941 年邓叔群赴甘肃，则完全停顿。胜利后邓叔群返院，仍无暇顾及，经其推荐，罗宗洛乃另聘魏景超主持。魏景超（1908—1976），浙江杭州人。1926 年入金陵大学园艺系，1930 年毕业留校任植物病理学助教，1934 年赴美国威斯

① 李整理（1918—2009），后改名李正理，浙江东阳人。1943 年西南联大生物系毕业后，任云南大学生物系助教。1947 年任中央研究院植物研究所助理研究员。1948 年赴美国留学，在伊利诺大学植物系攻读硕士学位，同时兼任研究助教。1951 年获硕士学位，并获伊利诺大学奖学金，1953 年获哲学博士学位，留校任副研究员，后任耶鲁大学植物系副研究员。1957 年回国，任北京大学生物系教授、植物形态学教研室主任。

康星大学攻读植物病理学，1937 年获博士学位回国。此后就教于金陵大学直至 1948 年。历任该校农学院教授、植物病理组主任、植物病虫害系主任、金陵大学教务长和金陵大学研究院校务委员会主任委员等职。1947 年 7 月入中央研究院植物研究所。

魏景超入所之后，即着手购置仪器设备，大部分乃是向美国公司订购。在这些设备未来之前，得其他研究室之协助，因陋就简开展起植物病害研究。主要研究工作有：大豆病害及防治方法之研究。该项研究因所中天地有限，即借金陵大学农学院植物病虫害系之农场进行之。二氯苯氧乙酸与真菌孢子发芽生长之关系，此在上海院中进行。上海市水果病害之研究。作物病害之调查及标本之采集，在 1947 年 6 月间沿京沪铁路，作无锡、常州、丹阳、南京等地夏季作物主要病害之调查及标本之采集。随魏景超在植物所有两位助理员刘锡琎和林克治。惜魏景超在植物所服务仅一年，1948 年 8 月应英国文化协会之邀，赴英研究，为期一年。结束之后，拟再往美国工作一年。故植物病理室在未来两年间将无人领导研究，经所务会议多次商讨，决定暂停该研究室，所有图书均归还图书室、仪器药品则归储藏室，助理员两人，亦于 9 月中先后离职。

八、编辑出版《植物学汇报》

中央研究院动植物研究所分立成动物所、植物所后，先前之 *Sinensia* 为动物所沿用，植物所于复员之后，以研究成绩渐多，有发表之需，乃于 1947 年3 月创刊《国立中央研究院植物学汇报》(*Botanical Bulletin of Academia Sinica*)。该刊为季刊，以西文为正文，附有中文提要，所中同仁公推邓叔群为编辑。在此后短短两年间，该刊共出版二卷八期，且按时出版。此前在抗战期间，条件艰困，国内刊物出版日期，常与实际相差甚远，以至影响国际学术信誉，故《植物学汇报》特别注意出版日期，在预订出版之时一定出版。

研究所编辑出版刊物，将同仁之研究成绩发表于世，乃研究所一项重要工作内容。在植物所复员之时，经费拮据，而能编辑出版八期之多，在其时同类研究所中，也是绝无仅有。之所以如此，实是所长罗宗洛之重视。该刊主编虽是邓叔群，其主要是修改文字，编排论文次序。罗宗洛则帮助集稿，至于跑印刷所、校对，和国内外研究机关交换及其他杂务，亦归罗宗洛办理。在档案中保存一份在《植物学汇报》出版半年之后，罗宗洛写给同仁一份稿件，即为如何提高刊物质量，从印刷、组稿、校对、审稿等诸多方面提出要求，请同仁予以协力，可见其编辑旨意。此对培养研究所之学术氛围，甚有裨益，抄录在此。

各位同事：

《植物学汇报》第一卷第三期已于昨日校对完毕，今日即可付印，月内可出版。

当初我们发刊这杂志的时候，对于稿件的供给与印刷的进行，颇为担忧，我们疑惧是否能按期出版。但是这半年来的经验，昭示我们这疑惧是杞忧了，这是我们引为最大的欣慰的。

按期出版是不成问题的了，现在摆在我们面前的问题，是如何提高杂志的素质，求外观的精美。关于后者，第一，我们不惜费用，易印刷在华友公司，曾世英先生亦热忱协助，不惜工本，所以可以做到一定的程度。假如没有特别的事情发生，我相信必能一期较一期进步。我们所引为遗憾的是校对还没有达到理想的精密。校对这件事，表面上看起来，似乎是一种机械的工作，但是要求极端的细心与熟练，不是容易的事情。希望同仁特别注意这件事，要知道误植的有无，是影响作品的价值的。我们想设法改进这一点，提出下列几个要求，希望同仁协力。

一、原稿早日交编辑部，愈早愈好。

二、请注意原稿的完全，图表有没有遗漏，次序有没有颠倒，文字拼法有没有错误等等。

三、原稿如有改动时，请从新清缮一遍，务必做到提交编辑部时，文中没有一个错字。

四、初校时，务请多校对几遍，使与原稿同样，一字不错。

至于内容素质的提高，其困难十百倍于外观的改善。但是我们已有克服这个困难的决心。我们想从次期起，每一篇论文，必请二人以上有关系专家的批评，尽量改善内容。我想同仁都是纯真的研究者，批评的一定不会客气敷衍，被批评的一定乐于接受，不会因此而发生任何纠纷的。假使经费上无问题，我们想从明年起聘请专家，改善文字，但是以上两件事，若要彻底的做，是需要充分的时间的，假使各位著者都在截稿当日才把原稿提交编辑部，那么编辑部是没有时间来考虑内容与修改文字，只好马马

虎虎的把稿件交给印刷所,所以我们希望各位注意以下几点:

一、文章写成后,请各自冷静地考虑有无发表的价值。

二、每篇文章,请附中文摘要。在这摘要中,不妨自画自赞地、夸张地说明这篇文章的重要性,以作编辑部的参考。

三、务请注意:文中有没有废话,论断是不是过大,描写有没有错误,附图、附表是不是必要。

四、原稿早日交编辑部,愈早愈好。

各位同事,我向各位提出以上的许多要求和希望,我自己亦觉得太啰嗦了。但是我相信科学论文,亦是一种艺术品,是不厌求全的。我想,我们大家都盼望我们的刊物在不久的将来,能在学术界占相当的地位。这时间的快慢,完全视我们的努力如何而定。切盼各位的协力!

罗宗洛 九月十八日

罗宗洛此前在1936年至1942年曾主编不定期刊物《中国实验生物学杂志》(外文版),对集稿、审稿、请人审稿、校对等事甚为熟悉,故而能提出许多具体要求。进入1948年夏,受通货膨胀影响,印刷经费成为问题,但还是坚持出版;又因邓叔群准备赴福建调查森林,难以兼顾编辑事务,乃于9月间聘段续川为专任编纂。《植物所年报·第二号》有如下记载:

本所之出版物《国立中央研究院植物学汇报》,上年度已完成一卷,本年在纸荒及印刷费高涨之严重情况下,辛苦维持,不但每期能按时出版,第三期且提前于八月二十日,第四期提前于九月二十二日印出。第二卷四期,共计论文三十六篇,皆属同人研究之成果。第二卷之内容与外观,较之第一卷,显有进步,足见本所同人之努力,最可引为欣慰者也。而总编辑邓叔群先生之幸苦,尤堪敬佩。邓先生夙有意于福建森林之调查与研究,以本所经费支绌未果,适福建省政府亦有请邓先生赴闽主持调查森林之举,乃决定双方合作,经院长总干事之同意,此议遂定。邓先生以将有远行,事实上难兼顾《植物学汇报》之编辑,屡次欲辞去总编辑之责,经所务会议决定,向院务会议提请聘任段续川先生为专任编纂,继续负责。此项提议,幸经本年第四次院务会议通过。此后本所同人当同心协力,继续刊行,非逼不得已,绝不停刊。

阅此，可见罗宗洛为办理此刊物所下之决心。段续川与罗宗洛有旧，此时其途经上海，候船去山东，常到植物所与同行交流并在图书室查阅新出版之文献，不幸患病，即被植物所接纳，委以总编纂职务。段续川之回忆是这样写其进入植物所：

> 1948年我预备去山东大学，到中研院来了很多次看参考书，但大多是与李先闻先生谈细胞育种等问题。不幸我于七月以吐血病入中山医院，病势非常严重。时罗宗洛先生与植物所诸位都以我最好不要去青岛，或回中大，或入中研院，后由罗先生让我内人作主，代为答应进入中研院。在医院的一段时间中，我觉得植物所很好，同时都是熟人，对我都很好，常常还到医院来看我。①

段续川接手编辑事务已是1949年夏，此时中研院植物所已近终结，但该刊在罗宗洛设法维持之下，还坚持了一年，出版完成第三卷共4期之后，才宣告结束。此4期当经段续川之手编辑而成。段续川在植物所虽为专任编纂，但编辑刊物只是其兼顾之事，主要还是从事细胞遗传学研究。是时，李先闻受台湾糖业公司邀请已去台湾，其细胞遗传研究室之助理员夏镇澳即在段续川指导下工作。段续川(1902—1989)，四川成都人，1931年获美国本雪文尼大学博士学位。擅长植物细胞学、细胞遗传学、形态学和海藻学。来植物所之前为中央大学教授。

九、中央研究院院士评选及其他

1948年5月，中央研究院在全国范围之内，评选出首届院士81位，此为中国学人最高之学术荣誉，有国士之称。在81位当选院士中，中研院植物所占有三席，即罗宗洛、李先闻、邓叔群，另有裴鉴、饶钦止、魏景超三位被提名。以院士所服务之研究机构计，未有同一个机构选出三位院士。在一个仅有二十余人之植物所选出三位院士，只能归于所长罗宗洛善于网络人才，对诸位入所

① 段续川：思想检查报告，1952年7月1日，中国科学院植物研究所藏段续川档案。

经过,本书前已记述。此摘录院士评选过程之中,推荐人之推荐意见,从中可悉评选内情之一二,或者对其时之学者有进一步了解。

罗宗洛提名裴鉴,云“研究植物分类学甚精”。

北京大学校长胡适提名罗宗洛,云“对于微量元素与植物之生长以及碳水化合物之代谢作用有重要贡献”,“在中央大学、浙江大学领导植物生理之研究十余年”。

中央研究院植物研究所提名饶钦止,云“研究藻类已逾十年,抗战中限于环境,专攻西南各省之淡水藻类,未尝一日停止。其专攻不限于分类,即形态、生态及生活史等,无不注意及之,在今日之中国其为斯学第一人,殆无疑义”。

北京大学校长胡适、清华大学校长梅贻琦及罗宗洛提名李先闻。罗宗洛云“主持四川省稻麦改良场多年,育成优良品种多种,对于细胞遗传学研究甚精”。

罗宗洛提名邓叔群,云“森林学及真菌学之研究合于院士资格”,“主持甘肃水利林牧公司林业工作五年,创办洮河林场,成绩昭著,合于院士资格第二项之规定”。

罗宗洛提名魏景超,金陵大学校长陈光裕也提名魏景超。①

1948年中央研究院生物组院士选举得票情况

1.	王家楫	24票	16.	陈克恢	22票	31.	刘慎谔	9票
2.	伍献文	20票	17.	吴定良	21票	32.	饶钦止	0票
3.	贝时璋	18票	18.	汪敬熙	24票	33.	胡正祥	1票
4.	秉　志	23票	19.	林可胜	25票	34.	洪式闾	11票
5.	陈　桢	25票	20.	汤佩松	23票	35.	马文昭	1票
6.	童第周	19票	21.	冯德培	22票	36.	汤飞凡	19票
7.	胡先骕	23票	22.	蔡　翘	23票	37.	冯兰州	0票
8.	殷宏章	20票	23.	李先闻	19票	38.	刘崇乐	5票
9.	张景钺	20票	24.	俞大绂	19票	39.	刘士豪	0票
10.	钱崇澍	22票	25.	邓叔群	21票	40.	陆志伟	17票
11.	戴芳澜	23票	26.	胡经甫	3票	41.	臧玉淦	0票
12.	罗宗洛	22票	27.	陈世骧	1票	42.	冯泽芳	19票
13.	李宗恩	25票	28.	刘承钊	0票	43.	赵连芳	16票
14.	袁贻谨	20票	29.	秦仁昌	7票	44.	朱　洗	14票
15.	张孝骞	20票	30.	裴　鉴	0票			

① 中央研究院档案,三九三(1068、1069)。

此名录前25位当选，然而令人感兴趣的是那些没有当选人员之得票数，植物所裴鉴、饶钦止居然是0票。植物所或罗宗洛是他们的提名者，且罗宗洛为中研院评议员，参与投票，但在正式投票时，却不投此两人之票，让人费解。至于魏景超，在正式投票之前，其已出国。按参与评选条件，在国外者，不为有效候选人，故对魏景超未予投票。

当选院士本乃人之一生最高荣耀，但紧随院士评定之后，新中国成立，留在大陆之院士，均不再言说当选院士之事，故无从得悉罗宗洛、邓叔群当选后之心情。而李先闻去了台湾，在其《回忆录》却有云："第二届第五次会议决定选院士八十一人，1948年4月1日发表，但是报纸的披露在7月底。当时我在上海，在床上看报纸，偶见我的名字。我以为我的眼光模糊不清，用手巾擦了几次后，的确我的名字是在报上当选为生物组二十五人之一。我心中很兴奋，也很惭愧！兴奋的是，回国后将近二十年的努力，终于得到社会人士的推崇，以国士待我。自问学问不足，同时，落选的学人有好多位是我平时钦佩与赞美的。既然选出来了，今后更要自勉、自奋，以不负国人的期望。"①想必当选者皆如李先闻一般。

所长罗宗洛选聘才俊到所，如何与他们相处，且发挥各自之长，颇费思量。一般而言，优秀之人，个性甚强，脾气亦不同一般之人，如何相处得宜，不是简单之事。罗宗洛聘得邓叔群、饶钦止、李先闻之后，曾请教段续川，他说：

> 植物研究所中的高级人员如邓叔群、李先闻和饶钦止等，都是以脾气古怪而著名的人物。应当如何对待他们，是我接管植物所当初最为头痛的问题。我曾为此去请教段续川（那时段还在中央大学），因为他和邓、李都是清华同学，而饶钦止则和他同受业于美国泰勒教授。段说这很简单，只要你尊重他们的意见，好好地侍候他们就行，他们不会有太高的要求的。段的一席话，很合我意。我以为一个研究所的领导人，只要选择有真才实学的人，负责领导一个研究室或研究组，供给其需要。至于他要做什么研究，如何做等等可以不必多加干涉或过问。学问之道，隔行如隔山，除非你不懂装懂，否则想要干涉也是干涉不成的。因此，我对于他们的研

① 李先闻：李先闻自述，湖南教育出版社，2009年，第198页。

究课题,完全由他们按他们的兴趣自行决定,我从不干涉,平时也不到他们的实验室去查询。我只满足于粗枝大叶的了解,例如我知道邓叔群在研究森林的经理,李先闻在搞小麦的杂交,王伏雄在观察裸子植物的胚胎发育,饶钦止在进行绿藻的分类,裴鉴在研究中国药用植物的分类,如此等等。少数感觉敏锐的人能够站在学术潮流的最前沿带头前进,甚至突破旧框子,开辟新的领域;一般研究人员,大都随波逐流,跟在人家的屁股后面跑;而有些人则故步自封,不求进步。我是长期在日本接受的科学教育,逐渐地形成了我的前述观点来办植物研究所。

此乃罗宗洛办所之道。惜其主持之植物所仅存几年,尚不足以验证其治所能力,即被解散。在外部环境改变之后,1949 年下半年至 1950 年上半年植物研究所行将解散之时,原先人员对罗宗洛意见却陡然增加,纠纷不断,邓叔群、饶钦止、王伏雄告罗宗洛四大罪状即公开提出,即是罗宗洛好友段续川也对其起有戒心,难以真诚相处。这些具体事例,本书无兴趣予以罗列,只想说明,外部环境改变,造成先前之学统迅速消失。先前依附于学统之人,得寻找新的依托,但新的依托无关学术,且鼓励打破旧有学术秩序,故生种种乱象,罗宗洛遭到指责,即发生在这样背景之下。再后来,罗宗洛在中国科学院也曾主持植物生理研究所,但其治所方略,也难施展,依然无法验证其治所之道,历史在此产生遗憾。

第四节　终　结

1949 年,是中国历史上一道重要关口,国民党败走台湾。对许多知识分子而言,是留在大陆,还是远赴台湾或海外?需要当即作出选择。中央研究院院长朱家骅是国民党要员,其本人不仅必须赴台,还要求中研院各研究所迁台。但是,其时大多数人员,刚自抗战流亡动乱之中安定下来,已无精力再为远走;国民党治理之下经济、政治之混乱,又令大多数人失望,对旧政府之失望,即转为对新政府之盼望。因而中研院除了历史语言研究所因其所长傅斯年极力反对共产党,而将研究所迁往台湾,其他研究所均在坐等新政府之建立。植物研究所所长罗宗洛本与朱家骅关系紧密,在朱家骅动员之下,也有迁所之打算,却遭到邓叔群等人之反对。邓叔群说：

> 我内心认为，破烂的房子应该让它早点垮掉，我若不能去拆它，至少不要去支持它，让它快快地垮。我既不能参加革命，打到腐化反动的国民党政府，我至少希望它早日垮台。一九四八年解放军南进，中央研究院罗宗洛要将植物研究所迁往台湾。因我的反对，所中同人除少数人如李先闻者外，也都反对搬去台湾。罗宗洛当时颇恨我，但他自己后来看时势不对，也无勇气孤断独行。①

黎尚豪在《自传》中也有记载：

> 淮海战役以后，国民党反动政府各机构纷纷迁台湾或广州，当时中央研究院亦准备迁台湾。中央研究院植物研究所所长罗宗洛要大家同意迁台湾，因为我在采集时曾到过台湾，要我宣传和收集意见，我便和其他一些青年同志一起，反对迁台，坚持要留在上海，虽然傅斯年等反革命分子叫嚣和威胁，说不去台湾便停发生活费，我们也没有动摇。②

邓叔群、黎尚豪所写均在中国共产党建政之后，虽有夸大自己作用，以迎合新时代之嫌，但所言事实基本相同，当为可信。其时，中央研究院被中国人民解放军军事接管委员会接管后，形成一份《中央研究院沪区概况》报告，也可印证两人上述所言，其云：

> 当上年冬南京国民党政府明令中央各机关疏散，本院即时受威胁，着令南迁，幸赖同仁主张一致，不为所动。为预防万一起见，院内组织安全小组，储粮守卫，以资维护，嗣即成立全院员工联谊会，以加强院内之团结；并参加上海各大学联谊会，以取得院外之联系。临解放前夕，虽经济困窘，心绪不宁，加以伪军部队之骚扰，与夫伪政府再四胁迫，速迁台穗，同仁等均能坚定不移，照常工作。幸人民解放军进军神速，于五月廿五日

① 邓叔群：自传，1958 年，中国科学院微生物研究所藏邓叔群档案。

② 黎尚豪：自传，1958 年 9 月，中国科学院水生生物研究所藏黎尚豪档案。

> 庆获解放,本院各单位图书仪器与全部财产,赖全体员工之努力维护,毫无损失,向之所焦虑者,今幸得圆满结果,此不仅堪以自慰而已。①

1949年5月上海解放,中央研究院被中国人民解放军接管之后,新政府即给予经费以维持,有些工作继续开展。待1949年11月中国科学院成立,此前中央研究院、北平研究院及一些研究机构转由中科院接管。中国共产党为实现对科学全面领导,乃决定打破此前研究机构之设置,按学科重新组建研究所。在生物学领域,主要在北京成立植物分类研究所,由北平研究院植物学研究所与静生生物调查所合组而成,钱崇澍任所长;在上海成立水生生物研究所,由中央研究院动物研究所与中国科学社生物研究所合组而成,王家楫任所长;另在上海成立生物实验研究所,以贝时璋为所长。罗宗洛等欲将中央研究院植物研究所完整保留下来,呈送《国立中央研究院植物研究所概况》,报告研究所历史、现况,并提出今后工作意见。但是,植物所之意见,未获采纳,所中人员遂为星散,罗宗洛称之为瓦解。对此,段续川有所记载:

> 解放不久后,钱老先生来了一次,有了植物生理成为独立机构与分类成所的消息。钱先生来的意思是征求邓、裴、饶、王对加入分类所的意见。初步的意见还一致,但随后由邓、饶、王提议钱先生在成立分类所时,希望保留植物所的名义,这一点钱先生不同意,故未得到结果。当时裴先生是当然要加入分类所的,饶先生有加入水生所的选择,邓先生决定去东北,而王伏雄就不知如何是好了。我虽在病,没有任何意见,我的处境是与王伏雄相同。王伏雄为了这事,曾各处通信,另谋出路,所以我对他有了同情。②

事实果如段续川所言,邓叔群去了东北,调查东北之森林。不过未有几年,又回到中科院,微生物研究所成立后,任该所研究员。饶钦止在率领其藻类研究室加入水生生物研究所,使得藻类学为该所重要学科之一。王伏雄最后还是加入中国植物分类研究所,筹建成立植物形态研究室。未久,段续川也

---

① 《中央研究院沪区概况》,中国科学院档案馆藏中国科学院上海分院档案。

② 段续川:思想检查报告,1952年7月1日。中国科学院植物研究所藏段续川档案。

去该所，加入该室。罗宗洛主持之植物生理学研究室则加入生物实验研究所，其后又单独成立植物生理研究所。

裴鉴及高等植物研究室之单人骅、周太炎、刘玉壶、韦光周等均加入植物分类研究所，但不是迁往北京，而是在南京九华山前中研院物理所旧址上设立植物分类研究所华东工作站，裴鉴为工作站主任，并补充新人员，继续先前之研究。1954年，该工作站接管南京中山植物园，即将工作站迁入植物园。几经改隶，工作站演变为“江苏省·中国科学院植物研究所”，植物园仍为“南京中山植物园”，实际是一套人马，两块牌子。1948年罗宗洛曾与中山陵园商议合作，将植物研究所迁入其时名之为“国父陵园纪念植物园”，未获实现。此裴鉴率队前往，不知是历史巧合，还是冥冥之中有其必然。

主要参考文献

一、档案

中国第二历史档案馆藏中央研究院档案、金陵大学档案
南京市档案馆藏总理陵园管理委员会档案
中国科学院档案馆藏中国科学院上海分院档案
上海市档案馆藏中国科学社档案
江苏省植物研究所档案室档案
中国科学院植物研究所档案室档案
中国科学院水生生物研究所档案室档案
中国科学院华南植物园档案室档案
中国科学院微生物研究所档案室档案
南京大学档案馆档案
南京林业大学档案馆档案

二、著作

南京市档案馆编:《中山陵档案史料选编》,江苏古籍出版社,1986年
关君蔚主编:《傅焕光文集》,中国林业出版社,2010年
《总理陵园管理委员会报告》(1931年10月),南京出版社,2008年
叶和平著:《叶培忠》,中国林业出版社,2009年
邱海明著:《中国植物育种学家叶培忠》,文汇出版社,2014年
周桂发等编注:《中国科学社档案资料整理与研究——书信选编》,上海科学技术出版社,2015年
包士英著:《云南植物采集史略》,中国科学技术出版社,1998年
欧阳哲生编:《丁文江先生学行录》,中华书局,2008年
赵功民著:《谈家桢与遗传学》,广西科学技术出版社,1996年
《国立中央研究院院务月报》,1929—1930年
《国立中央研究院总报告》,1929—1944年
《中华文化教育基金董事会第十一次报告》,1936年
沈其益等著:《缅怀邓叔群》,中国环境科学出版社,2002年
中国蔡元培研究会编:《蔡元培全集》第十七卷,浙江教育出版社,1998年
《社友》第39号
《科学》1928—1944

人名索引

后　记

南京乃中国近现代生物学发源之地。二十世纪初期，甚多自欧美留学回国之学者在此聚集，从事教学和研究。在诸多学科之中，以生物学者最多，形成之机构也最多。首先是胡先骕、秉志于1921年在南京高等师范学校农科设立生物系，在培养人才之同时，倡导学术研究。第二年，在南京成贤街创办中国科学社生物研究所。1928年国民政府定都南京，在南京设立中央研究院，1929年该院在中国科学社生物研究所协助之下，创办自然历史博物馆。在南京还有美国教会所办之金陵大学，其农科设有植物系。1925年孙中山去世，在南京紫金山开辟"总理陵园"，1929年陵园设立纪念植物园。在一城之中，有如此众多之生物学机构同时出现，在国内无出其右。然1937年抗日战争全面爆发，南京沦陷，诸机构不是西迁，便是停办。1945年抗战胜利，因国家之政治、经济紊乱，仅少量事业在南京复员，但成效有限，远未达到战前之水准。1949年又遇政权更迭，大学院系调整、研究机构重组，南京之生物学研究机构仅有"总理陵园纪念植物园"，与在上海复员之中央研究院植物研究所高等植物研究室合并，成立中国科学院南京中山植物园。自此，中国生物学研究中心已经转移，历史开启另一时代。

余研几中国近现代生物学机构与主要人物与南京不可分开，这并非是南京在历史中机构林立，而是此地有中国第二历史档案馆，民国时期大多机构之档案收藏于此。1997年3月初，余第一次只身来此查档一周，抄录三万余字，由此开启我的研究生涯。其后近二十年中，屈指算起专程来南京查档凡九次，且每次收获颇丰。最近几次则系受南京中山植物园之请，为该园撰写早期两家机构之历史。除在第二历史档案馆查阅中央研究院档案之外，还往南京市档案馆查阅总理陵园管理委员会档案。正式接受此项任务后，以两年之力完稿，假若内容尚称丰富，还在于此前已积累不少资料。南京为民国生物学研究中心，许多著名植物学家曾在此供职，故本书或多或少有所涉及，如秦仁昌曾是中央研究院自然历史博物馆植物部技师，参与陵园植物园之规划，后往北平静生生物调查所任标本馆主任，再往庐山开辟森林植物园。又如沈鹏飞曾任广州中山大学农科主任，陈焕镛之中山大学农林植物研究所即是在其支持下创建。1946 年沈鹏飞任陵园园林组主任，又聘陈焕镛为纪念植物园主任，只是陈焕镛因故未能履职，才改聘盛诚桂担任。再如杨杏佛曾是中国科学社主要领导人之一，该社之生物研究所成立，其为创建者之一；杨杏佛又是陵园委员会干事，曾积极筹建纪念植物园；杨杏佛后又为中央研究院干事长，该院自然历史博物馆也与其关联密切。这些人物，早已闻名，而这些史实，则鲜为人知，将其梳理考证，极大丰富中国生物学史内涵。

感谢江苏省植物研究所之庄娱乐所长、郭忠仁副所长对本人之信任，邀为撰写是书；感谢植物所办公室、档案室、图书室等部门提供诸多便利；感谢佘孟兰先生、贺善安先生赐序，让拙著增辉；感谢我所服务之庐山植物园吴宜亚书记，多年来对本人之工作，予以支持；感谢上海交通大学出版社冯勤先生，让余之“中国近世生物学机构与人物丛书”，又增一种。

每有书稿完成，难免感慨。多年心血，见诸于世，能不欣慰。而世事纷繁，时光易逝，又能不系之。人间著述之事，大体可归为三种类型：一为著形而上之哲学，二为述事实之史学，三为搬弄是非之厚黑学。余生愚钝，无从谈智慧、思想、原理之类玄妙之学，但也鄙视仅谋一己之私利，图人所好，争充喉舌者流，而是力争以史料说话，将已淹没之历史梳理成册。余之愿是否实现？读者鉴之，并恳请批评。

胡宗刚

二〇一六年三月十九日　于南京中山门外苜蓿园